普通高校"十三五"实用规划教材——公共基础系列

概率论与数理统计(理科类)

(第2版)

马　毅　王竞波　岳晓宁　主　编

黄　光　牟桂彦　副主编

U0252317

清华大学出版社

北　京

内 容 简 介

本书是一本高等学校非数学专业的概率论与数理统计课程的教材。全书共 9 章，分为两个部分。第一部分由第 1～5 章组成，讲授概率论的基础知识，包括随机事件、随机变量、随机向量及其分布、随机变量的数字特征和极限定理。第二部分由第 6～9 章组成，讲授样本与统计量、参数估计、假设检验、方差分析与线性回归分析。本书各章配有适量习题，书后附习题提示和解答，书末给出 5 个附表。本书力求使用较少的数学知识，强调数理统计概念的阐释，并注意举例的多样性。

本书可作为高等学校工科、农医、经济管理等专业的有关概率论与数理统计课程的教材，也可作为实际工作者的自学参考书。

图书在版编目(CIP)数据

概率论与数理统计：理科类/马毅，王竞波，岳晓宁主编. —2 版. —北京：清华大学出版社，2017 (2024.12重印)

(普通高校"十三五"实用规划教材——公共基础系列)

ISBN 978-7-302-47855-3

Ⅰ. ①概… Ⅱ. ①马… ②王… ③岳… Ⅲ. ①概率论—高等学校—教材 ②数理统计—高等学校—教材 Ⅳ. ①O21

中国版本图书馆 CIP 数据核字(2017)第 174575 号

责任编辑：秦 甲
封面设计：刘孝琼
责任校对：周剑云
责任印制：刘 菲
出版发行：清华大学出版社
　　　　　网　　　址：https://www.tup.com.cn, https://www.wqxuetang.com
　　　　　地　　　址：北京清华大学学研大厦 A 座　　　邮　　编：100084
　　　　　社 总 机：010-83470000　　　　　　　　邮　　购：010-62786544
　　　　　投稿与读者服务：010-62776969, c-service@tup.tsinghua.edu.cn
　　　　　质量反馈：010-62772015, zhiliang@tup.tsinghua.edu.cn
　　　　　课件下载：https://www.tup.com.cn, 010-62791865
印 装 者：三河市科茂嘉荣印务有限公司
经　　销：全国新华书店
开　　本：185mm×260mm　　印　张：12　　　　字　　数：292 千字
版　　次：2015 年 4 月第 1 版　2017 年 9 月第 2 版　　印　次：2024 年 12 月第 9 次印刷
定　　价：34.00 元

产品编号：073588-01

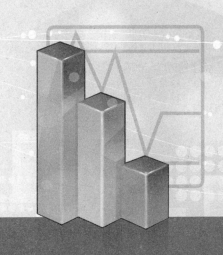

前　　言

　　概率论与数理统计是研究随机现象数量规律性的一门科学。它作为现代数学的重要分支，已广泛应用于自然科学与社会科学的各个领域，它是大学理、工、农、医、经济、管理等学科所有专业必修的一门重要基础课。通过本课程的学习，希望学生掌握概率论与数理统计的基本思想与方法，并且具备一定的分析与解决实际问题的能力。

　　本书第 2 版是对本书 2015 年 4 月第 1 版的修订，修正了第 1 版的一些错误与不妥之处，基本保持了第 1 版的风格与体系。

　　本书是根据教育部《高等教育面向 21 世纪教学内容和课程体系改革计划》的精神和要求，总结作者多年讲授概率论与数理统计课程的实践经验编写而成的。本书具有如下几个特点。

　　(1) 重视基本概念

　　概率论与数理统计内容虽然抽象，但其中每个基本概念都有自己的实际应用背景，力求从身边的实际问题出发，自然地引出基本概念，以激发学生的学习兴趣和求知欲。

　　(2) 强调实际应用

　　本着学习数学是为了使用数学这一宗旨，并考虑到本课程的实际应用，书中较多地选择了工程和信息方面的例题和习题，以提高运用概率论与数理统计的知识解决实际问题的意识和能力。

　　(3) 侧重计算、解题能力

　　本书内容深入浅出、论证简明易懂，侧重于运算、解题能力的训练，让学生在弄清基本概念的基础上熟悉运算过程，掌握解题方法，提高解题能力。

　　本书共 9 章，可分为两个部分。第一部分由第 1~5 章组成，讲授概率论的基础知识，包括随机事件、随机变量、随机向量及其分布、随机变量的数字特征和极限定理。第二部分由第 6~9 章组成，讲授样本与统计量、参数估计、假设检验、方差分析与线性回归分析。本书各章配有适量习题，书后附习题提示和解答。本书可作为不同专业有关概率论与数理统计课程的教材。

　　本书由马毅、王竞波、岳晓宁任主编，黄光、牟桂彦任副主编。参加第 2 版修订工作的有教师岳晓宁(执笔第 1~2 章)、教师王竞波(执笔第 3~5 章)、教师牟桂彦(执笔第 6~7 章)、教师黄光(执笔第 8~9 章)，书末 5 个附表，由王竞波整理给出，最后由马毅和纪德云共同修改定稿。

　　由于编者水平有限，书中难免有不妥之处，恳请读者批评指正。

编　者

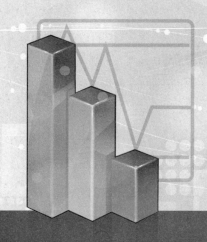

目　　录

4.2　方差 83

    4.2.1　方差的定义 83

    4.2.2　方差的性质 85

    4.2.3　几种常用随机变量分布的方差 86

4.3　协方差与相关系数 88

    4.3.1　协方差 88

    4.3.2　相关系数 89

4.4　矩与协方差矩阵 92

    4.4.1　矩 92

    4.4.2　协方差矩阵 92

习题 4 93

第 5 章　极限定理 97

5.1　大数定律 97

    5.1.1　切比雪夫不等式 97

    5.1.2　大数定律 98

5.2　中心极限定理 99

习题 5 102

第 6 章　样本与统计量 103

6.1　总体与样本 103

    6.1.1　总体与个体 103

    6.1.2　样本 104

6.2　统计量及其分布 105

    6.2.1　统计量与抽样分布 105

    6.2.2　样本均值及其抽样分布 106

    6.2.3　样本方差与样本标准差 107

    6.2.4　样本矩及其函数 108

    6.2.5　正态总体的抽样分布 108

习题 6 112

第 7 章　参数估计 113

7.1　参数的点估计 113

    7.1.1　矩法估计 114

    7.1.2　极大似然估计 116

7.2　点估计的评价标准 118

    7.2.1　无偏性 118

    7.2.2　有效性 118

    7.2.3　一致性 119

7.3　参数的区间估计 120

第1章 随机事件

自然界和社会上发生的现象是多种多样的。有一类现象在一定的条件下必然发生或必然不发生，称为确定性现象。例如，在标准大气压下，纯水加热到 100℃，必然会沸腾；沿水平方向抛出的物体，一定不做直线运动。另一类现象却呈现出非确定性，例如，向桌面抛掷一枚硬币，其结果可能是"正面朝上"也可能是"正面朝下"，这里的正面是指有国徽的一面；在有少量次品的一批产品中任意抽取一件产品，其结果是可能抽取一件正品，也可能抽取一件次品；用同一门炮向同一目标射击，每次弹着点不尽相同。这类现象可以看作是在一定条件下的试验或者观察，每次试验或者观察的可能结果不止一个，而且在每次试验或者观察前无法事先知道确切的结果。人们发现，这类现象虽然在每次试验或者观察中具有不确定性，但在大量重复试验或者观察中，其结果却呈现某种固定的规律性。例如，多次重复抛一枚硬币得到正面朝上的次数大致有一半，在同一批数量较大的产品中多次重复地任意抽取一件产品，则抽得的产品是次品的次数与试验次数的比与产品的次品率相近，同一门炮向同一目标射击的弹着点按照一定的规律分布等。

这种在个别试验中其结果呈现出不确定性，在大量重复试验中其结果又具有统计规律的现象，称为随机现象。概率论与数理统计就是研究和揭示随机现象统计规律性的一门数学学科。

1.1 基 本 概 念

1.1.1 随机试验与随机事件

研究随机现象，必须进行各种观察和试验。下面举一些试验的例子。

例 1.1 E_1：抛一枚硬币，观察正面 H、反面 T 出现的情况。

        E_2：将一枚硬币抛掷 3 次，观察正面 H、反面 T 出现的情况。

        E_3：抛一颗骰子观察出现的点数。

        E_4：在次品率为 p 的一批产品中，抽取 n 件产品观察其次品个数。

        E_5：在一批日光灯中任取一只，测试它的寿命。

上面 5 个试验的例子，它们有着共同的特点。例如，试验 E_1 有两种可能结果，出现 H 或者出现 T，但在抛掷之前不能确定出现 H 还是出现 T，这个试验可以在相同的条件下重复进行。这些试验具有以下特点。

(1) 可以在相同的条件下重复进行。

(2) 每次试验的可能结果不止一个，并且事先明确知道试验的所有可能结果。

(3) 每次试验之前不能确定哪一个结果会出现。

把具有上述 3 个特点的试验称为随机试验。今后所说的试验也都是随机试验。随机试验的结果称为随机试验的随机事件，简称事件。事件通常用字母 A、B、C、… 表示。例如，在 E_2 中 "3 次都为正面 H" 是随机事件，在 E_5 中 "所取日光灯的寿命超过 800h" 是随机事件等。

在概率论中是通过随机试验中的随机事件来研究随机现象的。

1.1.2 事件的关系与运算

随机试验的每一个可能的基本结果称为这个试验的一个基本事件(样本点)，全体基本事件的集合称为这个试验的样本空间，记为 Ω。

下面写出试验 E_k ($k = 1, 2, \cdots, 5$)的样本空间 Ω_k。

Ω_1：$\{H, T\}$。

Ω_2：$\{HHH, HHT, HTH, THH, HTT, THT, TTH, TTT\}$。

Ω_3：$\{1, 2, 3, 4, 5, 6\}$。

Ω_4：$\{1, 2, \cdots, n\}$。

Ω_5：$\{t \mid t \geq 0\}$。

可见，随机事件由基本事件所组成，因此随机事件是样本空间的子集。例如，在 E_3 中，事件 $A = \{2, 4, 6\}$ 是 Ω_3 的一个子集，它表示 "出现偶数点"，由 3 个基本事件所组成。

随机事件中有两个极端的情况：一是由样本空间 Ω 中的所有元素组成的集合，称为必然事件，它在每一次试验中都发生。例如，在 E_3 中，事件 $B =$ "出现点数都不大于 6" 就是必然事件。二是不含任何样本点的集合，称为不可能事件，用 $\varnothing$ 表示。例如，在 E_3 中，事件 $C =$ "出现点数大于 6" 就是不可能事件，它在每一次试验中都不会发生。严格来说，这两种事件不是随机事件，但为了今后讨论方便，还是把必然事件与不可能事件作为随机事件的特殊情形来统一处理。

在同一随机试验中，事件不止一个，有些事件简单，有些事件复杂，通过研究它们之间的关系，可以更好地帮助我们理解事件的本质。

设试验 E 的样本空间为 Ω，A、B、C、A_k ($k = 1, 2, 3, \cdots$)是 Ω 的子集。

1. 包含关系

若事件 A 发生必然导致事件 B 发生，则称事件 B 包含事件 A，或称事件 A 包含于事件 B，记为 $B \supset A$ 或 $A \subset B$。

例如，在 E_3 中，若记：$A = \{2, 4, 6\}, B = \{2, 3, 4, 5, 6\}$，有 $A \subset B$。

显然，必然事件 Ω 包含任何事件 A，事件 A 包含不可能事件 $\varnothing$，如图 1.1 所示。

2. 相等关系

若事件 A 包含事件 B，且事件 B 也包含事件 A，即 $A \supset B$ 且 $A \subset B$，则称事件 A 与事件 B 相等，记为 $A = B$。

3. 事件的并

若事件 A 与事件 B 至少有一个发生，这样构成的事件称为事件 A 与事件 B 的并事件(或称为事件 A 与事件 B 的和事件)，记为 $A \cup B$。

例如，10 件产品中有 3 件次品，从中任取 2 件，若 A 表示"取到 1 件次品"，B 表示"取到 2 件次品"，则和事件 $A \cup B$ 表示"至少取到 1 件次品"。

事件 $A \cup B$ 通常包含 3 个部分：A 发生而 B 不发生；A 不发生而 B 发生；A、B 都发生，如图 1.2 所示。

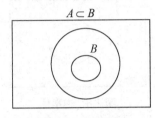

图 1.1 包含关系

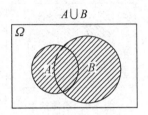

图 1.2 事件的并

类似地，n 个事件 $A_1, A_2, \cdots, A_n$ 的并事件 $A_1 \cup A_2 \cup \cdots \cup A_n$ 表示" $A_1, A_2, \cdots, A_n$ 中至少一个发生"。

4. 事件的交

由事件 A 与事件 B 同时发生而构成的事件称为事件 A 与事件 B 的交事件(或称为事件 A 与事件 B 的积事件)，记为 $A \cap B$ 或 AB，如图 1.3 所示。

例如，在 E_3 中，若记 $A = \{2,4,6\}$、$B = \{3,4,5,6\}$，则 $A \cap B = \{4,6\}$。

类似地，n 个事件 $A_1, A_2, \cdots, A_n$ 的交事件 $A_1 A_2 \cdots A_n$ 表示" $A_1, A_2, \cdots, A_n$ 同时发生"。

5. 互不相容事件

若事件 A 与事件 B 不可能同时发生，即 $A \cap B = \varnothing$，则称事件 A 与事件 B 为互不相容事件(或称为互斥事件)，如图 1.4 所示。

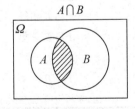

图 1.3 事件的交

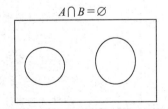

图 1.4 互不相容事件

例如，在 E_3 中，若记：$A = \{2,4,6\}$、$B = \{3,5\}$，则 $A \cap B = \varnothing$，即 A、B 是互不相容事件。

一般地，对于 n 个事件 $A_1, A_2, \cdots, A_n$，若它们之间两两互不相容，则称这 n 个事件是互不相容的。

6. 事件的差

事件 A 发生事件 B 不发生，这样构成的事件称为事件 A 与事件 B 的差事件，记为 $A-B$，如图 1.5 所示。

例如，在 E_3 中，若记 $A=\{1,2,4,6\}$，$B=\{2,3,4,5\}$，则 $A-B=\{1,6\}$。

7. 逆事件

若事件 A 与事件 B 中必有一个发生，且仅有一个发生，即 $A \cup B = \Omega$ 和 $A \cap B = \varnothing$，则称为事件 A 与事件 B 互为逆事件(对立事件)，记为 $B = \bar{A}$ 或 $A = \bar{B}$，如图 1.6 所示。

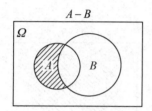

图 1.5　事件的差

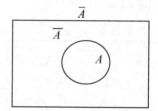

图 1.6　逆事件

例如，在 E_3 中，若记 $A=\{2,4,6\}$、$B=\{1,3,5\}$，则 A、B 互为逆事件。容易验证：
① $\bar{\bar{A}} = A$；② $A-B = A\bar{B}$；③ $\bar{A} = \Omega - A$。

概率论中事件间的关系和运算与集合论中集合间的关系形式上是类似的，利用在中学里学到的几何知识，可以更好地理解它们之间的关系(见表 1.1)。

表 1.1　集合论与概率论之间的关系

符　号	概　率　论	集　合　论
Ω	样本空间　必然事件	全集
$\varnothing$	不可能事件	空集
ω	样本点(基本事件)	元素
A	事件	子集
$\bar{A}$	事件 A 的逆事件	A 的余集
$A \subset B$	事件 A 发生必有事件 B 发生	A 是 B 的子集
$A = B$	事件 A 与事件 B 相等	A 与 B 相等
$A \cup B$	事件 A 与事件 B 至少有一个发生	A 与 B 并集
$A \cap B$	事件 A 与事件 B 同时发生	A 与 B 交集
$A - B$	事件 A 发生而事件 B 不发生	A 与 B 差集
$AB = \varnothing$	事件 A 与事件 B 互不相容	A 与 B 没有公共元素

从集合的运算规则可以得到以下事件的运算规则。

(1) 交换律　$A \cup B = B \cup A$

$\qquad\qquad\quad A \cap B = B \cap A$

(2) 结合律 $(A \cup B) \cup C = A \cup (B \cup C)$

$\qquad\qquad\quad (A \cap B) \cap C = A \cap (B \cap C)$

(3) 分配律 $A \cap (B \cup C) = (A \cap B) \cup (A \cap C)$

$\qquad\qquad\quad A \cup (B \cap C) = (A \cup B) \cap (A \cup C)$

(4) 对偶公式 $\overline{A \cap B} = \overline{A} \cup \overline{B}, \qquad \overline{A \cup B} = \overline{A} \cap \overline{B}$

对于 n 个事件 $A_1, A_2, \cdots, A_n$ 有：

$$\overline{A_1 \cup A_2 \cup \cdots \cup A_n} = \overline{A_1} \cap \overline{A_2} \cap \cdots \cap \overline{A_n}$$

$$\overline{A_1 \cap A_2 \cap \cdots \cap A_n} = \overline{A_1} \cup \overline{A_2} \cup \cdots \cup \overline{A_n}$$

例 1.2 设 A、B、C 表示任意 3 个随机事件，用 A、B、C 及其运算符号表示下列事件。

(1) A 发生而 B 与 C 都不发生。

(2) A 发生且 B 与 C 至少有一个发生。

(3) A 与 B 发生而 C 不发生。

(4) A、B、C 3 个事件中只有一个发生。

(5) A、B、C 中至少有两个发生。

(6) A、B、C 中至多有一个发生。

解：

(1) 该事件可表示为 $A\overline{B}\overline{C}$ 或 $A - B - C$。

(2) 因为 $B \cup C$ 表示 B 与 C 至少有一个发生，所以该事件可表示为 $A \cap (B \cup C)$。

(3) 该事件可表示为 $AB\overline{C}$ 或 $AB - C$。

(4) 该事件可表示为 $A\overline{B}\overline{C} \cup \overline{A}B\overline{C} \cup \overline{A}\overline{B}C$。

(5) 该事件可表示为 $AB \cup BC \cup CA$。

(6) 该事件可表示为 $\overline{A}\overline{B} \cup \overline{B}\overline{C} \cup \overline{C}\overline{A}$。

1.2 事件的概率

1.2.1 事件的频率

定义 1.1 在相同的条件下进行了 n 次试验，在这 n 次试验中，事件 A 发生的次数为 m，则称

$$f_n(A) = \frac{m}{n} \tag{1.1}$$

为随机事件 A 在 n 次试验中出现的频率，m 称为频数。

频率具有下列基本性质。

(1) $0 \leqslant f_n(A) \leqslant 1$。

(2) $f_n(\Omega) = 1, f_n(\varnothing) = 0$。

(3) 若 $A_1, A_2, \cdots, A_k$ 是两两互不相容的事件，则

$$f_n(A_1 \cup A_2 \cup \cdots \cup A_k) = f_n(A_1) + f_n(A_2) + \cdots + f_n(A_k) \tag{1.2}$$

经验表明，事件 A 的频率并不是一个固定不变的常数，不但对于不同的试验次数，事

件 A 的频率可能取不同的值，即便是保持试验次数相同，重复进行该试验时，它也会取不同的数值，然而当试验次数充分大时，它又会稳定于一个确定的数值附近，极少出现显著的差异。

历史上曾有人做过大量投掷硬币的试验，得到如表 1.2 所示的试验结果。

表 1.2　投掷硬币试验

试 验 者	投币次数 n	出现正面的次数 m	频率 m/n
Boffon	4040	2048	0.5069
Pearson	12000	6019	0.5016
Peorson	24000	12012	0.5005

由表 1.2 可以看出，当投掷硬币的次数很多时，"出现正面"事件的频率稳定于 0.5 附近，而且随着实验次数的增大，这样的趋势明显增强。

事件的频率反映了它在一定条件下出现的频繁程度，可以设想，一个事件在每次随机试验中出现的可能性越大，那么它在 n 次试验中出现的频率也越大；反之，由频率的大小，也能判断事件出现的可能性大小。总之，频率在一定程度上反映事件发生可能性的大小，尽管它具有随机波动性，然而在大量的重复试验中，它又具有一定的趋于稳定的性质。频率的这种稳定性，正是概率定义的基础。

1.2.2　概率的统计定义

对于一个事件来说，它在一次试验中可能发生，也可能不发生，往往需要知道某些事件在一次试验中发生的可能性有多大，要将随机事件发生的可能性大小用一个数来表示，就联系到频率和概率的概念。

定义 1.2　在相同的条件下进行大量的重复试验，当试验次数充分大时，事件 A 的频率总围绕着某一个数值 p 做微小摆动，则称 p 为事件 A 的概率统计，记为 $P(A)$，即

$$P(A) = p$$

由概率的统计定义和频率的有关性质可知，$P(A)$ 具有下列性质。

(1) 对于任意事件 A，有 $0 \leqslant P(A) \leqslant 1$。

(2) $P(\Omega) = 1$。

应该指出，事件的频率是个实验值，它具有随机性，只能近似地反映事件发生可能性的大小；事件的概率则是个理论值，它是由事件的本质属性所确定的，因而只能取唯一值，它能精确地反映事件发生可能性的大小。不过当试验次数很多时，事件的频率与其概率一般相差都很小，所以在实际应用中当试验次数很多时，常用事件的频率来近似估计事件的概率，而且试验次数越多，这种估计越精确。

1.2.3　概率的公理化定义

为了理论研究的需要，从频率的稳定性和频率的性质得到启发，给出概率的公理化定义。

定义 1.3　设 Ω 为样本空间，A 为事件，对于每一个事件 A 赋予一个非负实数，记为

$P(A)$，如果 $P(A)$ 满足以下条件：

(1) 非负性。对任意事件 A，有 $P(A) \geqslant 0$。

(2) 规范性。$P(\Omega) = 1$。

(3) 可列可加性。设事件 $A_1, A_2, \cdots$ 是两两互不相容的事件，即对于 $i \neq j, A_i A_j = \varnothing$，$i, j = 1, 2, \cdots$，则有

$$P\left(\bigcup_{i=1}^{\infty} A_i\right) = \sum_{i=1}^{\infty} P(A_i) \tag{1.3}$$

称 $P(A)$ 为事件 A 的概率。

在第 5 章中将证明，当 $n \to \infty$ 时，频数 $f_n(A)$ 在一定意义下接近于概率 $P(A)$。基于这一事实，就有理由将概率 $P(A)$ 用来表征事件 A 在一次试验中发生的可能性大小。

由概率的定义，可以推得概率的重要性质。

(1) $P(\varnothing) = 0$。

证明　令 $A_n = \varnothing (n = 1, 2, \cdots)$，则 $\bigcup_{i=1}^{\infty} A_i = \varnothing$，且 $A_i A_j = \varnothing (i \neq j, \ i, j = 1, 2, \cdots)$，由概率的可列可加性得

$$P(\varnothing) = P\left(\bigcup_{i=1}^{\infty} A_i\right) = \sum_{i=1}^{\infty} P(A_i) = \sum_{i=1}^{\infty} P(\varnothing) = 0$$

(2) (有限可加性)　若 n 个事件 $A_1, A_2, \cdots, A_n$ 两两互不相容，则

$$P(A_1 \cup A_2 \cup \cdots \cup A_n) = P(A_1) + P(A_2) + \cdots + P(A_n) \tag{1.4}$$

该公式称为概率的有限可加性。

证明　令 $A_{n+1} = A_{n+2} = \cdots = \varnothing$，由概率的可列可加性得

$$P\left(\bigcup_{i=1}^{n} A_i\right) = P\left(\bigcup_{i=1}^{\infty} A_i\right) = \sum_{i=1}^{\infty} P(A_i) = \sum_{i=1}^{n} P(A_i) + 0 = \sum_{i=1}^{n} P(A_i)$$

(3) 事件 A、B，若 $A \subset B$，则有

$$P(B - A) = P(B) - P(A)$$

证明　由 $A \subset B$ 可得 $B = A \cup (B - A)$，且 $A \cap (B - A) = \varnothing$，由概率的有限可加性得

$$P(B) = P(A) + P(B - A)$$

所以得

$$P(B - A) = P(B) - P(A) \tag{1.5}$$

(4) 对于事件 A，$P(A) \leqslant 1$。

证明　由于 $A \subset \Omega$，所以 $P(\Omega - A) = P(\Omega) - P(A) = 1 - P(A) \geqslant 0$，所以 $P(A) \leqslant 1$。

(5) (逆事件的概率) $P(A) = 1 - P(\bar{A})$。

证明　因为事件 A、$\bar{A}$ 为对立事件，所以，$A\bar{A} = \varnothing$，$A \cup \bar{A} = \Omega$，于是有

$$P(A \cup \bar{A}) = P(A) + P(\bar{A})$$

得 $P(A) + P(\bar{A}) = 1$，即

$$P(A) = 1 - P(\bar{A}) \tag{1.6}$$

(6) (概率的加法公式)若事件 A、B 为任意事件，则有

$$P(A \cup B) = P(A) + P(B) - P(AB)$$

证明　因为 $A \cup B = A\bar{B} \cup B$，且 $A\bar{B}$ 与 B 是互不相容的，所以

$$P(A \bigcup B) = P(A\bar{B}) + P(B)$$

又因为 $A = AB \bigcup A\bar{B}$ ，且 AB 与 $A\bar{B}$ 是互不相容的，所以

$$P(A) = P(AB) + P(A\bar{B})$$

整理即得

$$P(A \bigcup B) = P(A) + P(B) - P(AB) \tag{1.7}$$

还可以推广到多个事件的情况。例如，事件 A、B、C 为任意事件，则有

$$P(A \bigcup B \bigcup C) = P(A) + P(B) + P(C) - P(AB) - P(AC) - P(BC) + P(ABC) \tag{1.8}$$

例 1.3 甲、乙二人射击同一目标，已知甲击中目标的概率是 0.8，乙击中目标的概率是 0.5，目标被击中的概率是 0.9，求两人都击中目标的概率是多少？

解 设 A = "甲击中目标"，B = "乙击中目标"，则 $A \bigcup B$ = "目标被击中"，AB = "二人都击中目标"，由已知得 $P(A) = 0.8$，$P(B) = 0.5$，$P(A \bigcup B) = 0.9$，由加法公式得所求概率为

$$P(AB) = P(A) + P(B) - P(A \bigcup B)$$
$$= 0.8 + 0.5 - 0.9 = 0.4$$

1.3 古典概率模型

根据概率的统计定义确定事件的概率，需要进行大量的重复试验或观测。然而，在某些特殊情况下，存在着一类简单的随机试验，只要依据人们长期积累的经验，直接应用理论分析的方法，就能确定事件的概率。

例如，在投掷一次硬币的试验中，由于硬币正面及反面所具有的某种对称性，可以断言，事件"正面朝上"与"反面朝上"的可能性是相同的，都等于 1/2。又如，在投掷一颗骰子的试验中，由于其对称性，各面朝上的可能性相等，并且都为 1/6。

这一类随机试验，具有下述两个特点。

(1) 试验的样本空间只包含有限个样本点(基本事件)。

(2) 试验中每个样本点(基本事件)出现的可能性相同。

具有这两个特点的概率数学模型称为等可能模型，它在概率论的发展初期曾经是主要的研究对象，因此又称为古典概型。下面引出概率的古典定义。

定义 1.4 对于古典概型，假定样本空间所包含的基本事件总数为 n ，事件 A 所包含的基本事件数为 m ，则事件 A 的概率为

$$P(A) = \frac{m}{n}$$

根据概率的古典定义，要计算古典概型事件 A 的概率，必须搞清楚样本空间所包含的基本事件总数以及事件 A 所包含的基本事件数。

例 1.4 从 $1,2,\cdots,10$ 十个数中任取一数，求取得的数能被 3 整除的概率。

解 显然，样本空间所包含的基本事件总数为 $n = 10$，若设事件 A 表示"所取得的数能被 3 整除"，则事件 $A = \{3,6,9\}$，即事件 A 所包含的基本事件数 $m = 3$。因此，所求概率为

$$P(A) = \frac{3}{10} = 0.3$$

例 1.5 10 件产品中有 3 件次品，从中随机抽取 3 件，求下列事件的概率。

(1) $A =$ "3 件全为正品"。

(2) $B =$ "3 件中恰有两件次品"。

解 样本空间所包含的基本事件总数 n 为从 10 件产品中取 3 件的组合种数，即 $n = C_{10}^3$。

(1) 事件 A 所包含的基本事件数 m_1 为从 7 件正品中取 3 件的组合种数，即 $m_1 = C_7^3$。故得

$$P(A) = \frac{C_7^3}{C_{10}^3} = \frac{35}{120} = 0.292$$

(2) 事件 B 所包含的基本事件数 m_2 为从 7 件正品中取 1 件的组合种数与从 3 件次品中取 2 件的组合种数的乘积，即 $m_2 = C_7^1 C_3^2$。故得

$$P(B) = \frac{C_7^1 C_3^2}{C_{10}^3} = \frac{21}{120} = 0.175$$

例 1.6 小强的生日恰好是星期日的概率是多少？如果他出生年的 2 月份仅 28 天，问他的生日在 6 月份的概率是多少？

解 人的生日的星期数只能有 7 种，以这 7 种星期数为生日可以看成 7 个基本事件，"小强的生日是星期日"是其中的一个基本事件，所以，"小强的生日是星期日"这一事件的概率是 $\frac{1}{7}$。

一年有 12 个月，但各月份的天数不尽相同，因此，以各个不同月份为生日并非等可能，所以不能认为"生日在 6 月份"的概率为 $\frac{1}{12}$。他的出生年共 365 天，这 365 天构成所有的基本事件，故 $n = 365$。6 月份有 30 天，故 $m = 30$。

设 $A =$ "他的生日在 6 月份"，则

$$P(A) = \frac{m}{n} = \frac{30}{365} = \frac{6}{73}$$

可见，按古典定义计算随机事件的概率时，首先要注意基本事件应具备等可能性。另外，在分析和计算构成样本空间的基本事件总数及事件 A 所包含的基本事件数时，既不要遗漏，也不要重复。

例 1.7 已知 20 件产品中有 5 件次品。

(1) 作放回抽样，每次随机地取出 1 件，共取 3 次。

(2) 作不放回抽样，每次随机地取出 1 件，共取 3 次。

求取出的 3 件都是正品的概率。

解 (1) 因为每次抽取后放回，故每次随机地取 1 件，有 $C_{20}^1 = 20$ 种取法，接连取 3 次，共有 20^3 种取法，因而样本空间所包含的基本事件总数为 $n = 20^3$。

设事件 $A =$ "取出的 3 件都是正品"。事件 A 发生，相当于从 15 件正品中有放回地接连取 3 次，每次取 1 件，共有 15^3 种取法，即事件 A 包含的基本事件种数为 15^3，因此

$$P(A) = \frac{15^3}{20^3} = \frac{27}{64} = 0.4219$$

(2) 因为每次抽样后不放回，所以每抽取一次，产品总数就减少一件。样本空间所包含的基本事件总数为

$$C_{20}^1 C_{19}^1 C_{18}^1 = 20 \times 19 \times 18$$

事件 A= "取出的 3 件都是正品"，所含的基本事件的个数是 $15 \times 14 \times 13$，所以

$$P(A) = \frac{15 \times 14 \times 13}{20 \times 19 \times 18} = 0.3991$$

例 1.8 某班有学生 35 名，其中女生 13 名。要选 5 名学生去参加数学竞赛。试求选出的学生中至少有 1 名女学生的概率。

解 设 A = "选出的学生中至少有 1 名女学生"，A_k = "选出的学生中恰有 k 名女学生"，$k = 1,2,3,4,5$，则有 $A = A_1 + A_2 + A_3 + A_4 + A_5$，又因为 $A_1, A_2, \cdots, A_5$ 两两互不相容，所以

$$P(A) = P(A_1) + P(A_2) + \cdots + P(A_5)$$

其中

$$P(A_k) = \frac{C_{13}^k C_{22}^{5-k}}{C_{35}^5} \quad (k = 1,2,3,4,5)$$

由此可得

$$P(A) = 0.2929 + 0.3700 + 0.2035 + 0.0485 + 0.0040 = 0.9189$$

本题的另一解法：

$$P(A) = 1 - P(\overline{A}) = 1 - P(A_0)$$

$$= 1 - \frac{C_{13}^0 C_{22}^5}{C_{35}^5} = 1 - 0.0811 = 0.9189$$

两种解法中的前一种从互斥分解出发，通常称为直接解法，其思路直观，但计算烦琐；后一种从对立事件入手，通常称为间接解法，使计算量大大减少，特别是当构成事件和的互斥事件个数较多时，这种解法尤为方便。

例 1.9 从 $1 \sim 1000$ 的整数中随机地取一个数，问取到的整数能被 3 或 4 整除的概率是多少？

解 设事件 A = "取到的数能被 3 整除"，

B = "取到的数能被 4 整除"，则

$A \bigcup B$ = "取到的数能被 3 或 4 整除"，

AB = "取到的数能被 3 和 4 整除即能被 12 整除"。

由于 $333 < \dfrac{1000}{3} < 334$，得

$$P(A) = \frac{333}{1000}$$

由于 $\dfrac{1000}{4} = 250$，得

$$P(B) = \frac{250}{1000}$$

由于 $83 < \dfrac{1000}{12} < 84$，得

$$P(AB) = \frac{83}{1000}$$

则所求概率为

$$P(A \bigcup B) = P(A) + P(B) - P(AB)$$
$$= \frac{333}{1000} + \frac{250}{1000} - \frac{83}{1000} = 0.5$$

1.4　条　件　概　率

1.4.1　条件概率

在实际问题中，除了要知道事件 A 的概率 $P(A)$ 外，有时还需要知道在事件 B 已经发生的条件下事件 A 发生的概率。这时，由于有了附加条件"事件 B 已经发生"，因此称这种概率为事件 A 在事件 B 已经发生的条件下的条件概率，记作 $P(A|B)$。

例 1.10　有一批灯泡，共 32 个，有 27 个是合格品；其中有 25 个是甲厂生产的，有 21 个是合格品。现在从 32 个灯泡中随机取一个，如果已知取得的灯泡是甲厂生产的，问它是合格品的概率是多少？

解　设 $A =$ "取得合格品"，$B =$ "取得甲厂产品"，则 $AB =$ "取得既是甲厂的又是合格品"，于是有

$$P(A) = \frac{27}{32}, \quad P(B) = \frac{25}{32}, \quad P(AB) = \frac{21}{32}$$

所求概率相当于从甲厂生产的 25 个灯泡中随机取一个为合格品的概率为

$$P(A|B) = \frac{21}{25}$$

一般 $P(A|B)$ 和 $P(A)$ 是不同的，因为试验的条件不同了，试验在原来的条件下又增加了新的条件，即"已知产品是甲厂生产的"。

$P(A|B)$ 与 $P(AB)$、$P(B)$ 显然有以下关系，即

$$P(A|B) = \frac{21}{25} = \frac{21/32}{25/32} = \frac{P(AB)}{P(B)}$$

即

$$P(A|B) = \frac{P(AB)}{P(B)} \tag{1.9}$$

这里 $P(B) > 0$。

类似地，还有

$$P(B|A) = \frac{P(AB)}{P(A)} \tag{1.10}$$

这里 $P(A) > 0$。

对于一般古典概型问题，关系式(1.9)与式(1.10)仍然成立。事实上，设试验的基本事

件总数为 n ，事件 B 所包含的基本事件数为 $m\,(m>0)$ ， AB 所包含的基本事件数为 k ，即

$$P(A|B)=\frac{k}{m}=\frac{k/n}{m/n}=\frac{P(AB)}{P(B)}$$

一般地，将上述关系式作为条件概率的定义。

定义 1.5 对于事件 A、B ，且 $P(B)>0$ ，则称 $P(A|B)=\dfrac{P(AB)}{P(B)}$ 为事件 B 发生的条件下事件 A 发生的条件概率。

例 1.11 在 $0\sim9$ 的 10 个整数中任取一数，设事件 A = "取到奇数" ， B = "取到素数" ， C = "取到偶数" ， $D=\{0,1,2,3\}$ 。

求：(1) $P(A|B),P(A)$ 。

(2) $P(A|C)$ 。

(3) $P(A|D)$ 。

解 $A=\{1,3,5,7,9\}$ ， $B=\{2,3,5,7\}$ ， $AB=\{3,5,7\}$ ， $C=\{0,2,4,6,8\}$ ， 则有

(1) $P(A)=\dfrac{5}{10}$ ， $P(B)=\dfrac{4}{10}$ ， $P(AB)=\dfrac{3}{10}$ ，从而

$$P(A|B)=\frac{P(AB)}{P(B)}=\frac{\dfrac{3}{10}}{\dfrac{4}{10}}=\frac{3}{4}$$

(2) $P(C)=\dfrac{5}{10}$ ， $AC=\varnothing$ ，从而 $P(A|C)=\dfrac{P(AC)}{P(C)}=0$ 。

(3) $D=\{0,1,2,3\}$ ， $P(D)=\dfrac{4}{10}$ ， $AD=\{1,3\}$ ， $P(AD)=\dfrac{2}{10}$ ，从而

$$P(A|D)=\frac{P(AD)}{P(D)}=\frac{\dfrac{2}{10}}{\dfrac{4}{10}}=\frac{2}{4}=0.5$$

求 $P(A|B)$ 通常是用条件概率的计算公式来做的，但有时也可以将事件 B 这一条件作出发点建立 "缩减的样本空间 Ω_B" ，再去求 $P(A|B)$ 。例如，在例 1.11 中， $\Omega_B=B=\{2,3,5,7\}$ ，事件 $A|B=\{3,5,7\}$ ，由概率的古典定义知

$$P(A|B)=\frac{3}{4}$$

例 1.12 某地区气象资料表明，邻近的甲、乙两城市中，甲市的全年雨天比例为 12% ，乙市的全年雨天比例为 9% ，两市中至少有一市为雨天的比例为 16.8% 。试求下列事件的概率。

(1) 在甲市为雨天的条件下，乙市也为雨天。

(2) 在乙市为无雨的条件下，甲市也为无雨。

解 设 A = "甲市为雨天" ， B = "乙市为雨天" ，于是 $P(A)=0.12$ ， $P(B)=0.09$ ， $P(A\bigcup B)=0.168$ 。由加法公式得

$$P(AB)=P(A)+P(B)-P(A\bigcup B)=0.12+0.09-0.168=0.042$$

故得

(1) $P(B|A) = \dfrac{P(AB)}{P(A)} = \dfrac{0.042}{0.12} = 0.35$。

(2) $P(\bar{A}|\bar{B}) = \dfrac{P(\bar{A}\bar{B})}{P(\bar{B})} = \dfrac{P(\overline{A \cup B})}{P(\bar{B})} = \dfrac{1-0.168}{1-0.09} = \dfrac{0.832}{0.91} = 0.9143$。

1.4.2 乘法公式

1. 两个事件概率的乘法公式

从关系式(1.9)和式(1.10)出发，变形后即可得到两个事件概率的乘法公式为

$$P(AB) = P(A)P(B|A) = P(B)P(A|B) \tag{1.11}$$

2. 乘法公式的推广

由关系式(1.11)容易推广到多个事件的积事件的情况。例如，对于 3 个事件 A、B、C，当 $P(AB) > 0$ 时，概率的乘法公式为

$$P(ABC) = P(A)P(B|A)P(C|AB) \tag{1.12}$$

一般情况下，对于 n 个事件 $A_1, A_2, \cdots, A_n$，当 $P(A_1 A_2 \cdots A_n) > 0$ 时，概率的乘法公式为

$$P(A_1 A_2 \cdots A_n) = P(A_1)P(A_2|A_1)P(A_3|A_1 A_2) \cdots P(A_n|A_1 A_2 \cdots A_{n-1}) \tag{1.13}$$

例 1.13 一盒中有 4 个红球，6 个白球。无放回地从中取两次球，每次取一球。试求下列事件的概率。

(1) 第 1 次取红球，第 2 次取白球。

(2) 两次都取白球。

解 设 $A =$ "第 1 次取白球"，$B =$ "第 2 次取白球"，则 $\bar{A} =$ "第 1 次取红球"。由题意得

$$P(A) = \frac{6}{10}, \quad P(\bar{A}) = \frac{4}{10}, \quad P(B|\bar{A}) = \frac{6}{9}, \quad P(B|A) = \frac{5}{9}$$

按乘法公式计算可得所求的概率为

(1) $P(\bar{A}B) = P(\bar{A})P(B|\bar{A}) = \dfrac{4}{10} \cdot \dfrac{6}{9} = \dfrac{4}{15}$。

(2) $P(AB) = P(A)P(B|A) = \dfrac{6}{10} \cdot \dfrac{5}{9} = \dfrac{1}{3}$。

例 1.14 一批产品共 100 个，次品率为 10%。每次从中取一个，取后不放回，求第三次才取得合格品的概率。

解 设 $A_i =$ "第 i 次取得合格品"（$i = 1,2,3$），则第三次才取得合格品的事件为 $\bar{A}_1 \bar{A}_2 A_3$，且 $P(\bar{A}_1) = \dfrac{10}{100}$，$P(\bar{A}_2|\bar{A}_1) = \dfrac{9}{99}$，$P(A_3|\bar{A}_1 \bar{A}_2) = \dfrac{90}{98}$。应用乘法公式可求得

$$P(\bar{A}_1 \bar{A}_2 A_3) = \frac{10}{100} \cdot \frac{9}{99} \cdot \frac{90}{98} = 0.0083$$

如果把例 1.14 中"取后不放回"改为"取后仍放回"，则有

$$P(\bar{A}_1) = \frac{10}{100}$$

$$P(\bar{A}_2 | \bar{A}_1) = \frac{10}{100}$$

$$P(A_3 | \bar{A}_1 \bar{A}_2) = \frac{90}{100}$$

所以

$$P(\bar{A}_1 \bar{A}_2 A_3) = \frac{10}{100} \times \frac{10}{100} \times \frac{90}{100} = 0.009$$

可见，放回抽样与不放回抽样计算的结果是不同的，特别是抽样的对象数目较小时更是如此。

有时，为了求得某些复杂事件的概率，往往需要同时运用加法公式与乘法公式。

例 1.15 盒中有 5 个新球与 3 个旧球，现从中不放回地抽取两次，每次取一球，求所取得的两球中恰有一个新球的概率。

解 设 A_i = "第 i 次取得新球" $(i = 1,2)$，B = "两球中恰有一个新球"。故

$$B = A_1 \bar{A}_2 + \bar{A}_1 A_2$$

且其中 $A_1 \bar{A}_2$ 与 $\bar{A}_1 A_2$ 互不相容。又由题设条件可知：

$$P(A_1) = \frac{5}{8}$$

$$P(\bar{A}_2 | A_1) = \frac{3}{7}$$

$$P(\bar{A}_1) = \frac{3}{8}$$

$$P(A_2 | \bar{A}_1) = \frac{5}{7}$$

于是所求概率为

$$P(B) = P(A_1 \bar{A}_2 + \bar{A}_1 A_2) = P(A_1 \bar{A}_2) + P(\bar{A}_1 A_2)$$

$$= P(A_1)P(\bar{A}_2 | A_1) + P(\bar{A}_1)P(A_2 | \bar{A}_1)$$

$$= \frac{5}{8} \times \frac{3}{7} + \frac{3}{8} \times \frac{5}{7} = \frac{15}{28}$$

根据古典概型的计算公式，也可以得到上述结果。事实上，可以把基本事件看作是从 8 个球中选取 2 个球的一种排列。因此，基本事件总数 $n = P_8^2$，又因为 $A_1 \bar{A}_2$ 中包含的基本事件数为 $C_5^1 C_3^1$，$\bar{A}_1 A_2$ 中包含的基本事件数为 $C_3^1 C_5^1$，因而 B 中包含的基本事件数 $m = C_5^1 C_3^1 + C_3^1 C_5^1$。于是

$$P(B) = \frac{m}{n} = \frac{C_5^1 C_3^1 + C_3^1 C_5^1}{P_8^2} = \frac{15}{28}$$

1.4.3 全概率公式

定义 1.6 设 Ω 为试验 E 的一个样本空间，$B_1, B_2, \cdots, B_n$ 为 E 的一组事件。若

(1) $B_i B_j = \varnothing$，$i \neq j$，$i, j = 1, 2, \cdots, n$。

(2) $B_1 \bigcup B_2 \bigcup \cdots \bigcup B_n = \Omega$。

则称 $B_1, B_2, \cdots, B_n$ 为样本空间 Ω 的一个划分。

若 $B_1, B_2, \cdots, B_n$ 为样本空间的一个划分，则对每次试验，事件 $B_1, B_2, \cdots, B_n$ 中必有一个且仅有一个发生。

例如，设试验 $E = $ "抛一颗骰子观察出现的点数"。其样本空间为

$$\Omega = \{1, 2, 3, 4, 5, 6\}$$

E 的一组事件 $B_1 = \{1, 2\}$，$B_2 = \{3\}$，$B_3 = \{4, 5, 6\}$ 是 Ω 的一个划分，而另一个事件组 $C_1 = \{1, 2, 3\}$，$C_2 = \{4, 5\}$，$C_3 = \{5, 6\}$ 就不是 Ω 的一个划分。

定理 1.1 设 Ω 为试验 E 的一个样本空间，A 为 E 的事件，$B_1, B_2, \cdots, B_n$ 为样本空间 Ω 的一个划分，且 $P(B_i) > 0$ $(i = 1, 2, \cdots, n)$，则

$$P(A) = P(B_1)P(A|B_1) + P(B_2)P(A|B_2) + \cdots + P(B_n)P(A|B_n) \tag{1.14}$$

式(1.14)称为全概率公式。

在很多实际问题中，$P(A)$ 不易直接求得，但却容易找到 Ω 的一个划分 $B_1, B_2, \cdots, B_n$，且 $P(B_i)$ 和 $P(A|B_i)$ 或为已知，或容易求得，那么就可以根据式(1.14)求出 $P(A)$。

证明 因为

$$A = A\Omega = A(B_1 \bigcup B_2 \bigcup \cdots \bigcup B_n) = AB_1 \bigcup AB_2 \bigcup \cdots \bigcup AB_n$$

由假设 $P(B_i) > 0$ $(i = 1, 2, \cdots, n)$，且 $(AB_i)(AB_j) = \varnothing$，$i \neq j$，$i, j = 1, 2, \cdots, n$，得到

$$P(A) = P(AB_1) + P(AB_2) + \cdots + P(AB_n)$$
$$= P(B_1)P(A|B_1) + P(B_2)P(A|B_2) + \cdots + P(B_n)P(A|B_n)$$

例 1.16 设某厂有甲、乙、丙 3 个车间生产同一种产品，已知各车间的产量分别占全厂产量的 25%、35%、40%，并且各车间的次品率依次为 5%、4%、2%。现从该厂这批产品中任取一件，求取到次品的概率。

解 设事件 A 表示取到次品，B_1、B_2、B_3 表示产品分别由甲、乙、丙车间生产，显然 B_1、B_2、B_3 为样本空间 Ω 的一个划分。依题意，有

$$P(B_1) = 25\%, \quad P(B_2) = 35\%, \quad P(B_3) = 40\%$$
$$P(A|B_1) = 5\%, \quad P(A|B_2) = 4\%, \quad P(A|B_3) = 2\%$$

根据全概率公式(1.14)得

$$P(A) = P(B_1)P(A|B_1) + P(B_2)P(A|B_2) + P(B_3)P(A|B_3)$$
$$= 0.25 \times 0.05 + 0.35 \times 0.04 + 0.40 \times 0.02 = 0.0345$$

例 1.17 盒中有 12 个乒乓球，其中 9 个是新的。第一次比赛时从盒中任取 3 个来用，比赛后仍放回盒中。第二次比赛时，再从盒中任取 3 个，求第二次取得的球都是新球的概率。

解 设 $A = $ "第二次取得的球都是新球"，$B_i = $ "第一次取得 i 个新球" $(i = 0, 1, 2, 3)$。

由古典概率的计算公式可得

$$P(B_i) = \frac{C_9^i C_3^{3-i}}{C_{12}^i} \quad (i=0,1,2,3)$$

即

$$P(B_0) = \frac{1}{220}, \; P(B_1) = \frac{27}{220}$$

$$P(B_2) = \frac{108}{220}, \; P(B_3) = \frac{84}{220}$$

当第一次取出的 3 个球(其中有 i 个新球)放回盒中后，盒中 12 个球中就只有 $9-i$ 个新球了(使用过的 i 个新球放回盒中后不再是新球)。于是，可以直接算出条件概率为

$$P(A|B_i) = \frac{C_{9-i}^3}{C_{12}^3} \quad (i=0,1,2,3)$$

即

$$P(A|B_0) = \frac{84}{220}, \; P(A|B_1) = \frac{56}{220}$$

$$P(A|B_2) = \frac{35}{220}, \; P(A|B_3) = \frac{20}{220}$$

根据全概率公式(1.14)得

$$P(A) = \sum_{i=0}^{3} P(B_i)P(A|B_i)$$

$$= \frac{1}{220} \cdot \frac{84}{220} + \frac{27}{220} \cdot \frac{56}{220} + \frac{108}{220} \cdot \frac{35}{220} + \frac{84}{220} \cdot \frac{20}{220} = 0.146$$

1.4.4 贝叶斯公式

定理 1.2 设 Ω 为试验 E 的一个样本空间，A 为 E 的事件，$B_1, B_2, \cdots, B_n$ 为样本空间 Ω 的一个划分，且 $P(A) > 0$，$P(B_i) > 0 \ (i=1,2,\cdots,n)$，则

$$P(B_i|A) = \frac{P(A|B_i)P(B_i)}{\sum_{j=1}^{n} P(A|B_j)P(B_j)} \quad (i=1,2,\cdots,n) \qquad (1.15)$$

关系式(1.15)称为贝叶斯公式。

证明 由条件概率的定义及全概率公式即得

$$P(B_i|A) = \frac{P(B_iA)}{P(A)} = \frac{P(A|B_i)P(B_i)}{\sum_{j=1}^{n} P(A|B_j)P(B_j)} \quad (i=1,2,\cdots,n)$$

特别地，在式(1.15)中取 $n=2$，并将 B_1 记为 B，此时 B_2 是 $\bar{B}$，由贝叶斯公式得

$$P(B|A) = \frac{P(AB)}{P(A)} = \frac{P(A|B)P(B)}{P(A|B)P(B) + P(A|\bar{B})P(\bar{B})} \qquad (1.16)$$

例 1.18 在例 1.16 中，若从该批产品中任取一件，该件是次品，问：该次品由哪个车间生产的概率较大？

解　已知 $P(A)=0.0345$，由贝叶斯公式，得

$$P(B_1|A)=\frac{P(B_1)P(A|B_1)}{P(A)}=\frac{0.25\times0.05}{0.0345}\approx0.362$$

$$P(B_2|A)=\frac{P(B_2)P(A|B_2)}{P(A)}=\frac{0.35\times0.04}{0.0345}\approx0.406$$

$$P(B_3|A)=\frac{P(B_3)P(A|B_3)}{P(A)}=\frac{0.4\times0.02}{0.0345}\approx0.232$$

所以该次品由乙车间生产的可能性较大。

例 1.19　已知具有某种特征的患者为癌症患者的概率为 0.05，在有该症状的患者中，癌症患者经仪器检查为阳性的概率为 0.85；非癌症患者经仪器检查为阳性的概率为 0.05。现有一患者具有该症状且经仪器检查为阳性，求该患者为癌症患者的概率。

解　设 $A=$"仪器检查为阳性"，$B=$"为癌症患者"，则 $\overline{B}=$"为非癌症患者"。

由题意可知，所讨论的问题完全限制在具有某种特征的患者中。在这个范围内，所求的概率为条件概率 $P(B|A)$，且 $P(B)=0.05$，$P(\overline{B})=0.95$，$P(A|B)=0.85$，$P(A|\overline{B})=0.05$。

由贝叶斯公式(1.16)得

$$P(B|A)=\frac{P(AB)}{P(A)}$$

$$=\frac{P(A|B)P(B)}{P(A|B)P(B)+P(A|\overline{B})P(\overline{B})}$$

$$=\frac{0.05\times0.85}{0.05\times0.85+0.95\times0.05}=0.472$$

1.5　事件的独立性

1.5.1　两个事件的独立性

直观地说，若事件 A 和事件 B，其中任何一个发生与否都不影响另一个发生的可能性，就说 A 与 B 相互独立。

比如，两个人各对靶射击一次，用 A 表示事件"甲击中"，用 B 表示事件"乙击中"，显然 A 与 B 相互独立。因为"乙击中"的可能性并不因为甲是否击中而有所改变，同样，"甲击中"的可能性也不因为乙是否击中而有所改变。

上面关于两个事件相互独立的概念是描述性的，为了理论上的需要，给出两个事件相互独立的数学定义。

因为若 A 与 B 相互独立，显然有 $P(A|B)=P(A)$ 和 $P(B|A)=P(B)$，由乘法公式，应当有 $P(AB)=P(A)P(B)$。

定义 1.7　设 A、B 是两事件，如果满足关系式

$$P(AB)=P(A)P(B) \tag{1.17}$$

则称事件 A 与事件 B 相互独立，简称 A、B 独立。

由上述定义可知，关于独立性有下面两个性质。

(1) 设 A、B 是两事件，且 $P(A) > 0$，关系式 $P(AB) = P(A)P(B)$ 等价于 $P(B|A) = P(B)$。

性质的正确性是显然的。

(2) 若事件 A 与事件 B 相互独立，则下列各对事件也相互独立，即 A 与 $\bar{B}$、$\bar{A}$ 与 B、$\bar{A}$ 与 $\bar{B}$ 相互独立。

证明 已知 $P(AB) = P(A)P(B)$，所以

$$P(A\bar{B}) = P(A - AB)$$
$$= P(A) - P(AB) = P(A) - P(A)P(B)$$
$$= P(A)(1 - P(B)) = P(A)P(\bar{B})$$

即 A 与 $\bar{B}$ 相互独立。由此可立即推出 $\bar{A}$ 与 $\bar{B}$ 相互独立。再由 $\bar{\bar{B}} = B$，又推出 $\bar{A}$ 与 B 相互独立。

例 1.20 男、女两名运动员分别参加比赛，根据以往的经验，他们获得冠军的概率分别为 0.6 与 0.5，求下列事件的概率。

(1) 两人都得冠军。

(2) 至少有一人得冠军。

解 设 A = "男选手得冠军"，B = "女选手得冠军"，则 AB = "两人都得冠军"，$A \cup B$ = "至少有一人得冠军"。通过对实际问题的分析，可以认为 A 与 B 是相互独立的，且知 $P(A) = 0.6$，$P(B) = 0.5$，因此

$$P(AB) = P(A)P(B) = 0.3$$

由加法公式得

$$P(A \cup B) = P(A) + P(B) - P(AB) = 0.6 + 0.5 - 0.3 = 0.8$$

1.5.2 多个事件的独立性

定义 1.8 设 A、B、C 是 3 个事件，如果满足 4 个等式，即

$$P(AB) = P(A)P(B)$$
$$P(BC) = P(B)P(C)$$
$$P(AC) = P(A)P(C)$$
$$P(ABC) = P(A)P(B)P(C) \tag{1.18}$$

则称事件 A、B、C 相互独立。

一般来说，设 $A_1, A_2, \cdots, A_n$ 是 $n(n \geq 2)$ 个事件，如果对于其中任意 2 个、3 个、……、任意 n 个事件的积事件的概率，都等于各事件概率之积，则称事件 $A_1, A_2, \cdots, A_n$ 相互独立。

由相互独立事件定义，可以得到以下两个性质。

(1) 若事件 $A_1, A_2, \cdots, A_n (n \geq 2)$ 相互独立，则其中任意 $k(2 \leq k \leq n)$ 个事件也是相互独立的。

(2) 若事件 $A_1, A_2, \cdots, A_n (n \geq 2)$ 相互独立，则将 $A_1, A_2, \cdots, A_n$ 中任意多个换成它们的对立事件，所得的 n 个事件仍相互独立。

在 n 个事件相互独立的概念中，应特别注意，由 $A_1, A_2, \cdots, A_n$ 中两两事件的独立性，不能推出它们的相互独立性。

例 1.21 设样本空间 $\Omega = \{a_1, a_2, a_3, a_4\}$，$P(\{a_i\}) = \frac{1}{4}$（$i=1,2,3,4$），又设 $A = \{a_1, a_2\}$、$B = \{a_1, a_3\}$、$C = \{a_1, a_4\}$，则有

$$P(A) = P(B) = P(C) = \frac{1}{2}$$

$$P(AB) = P(AC) = P(BC) = P(\{a_1\}) = \frac{1}{4}$$

$$P(ABC) = P(\{a_1\}) = \frac{1}{4}$$

可以看出

$$P(AB) = P(A)P(B)$$
$$P(BC) = P(B)P(C)$$
$$P(AC) = P(A)P(C)$$
$$P(ABC) \neq P(A)P(B)P(C)$$

就是说，A、B、C 两两独立，但是总起来不相互独立。

下面推导一个计算相互独立事件之和的概率的简便方法。

设 $A_1, A_2, \cdots, A_n$ 是 n 个相互独立的事件，则有

$$P(A_1 \bigcup A_2 \bigcup \cdots \bigcup A_n) = 1 - P(\overline{A}_1)P(\overline{A}_2)\cdots P(\overline{A}_n) \tag{1.19}$$

这是因为

$$\overline{A_1 \bigcup A_2 \bigcup \cdots \bigcup A_n} = \overline{A}_1 \bigcap \overline{A}_2 \bigcap \cdots \bigcap \overline{A}_n$$

所以

$$P(A_1 \bigcup A_2 \bigcup \cdots \bigcup A_n) = 1 - P(\overline{A}_1 \bigcap \overline{A}_2 \bigcap \cdots \bigcap \overline{A}_n)$$

又由于 $\overline{A}_1, \overline{A}_2, \cdots, \overline{A}_n$ 相互独立，有

$$P(\overline{A}_1 \bigcap \overline{A}_2 \bigcap \cdots \bigcap \overline{A}_n) = P(\overline{A}_1)P(\overline{A}_2)\cdots P(\overline{A}_n)$$

所以得式(1.19)。

例 1.22 一个人看管 3 台机床，设在任一时刻机床正常工作(不需要人看管)的概率对第一台是 0.9，对第二台是 0.8，对第三台是 0.85，求在任一时刻：

(1) 3 台机床都正常工作的概率；

(2) 3 台机床中至少有一台正常工作的概率。

解 可以认为 3 台机床的工作正常与否是相互独立的。设 $A_i = \{$第 i 台机床正常工作$\}$，则

(1) 所求概率为

$$P(A_1 A_2 A_3) = P(A_1)P(A_2)P(A_3) = 0.9 \times 0.8 \times 0.85 = 0.612$$

(2) 由式(1.19)得，所求概率为

$$P(A_1 \bigcup A_2 \bigcup A_3) = 1 - P(\overline{A}_1)P(\overline{A}_2)P(\overline{A}_3)$$
$$= 1 - (1-0.9) \times (1-0.8) \times (1-0.85) = 0.997$$

例 1.23 设炮兵使用某型号的高射炮，每一门炮击中敌机的概率为 0.2，问：需要多少门炮同时射击才能以 90% 的把握一发击中敌机？

解 设需要 n 门炮，并令 $A_i =$ "第 i 门炮击中敌机"（$i=1,2,\cdots,n$），$A =$ "敌机被击

中"，则 $A = A_1 \cup A_2 \cup \cdots \cup A_n$ 。由于事件 A_i ($i = 1, 2, \cdots, n$)相互独立，因而事件 $\overline{A}_i (i = 1, 2, \cdots, n)$ 也是相互独立的，所以由式(1.19)得

$$P(A) = 1 - P(\overline{A}_1)P(\overline{A}_2) \cdots P(\overline{A}_n) = 1 - (1 - 0.2)^n = 1 - (0.8)^n$$

于是要求 n ，使得 $P(A) \geqslant 0.9$ ，即 $1 - (0.8)^n \geqslant 0.90$ ，解得 $n \geqslant \dfrac{\lg 0.1}{\lg 0.8} = 10.32$ 。所以至少需要 11 门高射炮才能以 90%的把握一发击中敌机。

习 题 1

1.1 写出下列随机试验的样本空间。

(1) 记录一个班级一次概率统计考试的平均分数(设以百分制记分)。

(2) 同时掷 3 颗骰子，记录 3 颗骰子点数之和。

(3) 生产产品直到有 10 件正品为止，记录生产产品的总件数。

(4) 对某工厂出厂的产品进行检查，合格的记上"正品"，不合格的记上"次品"，如连续查出两个次品就停止检查，或检查 4 个产品就停止检查，记录检查的结果。

(5) 在单位正方形内任意取一点，记录它的坐标。

(6) 实测某种型号灯泡的寿命。

1.2 设 A 、B 、C 为 3 个事件，用 A 、B 、C 的运算关系表示下列各事件。

(1) A 发生，B 与 C 不发生。

(2) A 与 B 都发生，而 C 不发生。

(3) A 、B 、C 中至少有一个发生。

(4) A 、B 、C 都发生。

(5) A 、B 、C 都不发生。

(6) A 、B 、C 中不多于一个发生。

(7) A 、B 、C 中至少有一个不发生。

(8) A 、B 、C 中至少有两个发生。

1.3 指出下列命题中哪些成立，哪些不成立，并作图说明。

(1) $A \cup B = A\overline{B} \cup B$ ；　　　　(2) $\overline{AB} = \overline{A}\,\overline{B}$ ；

(3) 若 $B \subset A$,则 $B = AB$ ；　　　(4) 若 $A \subset B$,则 $\overline{B} \subset \overline{A}$ ；

(5) $\overline{A \cup BC} = \overline{A}\,\overline{B}\,\overline{C}$ ；　　　(6) 若 $AB = \varnothing$ 且 $C \subset A$ ，则 $BC = \varnothing$ 。

1.4 简化下列各式。

(1) $(A \cup B)(B \cup C)$ ；　　(2) $(A \cup B)(A \cup \overline{B})$ ；　　(3) $(A \cup B)(A \cup \overline{B})(\overline{A} \cup B)$ 。

1.5 设 A 、B 、C 是 3 个事件，且 $P(A) = P(B) = \dfrac{3}{8}$ ，$P(C) = \dfrac{1}{4}$ ，$P(AB) = P(BC) = \dfrac{3}{8}$ ，

$P(AC) = \dfrac{1}{8}$ ，求 A 、B 、C 至少有一个发生的概率。

1.6 从 1、2、3、4、5 这 5 个数中，任取其三，构成一个三位数。试求下列事件的概率。

(1) 三位数是奇数；　　　　　　(2) 三位数为 5 的倍数；

(3) 三位数为 3 的倍数；　　　　(4) 三位数小于 350。

1.7　某油漆公司发出 17 桶油漆，其中白漆 10 桶、黑漆 4 桶、红漆 3 桶，在搬运过程中所有标签脱落，交货人随意将这些油漆发给顾客。问一个订货 4 桶白漆、3 桶黑漆和 2 桶红漆的顾客，能按所定颜色如数得到订货的概率是多少？

1.8　在 1700 个产品中有 500 个次品、1200 个正品。任取 200 个。(1) 求恰有 90 个次品的概率；(2) 求至少有 2 个次品的概率。

1.9　把 10 本书任意地放在书架上，求其中指定的 3 本书放在一起的概率。

1.10　从 5 双不同的鞋子中任取 4 只，这 4 只鞋子中至少有两只鞋子配成一双的概率是多少？

1.11　将 3 个鸡蛋随机地打入 5 个杯子中去，求杯子中鸡蛋的最大个数分别为 1、2、3 的概率。

1.12　把长度为 a 的线段在任意两点折断成为三线段，求它们可以构成一个三角形的概率。

1.13　甲、乙两艘轮船要在一个不能同时停泊两艘轮船的码头停泊，它们在一昼夜内到达的时刻是等可能的。若甲船所需的停泊时间是 1h，乙船所需的停泊时间是 2h，求它们中任何一艘都不需等候码头空出的概率。

1.14　已知 $P(A)=\dfrac{1}{4}, P(B|A)=\dfrac{1}{3}, P(A|B)=\dfrac{1}{2}$，求 $P(B)$、$P(A \cup B)$。

1.15　已知在 10 只晶体管中有两只次品，在其中取两次，每次任取一只，作不放回抽样。求下列事件的概率。

(1) 两只都是正品；(2) 两只都是次品；(3) 一只是正品，一只是次品；(4) 第二次取出的是次品。

1.16　在制作钢筋混凝土构件以前，通过拉伸试验，抽样检查钢筋的强度指标。今有一组钢筋 100 根，次品率为 2%，任取 3 根做拉伸试验，如果 3 根都是合格品的概率大于 0.95，认为这组钢筋可用于制作构件，否则作为废品处理，问：这组钢筋能否用于制作构件？

1.17　某人忘记了密码锁的最后一个数字，他随意地拨数，求他拨数不超过 3 次而打开锁的概率。若已知最后一个数字是偶数，那么此概率是多少？

1.18　袋中有 8 个球，6 个是白球、2 个是红球。8 个人依次从袋中各取一球，每人取一球后不再放回袋中。问第一人、第二人、⋯⋯、最后一人取得红球的概率各是多少个。

1.19　设 10 件产品中有 4 件为不合格品，从中任取两件，已知两件中有一件是不合格品，问：另一件也是不合格品的概率是多少？

1.20　对某种水泥进行强度试验，已知该水泥达到 500 号的概率为 0.9，达到 600 号的概率为 0.3，现取一水泥块进行试验，已达到 500 号标准而未破坏，求其为 600 号的概率。

1.21　以 A、B 分别表示某城市的甲、乙两个区在某一年内出现的停水事件，据记载知 $P(A)=0.35$，$P(B)=0.30$，并知条件概率为 $P(A|B)=0.15$，试求：

(1) 两个区同时发生停水事件的概率。

(2) 两个区至少有一个区发生停水事件的概率。

1.22 设有甲、乙两袋，甲袋中装有 n 只白球、m 只红球；乙袋中装有 N 只白球、M 只红球，今从甲袋中任意取一只球放入乙袋中，再从乙袋中任意取一只球。问：取到白球的概率是多少？

1.23 已知人群中男子有 5% 是色盲患者，女子有 0.25% 是色盲患者。今从男女人数相等的人群中随机地挑选一人，求此人是色盲患者的概率。

1.24 将两信息分别编码为 A 和 B 传递出去，接收站收到时，A 被误收作 B 的概率为 0.02，而 B 被误收作 A 的概率为 0.01。信息 A 与信息 B 传送的频繁程度为 2∶1。若接收站收到的信息是 A，问：原发信息是 A 的概率为多少？

1.25 甲、乙、丙 3 组工人加工同样的零件，出现废品的概率：甲组是 0.01，乙组是 0.02，丙组是 0.03，加工完的零件放在同一个盒子里，其中甲组加工的零件是乙组加工的 2 倍，丙组加工的零件是乙组加工的一半，从盒中任取一个零件是废品，求它不是乙组加工的概率。

1.26 有两箱同种类的零件。第一箱装 50 只，其中 10 只一等品；第二箱装 30 只，其中 18 只一等品。今从两箱中任挑出一箱，然后从该箱中取零件两次，每次任取一只，作不放回抽样。试求：(1) 第一次取到的零件是一等品的概率；(2) 第一次取到的零件是一等品的条件下，第二次取到的也是一等品的概率。

1.27 设有 4 张卡片分别标以数字 1、2、3、4。今任取一张，设事件 A 为取到 4 或 2，事件 B 为取到 4 或 3，事件 C 为取到 4 或 1，试验证：

(1) $P(AB)=P(A)P(B)$ ；(2) $P(BC)=P(B)P(C)$ ；(3) $P(CA)=P(C)P(A)$ ；(4) $P(ABC)\neq P(A)P(B)P(C)$。

1.28 如果一危险情况 C 发生时，一电路闭合并发出警报。此时可以用两个或多个开关并联以改善可靠性，在 C 发生时这些开关每一个都应闭合，且若至少一个开关闭合了，警报就发出。如果两个这样的开关并联，它们每个具有 0.96 的可靠性(即在情况 C 发生时闭合的概率)。问：这时系统的可靠性(即电路闭合的概率)是多少？如果需要有一个可靠性至少为 0.9999 的系统，则至少需要用多少只开关并联？设各开关闭合与否都是相互独立的。

1.29 甲、乙、丙 3 人同时对飞机进行射击，3 人射中的概率分别为 0.4、0.5、0.7。飞机被一人击中而被击落的概率为 0.2，被两人击中而被击落的概率为 0.6，若 3 人都击中，飞机必定被击落。求飞机被击落的概率。

1.30 在装有 6 个白球、8 个红球和 3 个黑球的口袋中，有放回地从中任取 5 次，每次取出一个。试求恰有 3 次取到非白球的概率。

1.31 电灯泡使用时数在 1000h 以上的概率为 0.2，求 3 个灯泡在使用 1000h 后最多只有一只坏了的概率。

1.32 某地区一年内发生洪水的概率为 0.2，如果每年发生洪水是相互独立的，试求：

(1) 洪水十年一遇的概率。

(2) 要多少年才能以 99% 以上的概率保证至少有一年发生洪水。

1.33 在打桩施工中，断桩是常见的，经统计，甲组断桩的概率为 3%，乙组断桩的概率为1.2%。某工地准备打 15 根桩，甲组打 5 根，乙组打 10 根，问：

(1) 产生断桩的概率是多少？

(2) 甲组断两根的概率是多少？

1.34 某养鸡场一天孵出 n 只小鸡的概率为

$$P_n = \begin{cases} ap^n, & n \geqslant 1 \\ 1 - \dfrac{ap}{1-p}, & n = 0 \end{cases}$$

其中 $0 < p < 1$，$0 < a < \dfrac{1-p}{p}$，若认为孵出一只公鸡和一只母鸡是等可能的。求证：一天孵出 k 只母鸡的概率为 $\dfrac{2ap^k}{(2-p)^{k+1}}$，又已知某一天已孵出母鸡，问：还能孵出一只公鸡的概率是多少？

第 2 章　随机变量

在第 1 章里讨论了随机事件及其概率，对随机现象的统计规律有了初步的认识。但要想全面了解随机现象的统计规律性，将随机试验的结果与实数对应起来，使随机试验的结果数量化，就要引入随机变量的概念。

2.1　随机变量的定义

在随机现象中，许多情况下的试验结果是用数量表示的。而在另一些情况下，试验的结果虽然不是与数量直接有关，但是也可以用数量来描述。

例 2.1　在一批产品中随机地取 10 件，考虑其中的废品数 X，则 X 的所有可能结果为 $S=\{0,1,2,\cdots,10\}$，这是此试验的样本空间。由于废品数 X 可能取 0、1、2、$\cdots$、10 中的任意一个值，所以它是一个变量，又由于试验结果具有偶然性，所以这个变量取哪一个值也具有偶然性。像废品数这样的，随着试验结果的不同以偶然方式取得的量叫作随机变量。显然，随机变量是定义在样本空间上的函数。

下面举出几个随机变量的例子。

例 2.2　某人射击环靶，每次击中的环数 X 为随机变量，X 的可能取值为 0、1、2、$\cdots$、10。

例 2.3　电话交换台在一段时间内收到的电话呼唤数为 X，则 X 为随机变量，X 的可能取值为 0、1、2、$\cdots$。

例 2.4　测试日光灯的使用寿命 X (h)，则 X 为随机变量，X 可能取区间$[0,+\infty)$内的任意数值。

有些试验的结果，看来并不具有数量含义。例如，扔一枚硬币，有两个基本事件："正面朝上"和"正面朝下"。当然，也可使它的结果与数对应，比如可以令"正面朝上"对应 1，"正面朝下"对应 0。类似地，在射击中有"命中"和"不命中"；在抽检一件产品时有"是合格品"和"是次品"；在观察某一天的天气时有"下雨"和"不下雨"等，都可按同样的方法使其结果与数对应。因此，对这类试验也可以在样本空间上定义随机变量。

对于一个随机变量，仅仅知道它可能取什么值是不够的，更有意义的是应当知道它的取值在某一范围里的可能性多大，这需要先给出随机变量的确切定义。

定义 2.1　设随机试验的样本空间为 $\Omega = \{e\}$，$X = X(e)$ 是定义在样本空间 Ω 上的实值单值函数，则称 $X = X(e)$ 为随机变量。

通常用 X、Y、Z 等表示随机变量，而用 x、y、z 等表示随机变量相对应于某个试验结果所取的值。

随机变量是概率论的又一个重要概念，这个概念的引入使得能用数学的方法研究试验的全部结果及其相互联系。

随机变量按照其取值的不同，一般分为两类：一类随机变量是它所可能取的值是有限多个或可数无穷多个数值，这样的随机变量称为离散型随机变量，如例 2.2 中打靶击中的环数、例 2.3 中在一段时间内收到的电话呼唤数都是离散型随机变量；另一类随机变量是它所可能取的值连续地充满了某个区间，这样的随机变量称为连续型随机变量，如例 2.4 中日光灯的使用寿命就是连续型随机变量。

2.2　离散型随机变量

2.2.1　离散型随机变量的概率分布

要掌握一个离散型随机变量 X 的统计规律，不仅要知道 X 所有可能取的值，而且还要知道 X 取每一个可能值的概率。例如，掷骰子的试验中，X 只可能取 1、2、…、6 这 6 个值，而且由于等可能性，X 取每一个值的概率都是 1/6。

定义 2.2　如果离散型随机变量 X 所有可能取的值为 $x_1, x_2, \cdots, x_n, \cdots$，则 X 取各个可能值的概率，即事件 $\{X = x_k\}$ 的概率为

$$P\{X = x_k\} = p_k \quad (k = 1, 2, \cdots) \tag{2.1}$$

称式(2.1)为离散型随机变量的分布律。

离散型随机变量的分布律具有下列性质。

(1)　$p_k \geqslant 0, \quad k = 1, 2, \cdots$。

(2)　$\sum\limits_{k=1}^{\infty} p_k = 1$。 $\tag{2.2}$

分布律也可以用表格的形式来表示，如图 2.1 所示。

X	x_1	x_2	…	x_n	…
p_k	p_1	p_2	…	p_n	…

图 2.1　分布律的表示形式

图 2.1 直观地表示了随机变量 X 取各个值的概率的规律，X 取各个值各占一些概率，这些概率合起来是 1。

例 2.5　设有 10 件产品，其中正品 6 件，次品 4 件，从中任取 3 件产品，用 X 表示从中取出的次品数，求其分布律。

解　用 X 表示取出 3 件产品中的次品数，则它可能取的值是 0、1、2、3。

$X = k$ ($k = 0,1,2,3$)表示事件"有k件次品"。由概率的古典定义得

$$P\{X=0\} = \frac{C_6^3}{C_{10}^3} = \frac{1}{6}$$

$$P\{X=1\} = \frac{C_4^1 C_6^2}{C_{10}^3} = \frac{1}{2}$$

$$P\{X=2\} = \frac{C_4^2 C_6^1}{C_{10}^3} = \frac{3}{10}$$

$$P\{X=3\} = \frac{C_4^3}{C_{10}^3} = \frac{1}{30}$$

其分布律如图 2.2 所示。

X	0	1	2	3
P	$\frac{1}{6}$	$\frac{1}{2}$	$\frac{3}{10}$	$\frac{1}{30}$

图 2.2　例 2.5 的分布律

例 2.6　对某一目标进行射击，直至击中为止。设每次射击时命中率为 p ($0 < p < 1$)，求射击次数的分布律。

解　设射击次数为 X，其可能取的值为 $1,2,\cdots$。$\{X=i\}$ 等价于事件"第 i 次射击才击中"，即前 $i-1$ 次射击都未击中而第 i 次射击击中。由于各次射击是独立进行的，而每次射击击中的概率为 p，未中的概率为 $q = 1 - p$。因此可得

$$p_i = P\{X=i\} = pq^{i-1} = p(1-p)^{i-1} \quad (i = 1,2,\cdots)$$

其分布律如图 2.3 所示。

X	1	2	3	$\cdots$	i	$\cdots$
P	p	$p(1-p)$	$p(1-p)^2$	$\cdots$	$p(1-p)^i$	$\cdots$

图 2.3　例 2.6 的分布律

容易验证，上述分布律满足下面两个性质。

(1) $p_i = p(1-p)^{i-1} \geqslant 0$。

(2) $\displaystyle\sum_{i=1}^{\infty} p^i = \sum_{i=1}^{\infty} pq^{i-1} = \frac{p}{1-q} = 1$。

2.2.2　常见的离散型随机变量的概率分布

下面介绍 3 种重要的离散型分布。

1. 两点分布

若随机变量 X 只可能取 0 与 1 两个值，它的分布律是

$$P\{X=k\} = p^k (1-p)^{1-k} \quad (k = 0,1;\ 0 < p < 1)$$

则称 X 服从两点分布或 0—1 分布。

两点分布的分布律也可写成如图 2.4 所示的形式。

X	0	1
P	$1-p$	p

图 2.4　两点分布的分布律

例 2.7　盒中有红色球、黄色球、白色球各一个，从中随机取两球，求取得红色球的个数 X 的分布。

解　X 可能取的值为 0、1，且

$$P\{X=0\} = \frac{C_2^2}{C_3^2} = \frac{1}{3}$$

$$P\{X=1\} = \frac{C_1^1 C_2^1}{C_3^2} = \frac{2}{3}$$

显然，X 服从两点分布。

两点分布虽然十分简单，但是很有用，例如一次射击命中与否、抽检一件产品合格与否等，都可以用两点分布的随机变量来描述。

2. 伯努利试验、二项分布

设试验 E 只有两个可能结果，即 A 及 $\bar{A}$，则称 E 为伯努利试验。

设 $P(A) = p\,(0 < p < 1)$，此时 $P(\bar{A}) = 1-p$。将 E 独立地重复进行 n 次，则称这一串重复的独立试验为 n 重伯努利试验。

例如，E 是抛一颗骰子，若 A 表示得到"6 点"，$\bar{A}$ 表示得到"非 6 点"。将骰子抛 n 次，就是 n 重伯努利试验。

又如，在盒中装有 5 个白球、7 个黑球。E 是在盒中任取一个球，观察其颜色。以 A 表示"取到白球"，$P(A) = 5/12$。若连续取球 n 次作放回抽样，这就是 n 重伯努利试验。然而若作不放回抽样，就不再是 n 重伯努利试验了。

以 X 表示 n 重伯努利试验中事件 A 发生的次数，X 是一个随机变量，来求它的分布律。X 所有可能取的值为 $0,1,2,\cdots,n$。由于各次试验是相互独立的，因此事件 A 在指定的 $k(0 \leqslant k \leqslant n)$ 次试验中发生、在其他 $n-k$ 次试验中 A 不发生的概率为

$$\underbrace{p \cdot p \cdots p}_{k\text{个}} \cdot \underbrace{(1-p) \cdot (1-p) \cdots (1-p)}_{n-k\text{个}} = p^k (1-p)^{n-k}$$

这种指定的方式共有 C_n^k 种，它们是两两互不相容的，所以在 n 次试验中，A 发生 k 次的概率为 $C_n^k p^k (1-p)^{n-k}$，记 $q = 1-p$，即有

$$P\{X=k\} = C_n^k p^k q^{n-k} = C_n^k p^k (1-p)^{n-k}, \quad k = 0,1,2,\cdots,n \tag{2.3}$$

通常把满足分布律公式(2.3)的随机变量 X 称为服从参数为 n,p 的二项分布，记为 $X \sim B(n,p)$。

这样定义是因为 $C_n^k p^k (1-p)^{n-k}$ 恰是二项式 $(p+q)^n$ 的展开式，即

$$(p+q)^n = \sum_{i=0}^{n} C_n^i p^i q^{n-i}$$

中的第 $k+1$ 项，由于 $(p+q)^n = 1$，所以

$$\sum_{k=0}^{n} P\{X=k\} = \sum_{k=0}^{n} C_n^k p^k q^{n-k} = (p+q)^n = 1$$

这说明了此分布满足分布律的性质，特别地，当 $n=1$ 时二项分布化为

$$P\{X=k\} = p^k q^{1-k}, \quad k=0,1$$

这就是两点分布。对于二项分布 $B(n,p)$ 有时记

$$b(k;n,p) = P(X=k) = C_n^k p^k (1-p)^{n-k}, \quad k=0,1,2,\cdots,n$$

例 2.8 已知某种大批量产品的一级品率为 0.2，现从中随机抽取 20 件，问：20 件产品中恰有 k 件（ $k=0,1,2,\cdots,20$ ）为一级品的概率是多少？

解 这是不放回抽样，但由于产品是大批量的，且抽查的件数相对于产品的总数来说又很小，因而可以当作有放回抽样来处理，这样做会有误差，但误差不大。将抽取的产品是否为一级品看成是一次试验的结果，检查 20 件产品相当于做了 20 重伯努利试验。设 X 为 20 件产品中一级品的件数，则 X 服从参数 $n=20$， $p=0.2$ 的二项分布，由式(2.3)即得所求的概率为

$$P(X=k) = C_{20}^k (0.2)^k (0.8)^{20-k}, \quad k=0,1,2,\cdots,20$$

对不同的 k 值分别进行计算，结果如表 2.1 和图 2.5 所示。

表 2.1　例 2.8 的计算结果

$X=k$	0	1	2	3	4	5	6	7	8	9	10	$\geqslant 11$
P	0.012	0.058	0.137	0.215	0.218	0.175	0.109	0.055	0.022	0.007	0.002	<0.001

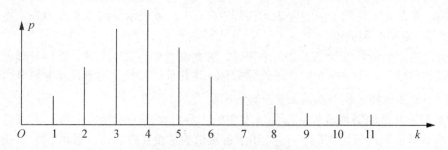

图 2.5　例 2.8 计算结果的图形表示

从图 2.5 中可以看到，当 k 增加时，概率 $P\{X=k\}$ 先是随之增加，直至达到最大值，之后单调减少。一般地，对于固定的 n 及 p，二项分布 $B(n,p)$ 都具有这一性质。

例 2.9 某人进行射击，设每次射击的命中率为 0.001，求"在 5000 次独立射击中命中两次以上"的概率。

解 将一次射击看成是一次试验。设击中的次数为 X，则 $X \sim B(5000, 0.001)$ 。 X 的分布律为

$$P\{X=k\} = C_{5000}^k (0.001)^k (0.999)^{5000-k}, \quad k=0,1,2,\cdots,5000$$

于是所求的概率为

$$P\{X \geqslant 2\} = 1 - P\{x = 0\} - P\{x = 1\}$$
$$= 1 - (0.999)^{5000} - 5000 \times 0.001 \times (0.999)^{4999}$$
$$\approx 0.9598$$

计算结果说明，尽管每次射击命中目标的可能性很小，但只要射击的次数很多，如 5000 次，命中两次以上的概率就近似等于 0.9598，至于命中一次以上的概率还要大，近似等于 0.9933，很接近 1，这就可以认为射击 5000 次几乎是能够命中目标的。

例 2.10　已知某地区鸡得某种病的概率是 0.25，现有某种对该病的新预防药。对 12 只鸡进行用药试验，结果 12 只鸡都没有得该病。从这个结果对新预防药的效果能得出什么结论？

解　对 12 只鸡进行试验，可看作是独立地进行 12 次试验。如果药无效，则在每次试验中鸡得病的概率都是 0.25，这时，12 只鸡中得病的数目 X，应该服从参数为 $(12, 0.25)$ 的二项分布，所以，"12 只鸡都不得病"的概率为

$$P\{X = 0\} = C_{12}^0 (0.25)^0 (0.75)^{12} = 0.032$$

这说明，若药无效，则 12 只鸡都不得病的可能性只有 0.032，这个概率很小，在实际中不大可能发生。所以，实际上可以认为该药物是有效的。

3. 泊松分布

设随机变量 X 所有可能取的值为 0, 1, 2, …，而取各个值的概率为

$$P\{X = k\} = \frac{\lambda^k \mathrm{e}^{-\lambda}}{k!}, k = 0, 1, 2, \cdots \tag{2.4}$$

其中 $\lambda > 0$ 是常数。则称随机变量 X 服从参数为 λ 的泊松分布，记为 $X \sim P(\lambda)$。

易知，$P\{X = k\} \geqslant 0 (k = 0, 1, 2, \cdots)$ 且有

$$\sum_{k=0}^{\infty} P\{X = k\} = \sum_{k=0}^{\infty} \frac{\lambda^k \mathrm{e}^{-\lambda}}{k!}$$

$$= \mathrm{e}^{-\lambda} \sum_{k=0}^{\infty} \frac{\lambda^k}{k!} = \mathrm{e}^{-\lambda} \mathrm{e}^{\lambda} = 1$$

即 $P\{X = k\}$ 满足分布律的性质。

对于那些试验次数 n 很大，事件 A 在每次试验中发生的概率 p 又很小，且 np 等于或近似等于某个常数的一类随机试验，事件 A 发生的次数通常被看作是服从泊松分布的随机变量。自然界中有很多稀疏现象，例如，一本书一页中的印刷错误数、某医院在一天内的急诊病人数、一段布匹上的疵点数、显微镜下在某观察范围内的微生物数等随机变量，都服从泊松分布。

理论上，泊松分布是作为二项分布的极限引入的。即当 $n \to \infty$，且 $np \to \lambda$ (常数)时，容易证明

$$\lim_{x \to \infty} C_n^m p^m q^n = \frac{\lambda^m}{m!} \mathrm{e}^{-\lambda}$$

从而在实际计算中，当 $n \geqslant 10$ 而 $p \leqslant 0.1$，且精度要求不太高时，借助"泊松分布表"(见附录 1 中的附表 2)，可以进行二项分布取值概率的近似计算。

例 2.11 某城市在长度为 t(单位：时间)的时间间隔内发生的火灾次数 X 服从参数为 $0.5t$ 的泊松分布，且与时间间隔的起点无关，求下列事件的概率。

(1) 某天中午 12 时至 15 时未发生火灾。

(2) 某天中午 12 时至 16 时至少发生两次火灾。

解 (1) $X \sim P(\lambda) = P(0.5 \times 3) = P(1.5)$

$$P\{X=0\} = \frac{1.5^0}{0!}e^{-1.5} = e^{-1.5}。$$

(2) $X \sim P(\lambda) = P(0.5 \times 4) = P(2)$

$$P\{X \geqslant 2\} = 1 - P\{X=0\} - P\{X=1\} = 1 - \frac{2^0}{0!}e^{-2} - \frac{2^1}{1!}e^{-2} = 1 - 3e^{-2}。$$

例 2.12 某公司生产的一种产品，根据历史生产记录知，该产品的次品率为 0.01。问：该种产品 300 件中次品数大于 5 的概率是多少？

解 把检验每件产品看作一次试验，它有两个可能的结果：$A = \{$正品$\}$ 和 $\bar{A} = \{$次品$\}$。检验 300 件产品相当于做 300 次伯努利试验。用 X 表示检验出的次品数，则 $X \sim B(300, 0.01)$，我们要计算 $P(X > 5)$。

由于 $n = 300$ 较大，$p = 0.01$ 较小，有 $np = 300 \times 0.01 = 3$，X 可近似地看作服从参数 $\lambda = 3$ 的泊松分布，即所求的概率为

$$P\{X > 5\} = \sum_{k=6}^{300} b(k; 300, 0.01) \approx \sum_{k=6}^{300} \frac{e^{-3}}{k!} 3^k \approx \sum_{k=6}^{\infty} \frac{e^{-3}}{k!} 3^k$$

查附表，知 $P\{X > 5\} \approx 0.08$。

2.3 连续型随机变量与随机变量的分布函数

2.3.1 概率密度函数

有一些随机变量是在一个区间内连续取值的，不能像离散型随机变量那样一一列举。例如，测试某电器的使用寿命；测试普通混凝土的抗压强度等，它们的可能取值是充满某个区间的，对于这类随机变量，就不能像离散型随机变量那样来建立其分布律。只有确知随机变量取值于某一区间的概率，才能掌握其取值的概率分布情况。

定义 2.3 对于随机变量 X，若存在非负可积函数 $f(x)$ $(-\infty < x < +\infty)$，使对任意实数 $a, b(a < b)$ 都有

$$P\{a < X \leqslant b\} = \int_a^b f(x)dx \tag{2.5}$$

则称 X 为连续型随机变量，$f(x)$ 称为 X 的概率密度函数，简称概率密度或密度。

由定义可以得到与离散型随机变量的分布律相类似的性质。

(1) $f(x) \geqslant 0$(非负性)。

(2) $\int_{-\infty}^{+\infty} f(x)dx = P\{-\infty < X < +\infty\} = 1$(规范性)。

性质表明，概率密度曲线 $y = f(x)$ 位于 x 轴上方，且曲线与 x 轴之间的面积恒为 1，可据此确定概率密度中的待定系数；反之，凡是满足了非负性、规范性的函数 $f(x)$，则一定是某个连续型随机变量的概率密度函数。因而概率密度函数全面描述了连续型随机变量取值的概率规律。

由式(2.5)可知，对于任意确定的实数 x_0，有

$$0 \leqslant P\{X = x_0\} \leqslant P\{x_0 - \Delta x < X \leqslant x_0\}$$

$$= \lim_{\Delta x \to 0} \int_{x_0 - \Delta x}^{x_0} f(x)\mathrm{d}x = 0$$

所以有 $P\{X = x_0\} = 0$，即连续型随机变量 X 取任一确定值的概率恒为零。因而对于连续型随机变量落入某区间的概率与区间端点处有无等号没有关系，即

$$P\{a \leqslant X \leqslant b\} = P\{a \leqslant X < b\}$$

$$= P\{a < X \leqslant b\} = P\{a < X < b\}$$

$$= \int_a^b f(x)\mathrm{d}x \tag{2.6}$$

连续型随机变量概率规律的描述不可能像离散型随机变量那样用分布律来表达。

例 2.13　设随机变量 X 的概率密度为

$$f(x) = \begin{cases} kx, & 0 \leqslant x < 3 \\ 2 - \dfrac{x}{2}, & 3 \leqslant x \leqslant 4 \\ 0, & \text{其他} \end{cases}$$

(1) 确定常数 k。

(2) 求 $P\left\{1 < X \leqslant \dfrac{7}{2}\right\}$。

(3) 求 $P\{X > 3\}$。

解　(1) 由概率密度的性质可知

$$\int_{-\infty}^{+\infty} f(x)\mathrm{d}x = \int_0^3 kx\mathrm{d}x + \int_3^4 \left(2 - \frac{x}{2}\right)\mathrm{d}x = \frac{9}{2}k + \frac{1}{4} = 1$$

解得 $k = \dfrac{1}{6}$，于是 X 的概率密度为

$$f(x) = \begin{cases} \dfrac{x}{6}, & 0 \leqslant x < 3 \\ 2 - \dfrac{x}{2}, & 3 \leqslant x \leqslant 4 \\ 0, & \text{其他} \end{cases}$$

(2) $P\left\{1 < X \leqslant \dfrac{7}{2}\right\} = \int_1^3 \dfrac{x}{6}\mathrm{d}x + \int_3^{\frac{7}{2}} \left(2 - \dfrac{x}{2}\right)\mathrm{d}x = \dfrac{2}{3} + \dfrac{3}{16} = \dfrac{41}{48}$

(3) $P\{X > 3\} = \int_{3}^{4} \left(2 - \dfrac{x}{2}\right) \mathrm{d}x + \int_{4}^{+\infty} 0 \mathrm{d}x = \dfrac{1}{4}$

2.3.2 随机变量的分布函数

如上所述，离散型随机变量取值的概率规律是用分布列来描述的，而连续型随机变量取值的概率规律是用概率密度来描述的。实际上还存在一个描述各类随机变量概率分布的统一方式，这就是随机变量的分布函数。

定义 2.4 设 X 为一随机变量，函数

$$F(x) = P\{X \leqslant x\} \quad (-\infty < x < +\infty) \tag{2.7}$$

称为 X 的分布函数。

应当注意，$F(x)$ 的值不是 X 取值于 x 时的概率，而是在 $(-\infty, x)$ 整个区间上 X 取值的"累积概率"的值。

由定义可以看到，分布函数 $F(x)$ 是定义域为 $(-\infty, +\infty)$、值域为 $[0,1]$ 的函数。其具有以下性质。

(1) $0 \leqslant F(x) \leqslant 1 (-\infty < x < +\infty)$。

(2) 当 $x_1 < x_2$ 时，$F(x_1) \leqslant F(x_2)$，即 $F(x)$ 是 x 的单调不减函数。

(3) $\lim\limits_{x \to -\infty} F(x) = F(-\infty) = 0$。

$\lim\limits_{x \to +\infty} F(x) = F(+\infty) = 1$。

(4) $P\{a < X \leqslant b\} = P\{X \leqslant b\} - P\{X \leqslant a\} = F(b) - F(a) \tag{2.8}$

特别地，$P\{X > a\} = 1 - P\{X \leqslant a\} = 1 - F(a)$

只要 X 的分布函数已知，常利用式(2.8)来计算 X 落入区间 $(a, b]$ 的概率。

(5) $F(x+0) = F(x)$，即 $F(x)$ 是右连续。

分布函数的引入，使得某些概率论方面的问题有可能得到简化而转为普通函数的运算，从而高等数学中的许多结果可以作为讨论随机变量概率规律性的有力工具。

若 X 是连续型随机变量，其概率密度为 $f(x)$，则 X 的分布函数为

$$F(x) = \int_{-\infty}^{x} f(t) \mathrm{d}t \tag{2.9}$$

这是因为

$$F(x) = P\{X \leqslant x\} = P\{-\infty < X \leqslant x\} = \int_{-\infty}^{x} f(t) \mathrm{d}t$$

可见，连续型随机变量的分布函数 $F(x)$ 是以 $f(x)$ 为被积函数的变上限的反常积分，因而当给定 $f(x)$ 时，通过逐段积分的方法即可求得它的分布函数 $F(x)$，而且求得的分布函数必定是 x 的连续函数。

反之，由于在 $f(x)$ 的连续点上有

$$F'(x) = f(x) \tag{2.10}$$

故当分布函数 $F(x)$ 给定时，通过逐段求导的方法即可求得相应的概率密度。此时 $F(x)$ 实际上是 $f(x)$ 的原函数。

例 2.14　设随机变量 X 的分布律如图 2.6 所示。

X	-1	2	3
p_k	$\dfrac{1}{4}$	$\dfrac{1}{2}$	$\dfrac{1}{4}$

图 2.6　例 2.14 的分布律

求 X 的分布函数，并求 $P\left\{X \leqslant \dfrac{1}{2}\right\}$、$P\left\{\dfrac{3}{2} < X \leqslant \dfrac{5}{2}\right\}$、$P\left\{X > \dfrac{5}{2}\right\}$、$P\{2 \leqslant X \leqslant 3\}$。

解　X 仅在 $x = -1$、2、3 三点处的概率不为零，而 $F(x)$ 的值是 $X \leqslant x$ 的累积概率值，由概率的有限加法性知，$F(x)$ 为不大于 x 的那些 x_k 处的概率 p_k 之和，有

$$F(x) = \begin{cases} 0, & x < -1 \\ P\{X = -1\}, & -1 \leqslant x < 2 \\ P\{X = -1\} + P\{X = 2\}, & 2 \leqslant x < 3 \\ 1, & x \geqslant 3 \end{cases}$$

即

$$F(x) = \begin{cases} 0, & x < -1 \\ \dfrac{1}{4}, & -1 \leqslant x < 2 \\ \dfrac{3}{4}, & 2 \leqslant x < 3 \\ 1, & x \geqslant 3 \end{cases}$$

$F(x)$ 的图形如图 2.7 所示。

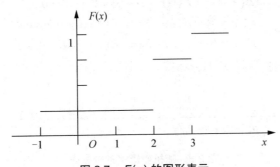

图 2.7　$F(x)$ 的图形表示

故得

$$P\left\{X \leqslant \frac{1}{2}\right\} = F\left(\frac{1}{2}\right) = \frac{1}{4}$$

$$P\left\{\frac{3}{2} < X \leqslant \frac{5}{2}\right\} = F\left(\frac{5}{2}\right) - F\left(\frac{3}{2}\right) = \frac{3}{4} - \frac{1}{4} = \frac{1}{2}$$

$$P\left\{X > \frac{5}{2}\right\} = 1 - F\left(\frac{5}{2}\right) = 1 - \frac{3}{4} = \frac{1}{4}$$

$$P\{2 \leqslant X \leqslant 3\} = F(3) - F(2) + P\{X = 2\}$$
$$= 1 - \frac{3}{4} + \frac{1}{2} = \frac{3}{4}$$

注意，式(2.8)只适用于右闭左开区间；否则需要另做处理。

一般来说，设离散型随机变量 X 的分布律为

$$P\{X = x_k\} = p_k \quad (k = 1, 2, \cdots)$$

运用逐段求和的方法可求得分布函数，即

$$F(x) = P\{X \leqslant x\} = \sum_{x_k \leqslant x} P\{X = x_k\} = \sum_{x_k \leqslant x} p_k \tag{2.11}$$

这里的和式表示对满足 $x_k \leqslant x$ 的一切 x_k 所对应的 p_k 求和。如果这样的 x_k 不存在，便规定 $F(x) = 0$。显然，这是一个在 x_k 处右连续的分段函数。

反之，当分布函数给定时，可通过逐段求差的方法得到分布列，即

$$P\{X = x_k\} = P\{X \leqslant x_k\} - P\{X < x_k\}$$
$$= F(x_k) - F(x_k - 0) \quad (k = 1, 2, \cdots) \tag{2.12}$$

可见，离散型随机变量的分布列和分布函数可以相互确定，应用时择一即可。但在一般情况下，还是用分布列较为方便。

例 2.15 已知离散型随机变量 X 的分布函数为

$$F(x) = P\{X \leqslant x\} = \begin{cases} 0, & x < 1 \\ 0.2, & 1 \leqslant x < 4 \\ 0.6, & 4 \leqslant x < 6 \\ 1, & x \geqslant 6 \end{cases}$$

试求随机变量 X 的分布律。

解 按式(2.12)，即得

$$P\{X = 1\} = F(1) - F(1 - 0) = 0.2 - 0 = 0.2$$
$$P\{X = 4\} = F(4) - F(4 - 0) = 0.6 - 0.2 = 0.4$$
$$P\{X = 6\} = F(6) - F(6 - 0) = 1 - 0.6 = 0.4$$

由以上各式可得随机变量 X 的分布律，如图2.8所示。

X	1	4	6
p_k	0.2	0.4	0.4

图 2.8 随机变量 X 的分布律

例 2.16 设连续型随机变量 X 的分布函数为

$$F(x) = a + b \cdot \arctan x \quad (-\infty < x < +\infty)$$

(1) 确定系数 a 与 b。

(2) 求 $P\{-1 < X \leqslant 1\}$。

(3) 求 X 的概率密度。

解 (1) 由分布函数的性质

$$\lim_{x \to -\infty} F(x) = F(-\infty) = 0$$

$$\lim_{x \to +\infty} F(x) = F(+\infty) = 1$$

可得

$$a + b\left(-\frac{\pi}{2}\right) = 0 , \quad a + b\left(\frac{\pi}{2}\right) = 1$$

解得　$a = \frac{1}{2}$，$b = \frac{1}{\pi}$

所以　$F(x) = \frac{1}{2} + \frac{1}{\pi} \cdot \arctan x (-\infty < x < +\infty)$。

(2) 由式(2.8)，得
$$P\{-1 < X \leqslant 1\} = F(1) - F(-1)$$
$$= \left[\frac{1}{2} + \frac{1}{\pi} \cdot \arctan 1\right] - \left[\frac{1}{2} + \frac{1}{\pi} \cdot \arctan(-1)\right] = \frac{1}{2}$$

(3) 由式(2.10)，得 X 的概率密度为
$$f(x) = F'(x) = \frac{1}{\pi(1 + x^2)} \quad (-\infty < x < +\infty)$$

2.3.3　常见的连续型随机变量的概率分布

1. 均匀分布

定义 2.5　如果随机变量 X 的概率密度为
$$f(x) = \begin{cases} \dfrac{1}{b-a}, & a \leqslant x \leqslant b \\ 0, & \text{其他} \end{cases} \tag{2.13}$$

则称 X 在区间 $[a,b]$ 上服从均匀分布，记为 $X \sim U(a,b)$。这里显然有

(1) $f(x) \geqslant 0$。

(2) $\int_{-\infty}^{+\infty} f(x)\mathrm{d}x = \int_a^b \dfrac{\mathrm{d}x}{b-a} = 1$。

在区间 $[a,b]$ 上服从均匀分布的随机变量 X，具有下述意义的等可能性，即它落在区间 $[a,b]$ 中任意等长度的子区间内的可能性是相同的。或者说，它落在区间 $[a,b]$ 的子区间内的概率只依赖于子区间的长度，而与子区间的位置无关。事实上，对于任一长度 l 的子区间 $(c, c+l), a \leqslant c < c+l \leqslant b$，有

$$P\{c < X \leqslant c+l\} = \int_c^{c+l} f(x)\mathrm{d}x$$
$$= \int_c^{c+l} \frac{1}{b-a}\mathrm{d}x = \frac{l}{b-a}$$

下面求均匀分布的分布函数。

当 $x < a$ 时，有
$$F(x) = \int_{-\infty}^x f(t)\mathrm{d}t = 0$$

当 $a \leqslant x < b$ 时，有

$$F(x) = \int_{-\infty}^{x} f(t)dt = \int_{a}^{x} \frac{1}{b-a}dt = \frac{x-a}{b-a}$$

当 $x \geqslant b$ 时，有

$$F(x) = \int_{-\infty}^{x} f(t)dt = \int_{a}^{b} \frac{1}{b-a}dt = 1$$

由以上即可得均匀分布的分布函数为

$$F(x) = \int_{-\infty}^{x} f(t)dt = \begin{cases} 0, & x < a \\ \dfrac{x-a}{b-a}, & a \leqslant x < b \\ 1, & x \geqslant b \end{cases}$$

$f(x)$ 及 $F(x)$ 的图形如图 2.9 所示。

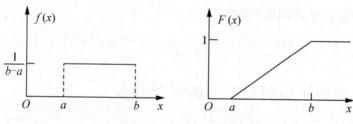

图 2.9　$f(x)$ 及 $F(x)$ 的图形

例 2.17　设电阻值 R 是一个随机变量，均匀分布在 $900\sim1100\,\Omega$。求 R 的概率密度及 R 落在 $950\sim1050\,\Omega$ 的概率。

解　按题意，R 的概率密度为

$$f(r) = \begin{cases} \dfrac{1}{1100-900}, & 900 \leqslant r \leqslant 1100 \\ 0, & \text{其他} \end{cases}$$

所以有

$$P\{950 \leqslant R \leqslant 1050\} = \int_{950}^{1050} \frac{1}{200}dr = 0.5$$

2. 指数分布

定义 2.6　如果随机变量 X 的概率密度为

$$f(x) = \begin{cases} \lambda e^{-\lambda x}, & x \geqslant 0 \\ 0, & x < 0 \end{cases} \tag{2.14}$$

其中 $\lambda > 0$ 为常数，则称 X 服从参数为 λ 的指数分布。

显然，这里也有：

(1) $f(x) \geqslant 0$。

(2) $\displaystyle\int_{-\infty}^{+\infty} f(x)dx = \int_{0}^{+\infty} \lambda e^{-\lambda x}dx = (-e^{-\lambda x})\Big|_{0}^{+\infty} = 1$。

指数分布在研究"寿命"一类问题中有重要的应用，如灯泡的寿命、动物的寿命、电

话的通话时间等，都近似服从指数分布。其中 λ 表示平均寿命的倒数。

例 2.18　设 X 服从参数为 3 的指数分布，求 X 的概率密度及 $P\{X\geqslant 1\}$ 和 $P\{-1<X\leqslant 2\}$。

解　X 的概率密度为

$$f(x)=\begin{cases}3\mathrm{e}^{-3x}, & x\geqslant 0\\ 0, & x<0\end{cases}$$

所以得

$$P\{X\geqslant 1\}=\int_{1}^{+\infty}f(x)\mathrm{d}x=\int_{1}^{+\infty}3\mathrm{e}^{-3x}\mathrm{d}x=(-\mathrm{e}^{-3x})\Big|_{1}^{+\infty}=\mathrm{e}^{-3}$$

$$P\{-1<X\leqslant 2\}=\int_{-1}^{2}f(x)\mathrm{d}x=\int_{0}^{2}3\mathrm{e}^{-3x}\mathrm{d}x=1-\mathrm{e}^{-6}$$

3. 正态分布

在自然界和社会现象中，大量的随机变量都服从或近似服从正态分布，如测量误差、各种产品的质量指标、人的身高或体重等。正态分布是一种最常见且最重要的连续型概率分布。

定义 2.7　若连续型随机变量 X 的概率密度为

$$f(x)=\frac{1}{\sqrt{2\pi}\sigma}\mathrm{e}^{-\frac{(x-\mu)^2}{2\sigma^2}}\quad(-\infty<x<+\infty)\tag{2.15}$$

其中 μ、$\sigma(\sigma>0)$ 是两个常数，则称 X 服从参数为 μ、σ 的正态分布，记为 $X\sim N(\mu,\sigma^2)$。

显然 $f(x)\geqslant 0$，要想证明 $\int_{-\infty}^{+\infty}f(x)\mathrm{d}x=1$，需要用到积分 $\int_{0}^{+\infty}\mathrm{e}^{-x^2}\mathrm{d}x=\frac{\sqrt{\pi}}{2}$ 或 $\int_{-\infty}^{+\infty}\mathrm{e}^{-x^2/2}\mathrm{d}x=\sqrt{2\pi}$（其推导过程可参考相关教材），即

$$\int_{-\infty}^{+\infty}f(x)\mathrm{d}x=\frac{1}{\sigma\sqrt{2\pi}}\int_{-\infty}^{+\infty}\mathrm{e}^{-(x-\mu)^2/2\sigma^2}\mathrm{d}x\left(\diamondsuit\frac{x-\mu}{\sigma}=t\right)$$

$$=\frac{1}{\sqrt{2\pi}}\int_{-\infty}^{+\infty}\mathrm{e}^{-t^2/2}\mathrm{d}t=\frac{2}{\sqrt{\pi}}\int_{0}^{+\infty}\mathrm{e}^{-(t/\sqrt{2})^2}\mathrm{d}(t/\sqrt{2})$$

$$=\frac{2}{\sqrt{\pi}}\cdot\frac{\sqrt{\pi}}{2}=1$$

参数 μ、σ 的意义将在第 4 章中说明。依据函数作图方法，可作出概率密度 $f(x)$ 的图形，如图 2.10 所示。这是一条中间高、两边低、左右对称的钟形曲线。图 2.10 表明，正态分布的密度函数曲线(简称正态曲线) $y=f(x)$ 具有以下性质。

(1) 曲线 $y=f(x)$ 关于直线 $x=\mu$ 对称。这表明，对于任意 $h>0$，有
$$P\{\mu-h<X\leqslant\mu\}=P\{\mu<X\leqslant\mu+h\}$$

(2) 当 $x=\mu$ 时，$f(x)$ 取得最大值 $\frac{1}{\sqrt{2\pi}\sigma}$。这表明，随机变量 X 在 $x=\mu$ 的近旁取值的概率较大。

(3) 在 $x=\mu\pm\sigma$ 处，曲线 $y=f(x)$ 有拐点，且以 x 轴为水平渐近线。

(4) 对于固定的 σ 值，改变 μ 值，则曲线 $y = f(x)$ 的图形沿 x 轴平行移动，而图形的形状并不改变。可见，μ 值确定了曲线的位置，如图 2.11 所示。

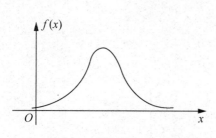

图 2.10　概率密度 $f(x)$ 的图形

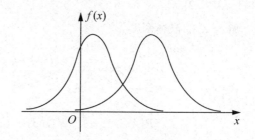

图 2.11　曲线 $f(x)$ 的平行移动

(5) 对于固定的 μ 值，改变 σ 值，则曲线 $y = f(x)$ 的图形的形状将发生变化。因为 $f(x)$ 的最大值为 $\dfrac{1}{\sqrt{2\pi}\sigma}$，所以当 σ 值较小时，$f(x)$ 的最大值较大，曲线高而陡；当 σ 值较大时，$f(x)$ 的最大值较小，曲线低而平。因而，X 在点 μ 附近取值的概率随着 σ 值的增大而减小，即 σ 值越大，X 的取值越分散，如图 2.12 所示。

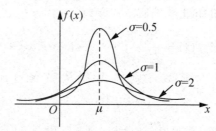

图 2.12　μ 值固定、改变 σ 值所得的曲线

由式(2.15)可得 X 的分布函数为

$$F(x) = \frac{1}{\sqrt{2\pi}\sigma}\int_{-\infty}^{x} \mathrm{e}^{-\frac{(t-\mu)^2}{2\sigma^2}} \mathrm{d}t \qquad (2.16)$$

当 $\mu = 0$、$\sigma = 1$ 时的正态分布，即 $N(0,1)$ 分布，称为标准正态分布。其概率密度和分布函数分别用 $\varphi(x)$、$\varPhi(x)$ 表示，即有

$$\varphi(x) = \frac{1}{\sqrt{2\pi}} \mathrm{e}^{-x^2/2} \quad (-\infty < x < +\infty) \qquad (2.17)$$

$$\varPhi(x) = \frac{1}{\sqrt{2\pi}}\int_{-\infty}^{x} \mathrm{e}^{-t^2/2}\mathrm{d}t \qquad (2.18)$$

由 $\varphi(x)$ 的对称性，易知 $\varPhi(x)$ 满足

$$\varPhi(-x) = 1 - \varPhi(x) \qquad (2.19)$$

且由式(2.8)，对任意的实数 a、$b(a < b)$ 有

$$P\{a < X \leqslant b\} = \varPhi(b) - \varPhi(a)$$

为了便于计算，人们编制了 $\varPhi(x)$ 的数值表，称为标准正态分布表(见附录 1)，因此标准正态分布的概率计算只要查表即可。

例 2.19　设 $X \sim N(0,1)$，试求：

(1) $P\{-1 < X \leqslant 2\}$。

(2) $P\{|X| < 1\}$。

(3) $P\{|X| > 1.96\}$。

解　(1) $P\{-1 < X \leqslant 2\} = \Phi(2) - \Phi(-1) = \Phi(2) - [1 - \Phi(1)]$
$$= \Phi(2) + \Phi(1) - 1 = 0.9772 + 0.8413 - 1 = 0.8185$$

(2) $P\{|X| < 1\} = P\{-1 < X < 1\} = \Phi(1) - \Phi(-1)$
$$= 2\Phi(1) - 1 = 2 \times 0.8413 - 1 = 0.6826$$

(3) $P\{|X| > 1.96\} = P\{X > 1.96\} + P\{X < -1.96\}$
$$= 1 - P(X \leqslant 1.96) + \Phi(-1.96)$$
$$= 2[1 - \Phi(1.96)] = 2(1 - 0.9750) = 0.05$$

一般来说，若随机变量 $X \sim N(\mu, \sigma^2)$，则可将其标准化，然后利用标准正态分布函数来计算 X 在某区间上取值的概率。

事实上，设 $X \sim N(\mu, \sigma^2)$，则对任意的 $a < b$，有

$$P\{a < X \leqslant b\} = \frac{1}{\sqrt{2\pi}\sigma} \int_a^b e^{-\frac{(x-\mu)^2}{2\sigma^2}} dx$$

再令 $\dfrac{x-\mu}{\sigma} = t$，于是有

$$P\{a < X \leqslant b\} = \frac{1}{\sqrt{2\pi}} \int_{\frac{a-\mu}{\sigma}}^{\frac{b-\mu}{\sigma}} e^{-\frac{t^2}{2}} dt$$
$$= \Phi\left(\frac{b-\mu}{\sigma}\right) - \Phi\left(\frac{a-\mu}{\sigma}\right) \tag{2.20}$$

若记 $X \sim N(\mu, \sigma^2)$ 的分布函数为 $F(x)$，则有

$$F(x) = \Phi\left(\frac{x-\mu}{\sigma}\right) \tag{2.21}$$

例 2.20　设 $X \sim N(1.5, 4)$，计算：

(1) $P\{X \leqslant 1.5\}$。

(2) $P\{X < -4\}$。

(3) $P\{X > 2\}$。

(4) $P\{|X| < 3\}$。

解　因为 $\mu = 1.5, \sigma = 2$，所以

(1) $P\{X \leqslant 1.5\} = \Phi\left(\dfrac{1.5 - 1.5}{2}\right) = \Phi(0) = 0.5$。

(2) $P\{X < -4\} = \Phi\left(\dfrac{-4 - 1.5}{2}\right) = \Phi(-2.75) = 1 - \Phi(2.75) = 1 - 0.9970 = 0.0030$。

(3) $P\{X > 2\} = 1 - \Phi\left(\dfrac{2 - 1.5}{2}\right) = 1 - \Phi(0.25) = 1 - 0.5987 = 0.4013$。

(4) $P\{|X| < 3\} = \varPhi\left(\dfrac{3-1.5}{2}\right) - \varPhi\left(\dfrac{-3-1.5}{2}\right) = \varPhi(0.75) - \varPhi(-2.25)$

$\qquad\qquad\qquad = \varPhi(0.75) + \varPhi(2.25) - 1 = 0.7734 + 0.9878 - 1 = 0.7612$

例 2.21 若 $X \sim N(\mu, \sigma^2)$，求 $P\{|X-\mu| < \sigma\}$、$P\{|X-\mu| < 2\sigma\}$、$P\{|X-\mu| < 3\sigma\}$。

解 $P\{|X-\mu| < \sigma\} = P\{\mu - \sigma < X < \mu + \sigma\}$

$\qquad\qquad\qquad = \varPhi\left(\dfrac{\mu + \sigma - \mu}{\sigma}\right) - \varPhi\left(\dfrac{\mu - \sigma - \mu}{\sigma}\right)$

$\qquad\qquad\qquad = \varPhi(1) - \varPhi(-1) = 2\varPhi(1) - 1 = 0.6826$

类似地，有

$$P\{|X - \mu| < 2\sigma\} = 2\varPhi(2) - 1 = 0.9544$$

$$P\{|X - \mu| < 3\sigma\} = 2\varPhi(3) - 1 = 0.9974$$

由以上可以看到，尽管正态变量的取值范围是$(-\infty, +\infty)$，但它的值落在$(\mu - 3\sigma, \mu + 3\sigma)$内几乎是肯定的。这就是统计工作者经常使用的 3σ 法则。

例 2.22 由某机器生产的螺栓长度(mm)服从参数为 $\mu = 100.5$、$\sigma = 0.6$ 的正态分布，规定长度范围在 100.5 ± 1.2 内为合格品。求：该机器生产的螺栓的合格率是多少？

解 设该机器生产的螺栓长度为 X，则 $X \sim N(100.5, 0.6^2)$。

因此所求螺栓的合格率为

$$P\{100.5 - 1.2 < X < 100.5 + 1.2\} = \varPhi\left(\dfrac{1.2}{0.6}\right) - \varPhi\left(\dfrac{-1.2}{0.6}\right)$$

$$= 2\varPhi(2) - 1 = 2 \times 0.9772 - 1 = 0.9544$$

2.4 随机变量函数的分布

在分析及解决实际问题时，经常要用到某些随机变量的函数，它们是由已知的随机变量经过运算或变换而得来的，显然它们也是随机变量。例如，自动车床旋出的轴的直径 X 是一个随机变量，则轴的横截面面积 $Y = \dfrac{1}{4}\pi X^2$ 是随机变量 X 的函数，也是一个随机变量。本节主要说明如何从一个已知的随机变量的概率分布出发导出这个随机变量的函数概率分布。

2.4.1 离散型随机变量函数的分布

例 2.23 设离散型随机变量 X 的分布律如图 2.13 所示。

X	-1	0	1	3	5
p_k	0.2	0.1	0.1	0.3	0.3

图 2.13　例 2.23 的 X 分布律

求下列随机变量函数的分布律。

(1) $Y = -2X + 1$。

(2) $Y = (X-1)^2$。

解　(1) 因为 $y = -2x+1$ 严格单调，Y 的可能取值 y_k 互不相同，所以 Y 的分布律如图 2.14 所示。

Y	3	1	-1	-5	-9
p_k	0.2	0.1	0.1	0.3	0.3

图 2.14　Y 的分布律

(2) 由于 $Y = (X-1)^2$ 的取值分别为 4、1、0、4、16，且

$$P\{Y = 4\} = P\{X = -1\} + P\{X = 3\} = 0.2 + 0.3 = 0.5$$

所以 Y 的分布律如图 2.15 所示。

Y	1	0	4	16
p_k	0.1	0.1	0.5	0.3

图 2.15　Y 的分布律

2.4.2　连续型随机变量函数的分布

对于连续型随机变量 X，求 $Y = g(X)$ 的概率密度函数的基本方法如下。

首先，根据分布函数的定义求 $Y = g(X)$ 的分布函数，即

$$F_Y(y) = P\{Y \leqslant y\} = P\{g(X) \leqslant y\}$$

然后，求上式对 y 的导数，得到 Y 的概率密度函数 $f_Y(y) = F_Y'(y)$。

例 2.24　设随机变量 X 的概率密度为

$$f_X(x) = \begin{cases} \dfrac{x}{6} + \dfrac{1}{12}, & 0 < x < 3 \\ 0, & \text{其他} \end{cases}$$

求随机变量 $Y = 2X + 6$ 的概率密度。

解　分别记 X、Y 的分布函数为 $F_X(x)$、$F_Y(y)$，则有

$$F_Y(y) = P\{Y \leqslant y\} = P\{2X + 6 \leqslant y\}$$
$$= P\left\{X \leqslant \frac{y-6}{2}\right\} = F_X\left(\frac{y-6}{2}\right)$$

将 $F_Y(y)$ 关于 y 求导数，得 $Y = 2X + 6$ 的概率密度为

$$f_Y(y) = F_Y'(y)$$

$$= \frac{\mathrm{d}}{\mathrm{d}y}\left[F_Y\left(\frac{y-6}{2}\right)\right] = f_X\left(\frac{y-6}{2}\right)\left(\frac{y-6}{2}\right)'$$

$$= \begin{cases} \left[\dfrac{1}{6}\left(\dfrac{y-6}{2}\right) + \dfrac{1}{12}\right] \cdot \dfrac{1}{2}, & 0 < \dfrac{y-6}{2} < 3 \\ 0, & \text{其他} \end{cases}$$

$$= \begin{cases} \dfrac{y-5}{24}, & 6 < y < 12 \\ 0, & \text{其他} \end{cases}$$

例 2.25　设随机变量 X 的概率密度为 $f_X(x)(-\infty < x < +\infty)$，求 $Y = X^2$ 的概率密度。

解　分别记 X、Y 的分布函数为 $F_X(x)$、$F_Y(y)$。先求 Y 的分布函数 $F_Y(y)$。由于 $Y = X^2 \geqslant 0$，故当 $y \leqslant 0$ 时，$F_Y(y) = 0$。当 $y > 0$ 时，有

$$F_Y(y) = P\{Y \leqslant y\} = P\{X^2 \leqslant y\} = P\{-\sqrt{y} \leqslant X \leqslant \sqrt{y}\}$$
$$= F_X(\sqrt{y}) - F_Y(-\sqrt{y})$$

将 $F_Y(y)$ 关于 y 求导数，得 $Y = X^2$ 的概率密度为

$$f_Y(y) = F_Y'(y) = \begin{cases} \dfrac{1}{2\sqrt{y}}[f_X(\sqrt{y}) + f_X(-\sqrt{y})], & y > 0 \\ 0, & y \leqslant 0 \end{cases}$$

例 2.26　设随机变量 $X \sim N(\mu, \sigma^2)$。试证明 X 的线性函数 $Y = aX + b\,(a \neq 0)$ 也服从正态分布。

证明　X 的概率密度为

$$f_X(x) = \frac{1}{\sigma\sqrt{2\pi}} e^{-\frac{(x-\mu)^2}{2\sigma^2}} \quad (-\infty < x < +\infty)$$

由 $y = ax + b$ 可解得 $x = h(y) = \dfrac{y-b}{a}$，且有 $h'(y) = \dfrac{1}{a}$。则 $Y = aX + b$ 的概率密度为

$$f_Y(y) = F_Y'(y) = F_X'(x)\,|\,h'(y)| = \frac{1}{|a|} f_X(x)$$

$$= \frac{1}{|a|} f_X\left(\frac{y-b}{a}\right) \quad (-\infty < y < +\infty)$$

即

$$f_Y(y) = \frac{1}{|a|} \frac{1}{\sqrt{2\pi}\sigma} e^{-\frac{\left(\frac{y-b}{a}-\mu\right)^2}{2\sigma^2}}$$

$$= \frac{1}{|a|} \frac{1}{\sqrt{2\pi}\sigma} e^{-\frac{[y-(b+a\mu)]^2}{2(a\sigma)^2}} \quad (-\infty < y < +\infty)$$

即有 $Y = aX + b \sim N(a\mu + b, (a\sigma)^2)$。

特别地，在例 2.26 中取 $a = \dfrac{1}{\sigma}, b = -\dfrac{\mu}{\sigma}$，得 $Y = \dfrac{X-\mu}{\sigma} \sim N(0,1)$。这说明若 $X \sim N(\mu, \sigma^2)$，则 $Y = \dfrac{X-\mu}{\sigma} \sim N(0,1)$。

例 2.27　设 $X \sim N(0,1)$，求 $Y = 2X^2 + 1$ 的概率密度。

解　因为 $y = 2x^2 + 1 \geqslant 1$，则 Y 的分布函数 $F_Y(y) = 0(y \leqslant 1)$，当 $y > 1$ 时，有

$$F_Y(y) = P\{2X^2 + 1 < y\} = P\left\{-\sqrt{\frac{y-1}{2}} < X < \sqrt{\frac{y-1}{2}}\right\}$$

$$= \int_{-\sqrt{\frac{y-1}{2}}}^{\sqrt{\frac{y-1}{2}}} \frac{1}{\sqrt{2\pi}} e^{-\frac{t^2}{2}} dt = 2\int_0^{\sqrt{\frac{y-1}{2}}} \frac{1}{\sqrt{2\pi}} e^{-\frac{t^2}{2}} dt$$

而概率密度

$$f_Y(y) = F_Y'(y) = \frac{2}{\sqrt{2\pi}} \mathrm{e}^{-\frac{(y-1)^2}{4}} \cdot \left(\sqrt{\frac{y-1}{2}} \right)'$$

$$= \frac{1}{2\sqrt{\pi(y-1)}} \cdot \mathrm{e}^{-\frac{(y-1)^2}{4}}$$

综上所述，可得 Y 的概率密度为

$$f_Y(y) = \begin{cases} \dfrac{1}{2\sqrt{\pi(y-1)}} \cdot \mathrm{e}^{-\frac{(y-1)^2}{4}}, & y > 1 \\ 0, & y \leqslant 1 \end{cases}$$

习　题　2

2.1　掷一颗均匀的骰子两次，以 X 表示前后两次出现的点数之和，求 X 的分布律，并验证其满足式(2.2)。

2.2　设离散型随机变量 X 的分布律为

$$P\{X=k\} = a\left(\frac{1}{3}\right)^{k-1} \quad (k=1,2,\cdots)$$

求常数 a。

2.3　甲、乙两人投篮时命中率分别为 0.7 和 0.4，今甲、乙各投两次，求下列事件的概率。

(1) 两人投中的次数相同；(2) 甲比乙投中的次数多。

2.4　设离散型随机变量 X 的分布律为

$$P\{X=k\} = \frac{k}{15} \quad (k=1,2,3,4,5)$$

求：(1) $P\{1 \leqslant X \leqslant 3\}$；(2) $P\{0.5 < X < 2.5\}$。

2.5　设离散型随机变量 X 的分布律为

$$P\{X=k\} = \frac{1}{2^k} \quad (k=1,2,\cdots)$$

求：(1) $P\{X=2,4,6,\cdots\}$；(2) $P\{X \geqslant 3\}$。

2.6　设事件 A 在每次试验中发生的概率均为 0.4，当 A 发生 3 次或 3 次以上时，指示灯发出信号，求下列事件的概率。

(1) 进行 4 次独立试验，指示灯发出信号。

(2) 进行 5 次独立试验，指示灯发出信号。

2.7　一电话交换台每分钟的呼唤次数服从参数 $\lambda = 3$ 的泊松分布，求：

(1) 每分钟恰有两次呼唤的概率。

(2) 每分钟至多有两次呼唤的概率。

(3) 每分钟至少有两次呼唤的概率。

2.8　某人独立射击 300 次，每次命中率为 0.015。试求此人至少命中 2 次的概率。

概率论与数理统计(理科类)(第2版)

2.9 为保证设备的正常运行，必须配备一定数量的设备维修人员。现有同类设备180台，且各台工作相互独立，任意时刻发生故障的概率都是 0.01。假设一台设备的故障由一人进行修理，问：至少应配备多少名修理人员才能保证设备发生故障后能得到及时修理的概率不小于 0.99？

2.10 某种元件的寿命为 X（单位：h），其概率密度函数为

$$f(x) = \begin{cases} \dfrac{1000}{x^2}, & x \geqslant 1000 \\ 0, & x < 1000 \end{cases}$$

求 5 个元件在使用 1500h 后，恰有 2 个元件失效的概率。

2.11 20 件同类型的产品有 2 件次品，其余为正品，今从这 20 件产品中任意抽取 4 次，每次只取一件，抽取后不放回。以 X 表示 4 次共抽取次品的个数，求 X 的分布律与分布函数。

2.12 设袋中有标号为 –1、1、1、2、2、2 的 6 个球，从中任取一球，试求：

(1) 所取得的球的标号数 X 的分布律。

(2) 随机变量 X 的分布函数 $F(x)$。

(3) 求 $P\left\{X \leqslant \dfrac{1}{2}\right\}$、$P\left\{1 < X \leqslant \dfrac{3}{2}\right\}$、$P\left\{1 \leqslant X \leqslant \dfrac{3}{2}\right\}$。

2.13 设连续型随机变量 X 的分布函数为

$$F(x) = \begin{cases} 0, & x < 1 \\ \ln x, & 1 \leqslant x < e \\ 1, & x \geqslant e \end{cases}$$

(1) 求 $P\{X < 2\}$、$P\{0 < X < 3\}$、$P\{2 < X \leqslant 2.5\}$。

(2) 求随机变量的概率密度函数 $f(x)$。

2.14 设 $f(x) = \begin{cases} k(4x - 2x^2), & 0 < x < 2 \\ 0, & 其他 \end{cases}$ 是某连续型随机变量 X 的概率密度。

(1) 求常数 k。

(2) 求 $P\{1 < X < 3\}$。

(3) 求 $P\{X < 1\}$。

2.15 设某地区每天的用电量 X（单位：100 万度)是一连续型随机变量，其概率密度函数为

$$f(x) = \begin{cases} 12x(1-x)^2, & 0 < x < 1 \\ 0, & x \leqslant 0, x \geqslant 1 \end{cases}$$

假设该地区每天的供电量仅有 80 万度，求该地区每天供电量不足的概率。若每天的供电量上升到 90 万度，每天供电量不足的概率是多少？

2.16 设随机变量 $K \sim U(-2.4)$，求方程 $x^2 + 2Kx + 2K + 3 = 0$ 有实根的概率。

2.17 某型号的飞机雷达发射管的寿命 X（单位：h)服从参数为 $\dfrac{1}{200}$ 的指数分布，求下列事件的概率。

(1) 发射管寿命不超过 100h。

(2) 发射管寿命超过 300h。

(3) 一只发射管的寿命不超过 100h，另一只发射管的寿命在 100～300h 之间。

2.18 设每人每次打电话的时间(单位：min)服从参数为 0.5 的指数分布。求 282 人次所打的电话中，有两次或两次以上超过 10min 的概率。

2.19 某高校女生的收缩压 X (单位：mmHg)服从 $N(110,12^2)$，求该校某名女生：

(1) 收缩压不超过 105 的概率；(2) 收缩压在 100～120 之间的概率。

2.20 公共汽车门的高度是按成年男性与车门碰头的机会不超过 0.01 设计的，设成年男性的身高 X (单位：cm)服从 $N(170,6^2)$。问：车门的最低高度应为多少？

2.21 设离散型随机变量 X 的分布律如图 2.16 所示。

X	-2	$-\dfrac{1}{2}$	0	2	4
p_k	$\dfrac{1}{8}$	$\dfrac{1}{4}$	$\dfrac{1}{8}$	$\dfrac{1}{6}$	$\dfrac{1}{3}$

图 2.16 习题 2.21 用图

求下列随机变量函数的分布律。

(1) $X+2$；(2) $-X+1$；(3) X^2。

2.22 设随机变量 X 的概率密度为

$$f(x) = \begin{cases} 2x, & 0 < x < 1 \\ 0, & \text{其他} \end{cases}$$

求下列随机变量函数的概率密度。

(1) $2X$；(2) $-X+1$；(3) X^2。

2.23 设随机变量 $X \sim N(0,1)$，求下列随机变量 Y 的概率密度函数。

(1) $Y = 2X-1$；(2) $Y = \mathrm{e}^{-X}$；(3) $Y = X^2$。

2.24 设随机变量 $X \sim U(0,\pi)$，求下列随机变量 Y 的概率密度函数。

(1) $Y = 2\ln X$；(2) $Y = \cos X$；(3) $Y = \sin X$。

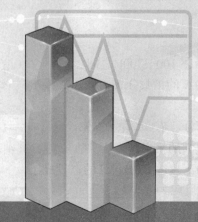

第3章 随机向量

在实际问题中，有些试验的结果需要同时用两个或两个以上的随机变量来描述，如射击试验弹着点的具体位置要由它的横坐标 X 和纵坐标 Y 来确定。又如，为了考察炼出的每炉钢的质量，需要考虑含碳量、含硫量和硬度等基本指标，这就涉及 3 个随机变量——含碳量 X、含硫量 Y 和硬度 Z；如果还需要考察其他指标，则应引入更多的随机变量。在研究的问题中，由于这些随机变量之间通常存在着某种内部联系，因此需要把这些随机变量看作一个整体来加以研究。

若 X 和 Y 都是随机变量，则由 X、Y 组成的一个整体 $\xi = (X,Y)$ 称为二维随机向量。二维随机向量 $\xi = (X,Y)$ 中，X、Y 均称为它的分量。在讨论二维随机变量时，可以把 $\xi = (X,Y)$ 看作是平面上具有随机坐标 (X,Y) 的点。

一般来说，对某一随机试验涉及的 n 个随机变量 $X_1, X_2, \cdots, X_n$，记为 $(X_1, X_2, \cdots, X_n)$，称为 n 维随机向量或 n 维随机变量。

显然，第 2 章所讨论的随机变量是一维随机变量。和一维随机变量类似，二维随机向量也可分为连续型和离散型等几类。为了叙述方便，本章主要讨论二维随机向量，至于多维随机向量不难类推。

3.1 二维随机向量及其分布函数

二维随机向量 (X,Y) 中的两个随机变量 X 和 Y 是有联系的，它们是定义在同一样本空间上的两个随机变量。其性质不仅与 X 的性质及 Y 的性质有关，而且还依赖于这两个随机变量的相互关系，因此仅仅逐个研究 X 和 Y 的性质是不够的，必须把 (X,Y) 作为一个整体加以研究。

首先引入其分布函数的概念。

定义 3.1 设 (X,Y) 是二维随机向量，对于任意实数 x, y，称二元函数

$$F(x,y) = P\{X \leqslant x, Y \leqslant y\} \quad (-\infty < x < +\infty, -\infty < y < +\infty) \tag{3.1}$$

为 $\xi = (X,Y)$ 的分布函数。

分布函数 $F(x, y)$ 表示事件 $\{X \leqslant x\}$ 和事件 $\{Y \leqslant y\}$ 同时发生的概率。如果将 (X, Y) 看成平面上随机点的坐标，取定 $(x_0, y_0) \in (-\infty, +\infty)$ ，$F(x_0, y_0)$ 就是点 (X, Y) 落在平面上，以 (x_0, y_0) 为顶点，且位于该点左下方无限矩形区域上的概率，如图 3.1 所示。

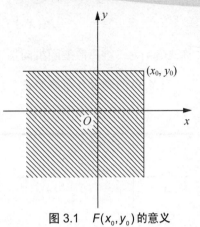

图 3.1 $F(x_0, y_0)$ 的意义

由上面的几何解释可知，随机点 (X, Y) 落在矩形区域 $x_1 < x \leqslant x_2$、$y_1 < y \leqslant y_2$ 内的概率为

$$P\{x_1 < X \leqslant x_2, y_1 < Y \leqslant y_2\}$$
$$= F(x_2, y_2) - F(x_2, y_1) - F(x_1, y_2) + F(x_1, y_1) \qquad (3.2)$$

分布函数的性质如下。

(1) $F(x, y)$ 是变量 x、y 的不减函数，即对于任意固定的 y，当 $x_1 < x_2$ 时，$F(x_1, y) \leqslant F(x_2, y)$；对于任意固定的 x，当 $y_1 < y_2$ 时，$F(x, y_1) \leqslant F(x, y_2)$。

(2) $0 \leqslant F(x, y) \leqslant 1 \qquad (-\infty < x < +\infty, -\infty < y < +\infty)$ \qquad (3.3)

(3) 对于固定的 y，有

$$F(-\infty, y) = \lim_{x \to -\infty} F(x, y) = 0$$

对于固定的 x，有

$$F(x, -\infty) = \lim_{y \to -\infty} F(x, y) = 0$$

还有

$$F(-\infty, -\infty) = \lim_{\substack{x \to -\infty \\ y \to -\infty}} F(x, y) = 0$$

$$F(\infty, \infty) = \lim_{\substack{x \to \infty \\ y \to \infty}} F(x, y) = 1$$

由以上可知，当变量 $x \to -\infty$ 时，在图 3.1 中随机点 (X, Y) 落在矩形内这一事件趋于不可能事件，其概率为零；而当 $x \to \infty$，$y \to \infty$ 时，图 3.1 中的矩形扩展到全平面，随机点 (X, Y) 落在矩形内这一事件趋于必然事件，其概率为 1。

二维随机向量也分为离散型与连续型，下面分别加以讨论。

3.2 二维离散型随机向量

如果二维随机向量 (X, Y) 的每个分量都是离散型随机变量，则称 (X, Y) 是二维离散型随机向量。因为离散型随机变量只能取有限或可列无穷个值，因此二维离散型随机向量 (X, Y) 所有可能取的值也是有限或可列无穷个。

定义 3.2 设二维离散型随机向量 (X, Y) 所有可能取的值为 (x_i, y_j) $(i = 1, 2, \cdots; j = 1, 2, \cdots)$，记为

$$P\{(X,Y)=(x_i,y_j)\}=p_{ij} \quad (i=1,2,\cdots;j=1,2,\cdots) \tag{3.4}$$

称式(3.4)为二维离散型随机向量(X,Y)的概率分布或联合分布律。

(X,Y)的联合分布律如表 3.1 所示。

表 3.1　(X,Y) 的联合分布律

Y\X	y_1	y_2	$\cdots$	y_j	$\cdots$
x_1	p_{11}	p_{12}	$\cdots$	p_{1j}	$\cdots$
x_2	p_{21}	p_{22}	$\cdots$	p_{2j}	$\cdots$
$\vdots$	$\vdots$	$\vdots$		$\vdots$	
x_i	p_{i1}	p_{i2}	$\cdots$	p_{ij}	$\cdots$
$\vdots$	$\vdots$	$\vdots$		$\vdots$	

(X,Y)的联合分布律具有下列性质。

(1) $p_{ij}\geqslant 0 \quad (i=1,2,\cdots;j=1,2,\cdots)$。 \hfill (3.5)

(2) $\sum_i\sum_j p_{ij}=1$。 \hfill (3.6)

二维离散型随机变量(X,Y)的分布函数与概率分布之间具有如下关系式

$$F(x,y)=\sum_{x_i\leqslant x}\sum_{y_j\leqslant y}p_{ij} \tag{3.7}$$

其中和式对一切满足$x_i\leqslant x,y_j\leqslant y$的$i$和$j$求和。

例 3.1　一盒中有 3 个球,它们依次标有数字 1、2、2。从这盒中任取一球后,不返回盒中,再从盒中任取一球。设每次取球时,盒中各球被取到的可能性相同。以X、Y分别记第一次、第二次取得的球上标有的数字,求(X,Y)的联合分布律。

解　(X,Y)可能取的值为(1,2)、(2,1)、(2,2),对应的概率分别为:

第一次取 1 的概率是$\frac{1}{3}$,第一次已取得 1 后,第二次取得 2 的概率是 1。按乘法定理,得$P\{X=1,Y=2\}=\frac{1}{3}\cdot 1=\frac{1}{3}$。

第一次取 2 的概率是$\frac{2}{3}$,第一次已取得 2 后,第二次取得 1(或 2)的概率是$\frac{1}{2}$。

即 $P\{X=2,Y=1\}=\frac{2}{3}\cdot\frac{1}{2}=\frac{1}{3}$; $\quad P\{X=2,Y=2\}=\frac{2}{3}\cdot\frac{1}{2}=\frac{1}{3}$。

(X,Y)的联合分布律如表 3.2 所示。

表 3.2　(X,Y) 的联合分布律

X＼Y	1	2
1	0	$\dfrac{1}{3}$
2	$\dfrac{1}{3}$	$\dfrac{1}{3}$

例 3.2　设有 10 件产品，其中 7 件正品、3 件次品。现从中任取两次，每次取一件产品，取后不放回。令

$$X=1，若第一次取到的产品是次品；$$
$$X=0，若第一次取到的产品是正品；$$
$$Y=1，若第二次取到的产品是次品；$$
$$Y=0，若第二次取到的产品是正品。$$

求二维随机向量 (X,Y) 的概率分布。

解　(X,Y) 所有可能取的值是 (0,0)、(0,1)、(1,0)、(1,1)。

先求 $P\{X=0,Y=0\}$，即第一次取到正品、第二次也取到正品的概率，这是古典概型，易得

$$P\{X=0,Y=0\}=\frac{7\times6}{10\times9}=\frac{7}{15}$$

同理，可分别求得

$$P\{X=0,Y=1\}=\frac{7}{30}$$

$$P\{X=1,Y=0\}=\frac{7}{30}$$

$$P\{X=1,Y=1\}=\frac{1}{15}$$

(X,Y) 的联合分布律如表 3.3 所示。

表 3.3　(X,Y) 的联合分布律

X＼Y	0	1
0	$\dfrac{7}{15}$	$\dfrac{7}{30}$
1	$\dfrac{7}{30}$	$\dfrac{1}{15}$

3.3 二维连续型随机向量及其分布函数

3.3.1 二维连续型随机向量

与一维连续型随机变量类似,对于二维连续型随机向量,也用一个"密度"函数来全面描述它的取值概率。

定义3.3 对于二维随机向量 $\xi=(X,Y)$,若存在一个定义于全平面 $(-\infty<x<+\infty$, $-\infty<y<+\infty)$ 的非负可积的二元函数 $f(x,y)$, D 为任意平面区域,都有

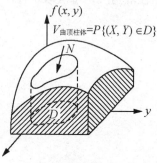

$$F(x,y)=\int_{-\infty}^{y}\int_{-\infty}^{x}f(u,v)\mathrm{d}u\mathrm{d}v \tag{3.8}$$

则称 $\xi=(X,Y)$ 为二维连续型随机向量,并称 $f(x,y)$ 为 ξ 的联合概率密度,简称联合密度。

可见,如果知道二维连续型随机变量的联合密度 $f(x,y)$,那么它落入区域 D 内的概率只需计算一个二重积分即可。其几何意义是以曲面 $z=f(x,y)$ 为顶、以区域 D 为底的曲顶柱体的体积,如图3.2所示。

图3.2 曲顶柱体的体积

与一维随机变量类似,联合密度具有如下基本性质。

(1) $f(x,y)\geqslant 0$ (非负性)。

(2) $\int_{-\infty}^{+\infty}\int_{-\infty}^{+\infty}f(x,y)\mathrm{d}x\mathrm{d}y=1$ (规范性)。

(3) 若 $f(x,y)$ 在点 (x,y) 处连续,则有

$$\frac{\partial^2 F(x,y)}{\partial x\partial y}=f(x,y)$$

例3.3 设随机向量 (X,Y) 的概率密度为

$$f(x,y)=\begin{cases}k(6-x-y), & 0<x<2,2<y<4\\0, & \text{其他}\end{cases}$$

(1) 确定常数 k 。

(2) 求 $P\{0<X<1,\ 2<Y<3\}$ 。

(3) 求 $P\{X<1.5\}$ 。

(4) 求 $P\{X+Y\leqslant 4\}$ 。

解 (1) 由 $\int_{-\infty}^{+\infty}\int_{-\infty}^{+\infty}f(x,y)\mathrm{d}x\mathrm{d}y=1$ 有

$$\int_0^2\mathrm{d}x\int_2^4 k(6-x-y)\mathrm{d}y=8k=1$$

所以 $k=\dfrac{1}{8}$ 。

(2) 设 $D_1=\{0<x<1,2<y<3\}$,则由式(3.8)

$$P\{0 < X < 1,\quad 2 < Y < 3\} = P\{(X,Y) \in D_1\}$$

$$= \iint_{D_1} f(x,y)\mathrm{d}x\mathrm{d}y = \iint_{D_1} \frac{1}{8}(6 - x - y)\mathrm{d}x\mathrm{d}y$$

$$= \int_0^1 \mathrm{d}x \int_2^3 \frac{1}{8}(6 - x - y)\mathrm{d}y = \frac{3}{8}$$

(3) 设 $D_2 = \{x < 1.5, -\infty < y < +\infty\}$，则由式(3.8)

$$P\{X < 1.5\} = P\{(X,Y) \in D_2\}$$

$$= \iint_{D_2} f(x,y)\mathrm{d}x\mathrm{d}y = \iint_{D_2} \frac{1}{8}(6 - x - y)\mathrm{d}x\mathrm{d}y$$

$$= \int_0^{1.5} \mathrm{d}x \int_{-\infty}^{+\infty} \frac{1}{8}(6 - x - y)\mathrm{d}y = \int_0^{1.5} \mathrm{d}x \int_2^4 \frac{1}{8}(6 - x - y)\mathrm{d}y$$

$$= \frac{27}{32}$$

(4) 设 D_3 为 $x + y \leqslant 4$ 所确定的半平面，则有

$$P\{X + Y \leqslant 4\} = \iint_{D_3} f(x,y)\mathrm{d}x\mathrm{d}y$$

$$= \iint_{D_4} \frac{1}{8}(6 - x - y)\mathrm{d}x\mathrm{d}y\ (D_4\ \text{为}\ D_3\ \text{与第一象限的交集})$$

$$= \int_0^2 \mathrm{d}x \int_2^{4-x} \frac{1}{8}(6 - x - y)\mathrm{d}y = \frac{2}{3}$$

下面介绍两种重要的二维连续型随机向量的分布。

3.3.2　均匀分布

定义 3.4　如果二维随机向量 (X,Y) 的联合概率密度为

$$f(x,y) = \begin{cases} \dfrac{1}{a}, & \text{当}\ (x,y) \in D \\ 0, & \text{其他} \end{cases} \tag{3.9}$$

其中区域 D 的面积为 $a(0 < a < +\infty)$，则称 (X,Y) 服从 D 上的均匀分布。

容易验证，这里的 $f(x,y)$ 满足联合密度的性质。

(X,Y) 服从均匀分布的实质是 (X,Y) 只可能在 D 上取值，并且 (X,Y) 取值于 D 内任何子区域内的概率与该子区域的面积成正比。这与第 2 章中已经研究过的一维均匀分布是相似的。

例 3.4　设 (X,Y) 服从圆域 $x^2 + y^2 \leqslant 4$ 上的均匀分布(见图 3.3)，计算 $P\{(X,Y) \in A\}$，这里 A 是图 3.3 中阴影部分的区域。

解　圆域 $x^2 + y^2 \leqslant 4$ 的面积 $d = 4\pi$；随机变量 (X,Y)

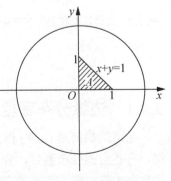

图 3.3　例 3.4 用图

的概率密度为

$$f(x,y)=\begin{cases}\dfrac{1}{4\pi}, & \text{当}\ x^2+y^2\leqslant 4\text{时}\\ 0, & \text{当}\ x^2+y^2>4\text{时}\end{cases}$$

区域 A 是 $x=0$、$y=0$ 和 $x+y=1$ 的 3 条直线所围成的三角区域，并且包含在圆域 $x^2+y^2\leqslant 4$ 内，面积=0.5。则

$$P\{(X,Y)\in A\}=\iint\limits_A\dfrac{1}{4\pi}\mathrm{d}x\mathrm{d}y=\dfrac{1}{8\pi}$$

一般来说，具有均匀分布的二维连续型随机向量 (X,Y) 落在区域 A 的概率可用区域 A 的面积除以整个区域 D 的面积，例 3.4 所求可为

$$P\{(X,Y)\in A\}=\dfrac{0.5}{4\pi}=\dfrac{1}{8\pi}$$

3.3.3 二维正态分布

定义 3.5 如果二维随机向量 (X,Y) 的联合概率密度为

$$f(x,y)=\dfrac{1}{2\pi\sigma_1\sigma_2\sqrt{1-\rho^2}}\mathrm{e}^{-\frac{1}{2(1-\rho^2)}\left[\left(\frac{x-\mu_1}{\sigma_1}\right)^2-\frac{2\rho(x-\mu_1)(y-\mu_2)}{\sigma_1\sigma_2}+\left(\frac{x-\mu_2}{\sigma_2}\right)^2\right]}\quad(-\infty<x,y<+\infty)\quad(3.10)$$

其中 $\mu_1,\mu_2,\sigma_1>0,\sigma_2>0,|\rho|<1$ 是 5 个参数，则称 (X,Y) 服从参数为 $\mu_1,\mu_2,\sigma_1,\sigma_2,\rho$ 的二维正态分布，或称 (X,Y) 是二维正态向量，记为

$$(X,Y)\sim N(\mu_1,\mu_2,\sigma_1,\sigma_2,\rho)$$

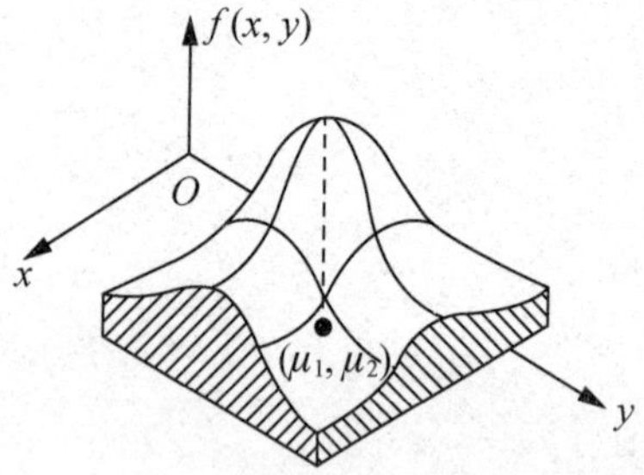

这里 $f(x,y)>0$ 是 显 然 的 ， $\int_{-\infty}^{+\infty}\int_{-\infty}^{+\infty}f(x,y)\mathrm{d}x\mathrm{d}y=1$ 的验证在后面进行。

二维正态联合分布密度的图形如图 3.4 所示，它是一个以 (μ_1,μ_2) 为极大值点的单峰曲面。

二维正态向量是最重要的二维随机向量，它与一维正态变量的关系以及参数的具体意义将在以后讨论。

最后指出，不论什么类型的二维随机向量，都可以用二维随机向量的分布函数来描述它的概率情况。

图 3.4 二维正态联合分布密度的图形

3.4 边 缘 分 布

3.4.1 边缘分布密度

二维随机向量 (X,Y) 作为一个整体，有分布函数 $F(x,y)$，其分量 X 与 Y 都是随机变量，有各自的分布函数，分别记成 $F_X(x)$ 和 $F_Y(y)$，分别称为 X 的边缘分布函数和 Y 的边缘分布函数；称 $F(x,y)$ 为 (X,Y) 的联合分布函数。

需要注意的是，X 与 Y 的边缘分布函数实质上就是一维随机变量 X 或 Y 的分布函数。称其为边缘分布函数是相对于 (X,Y) 的联合分布而言的。同样地，(X,Y) 的联合分布

函数 $F(x,y)$ 是相对于 (X,Y) 的分量 X 和 Y 的分布而言的。

边缘分布函数 $F_X(x)$ 和 $F_Y(y)$ 可以由 $F(x,y)$ 求得，即

$$F_X(x) = P\{X \leqslant x\} = P\{X \leqslant x, Y < \infty\} = F(x,\infty) \tag{3.11}$$

$$F_Y(y) = P\{Y \leqslant y\} = P\{X < \infty, Y \leqslant y\} = F(\infty,y) \tag{3.12}$$

3.4.2　二维离散型随机向量(X,Y)边缘分布

设 (X,Y) 是二维离散型随机向量，联合概率分布为

$$p_{ij} = P(X = x_i, Y = y_j) \quad (i,j = 1,2,\cdots)$$

由式(3.11)和式(3.12)可得

$$F_X(x) = F(x,\infty) = \sum_{x_i \leqslant x} \sum_{y_j \leqslant \infty} p_{ij} = \sum_{x_i \leqslant x} \sum_j p_{ij}$$

则 X 的边缘概率分布为

$$p_{i\bullet} = P(X = x_i) = \sum_j p_{ij} \quad (i = 1,2,\cdots) \tag{3.13}$$

Y 的边缘概率分布为

$$p_{\bullet j} = P(Y = y_j) = \sum_i p_{ij} \quad (j = 1,2,\cdots) \tag{3.14}$$

例 3.5　求例 3.1 中 (X,Y) 的分量 X 和 Y 的边缘分布。

解　X 所有可能取的值为 1 和 2，分别记为 x_1 和 x_2；Y 所有可能取的值也是 1 和 2，分别记为 y_1 和 y_2。于是 $p_{11} = 0$，$p_{12} = \dfrac{1}{3}$，$p_{21} = \dfrac{1}{3}$，$p_{22} = \dfrac{1}{3}$。

由式(3.13)得到 X 的边缘分布为

$$p_{1\bullet} = P\{X = x_1\} = \sum_{j=1}^2 p_{1j} = 0 + \frac{1}{3} = \frac{1}{3}$$

$$p_{2\bullet} = P\{X = x_2\} = \sum_{j=1}^2 p_{2j} = \frac{1}{3} + \frac{1}{3} = \frac{2}{3}$$

由式(3.14)得到 Y 的边缘分布为

$$p_{\bullet 1} = P\{Y = y_1\} = \sum_{i=1}^2 p_{i1} = 0 + \frac{1}{3} = \frac{1}{3}$$

$$p_{\bullet 2} = P\{Y = y_2\} = \sum_{i=1}^2 p_{i2} = \frac{1}{3} + \frac{1}{3} = \frac{2}{3}$$

(X,Y) 的边缘分布律如表 3.4 所示。

表 3.4　边缘分布律

X＼Y	1	2	$p_{i\bullet}$
1	0	1/3	1/3
2	1/3	1/3	2/3
$p_{\bullet j}$	1/3	2/3	1

注意，$p_{1\bullet}$ 和 $p_{2\bullet}$ 分别是表 3.2 中的第一行和第二行的数之和；$p_{\bullet 1}$ 和 $p_{\bullet 2}$ 分别是表 3.2

中的第一列和第二列的数之和。分别将 $p_{i\bullet}$ 和 $p_{\bullet j}$ 填在表 3.2 的最右边和最下边,可得到表 3.4。由于 $p_{i\bullet}$ 和 $p_{\bullet j}$ 位于这张表的边缘,于是就称其为边缘分布。

例 3.6 从 1、2、3、4 这 4 个数中随机取一个数,记所取的数为 X,再从 1 到 X 中随机取一个数,记所取的数为 Y,试求 (X,Y) 的联合分布律与 X 和 Y 的边缘分布律。

解 X 与 Y 的取值都是 1、2、3、4,并且 $Y \leqslant X$,所以,当 $i < j$ 时,$P\{X=i, Y=j\}=0$。

当 $i \geqslant j$ 时,由乘法公式,可得 (X,Y) 与 X 及 Y 的边缘分布律如表 3.5 所示。

表 3.5 例 3.6 用表

Y \\ X	1	2	3	4	$p_{i\bullet}$
1	$\frac{1}{4}$	$\frac{1}{8}$	$\frac{1}{12}$	$\frac{1}{16}$	$\frac{25}{48}$
2	0	$\frac{1}{8}$	$\frac{1}{12}$	$\frac{1}{16}$	$\frac{13}{48}$
3	0	0	$\frac{1}{12}$	$\frac{1}{16}$	$\frac{7}{48}$
4	0	0	0	$\frac{1}{16}$	$\frac{3}{48}$
$p_{\bullet j}$	$\frac{1}{4}$	$\frac{1}{4}$	$\frac{1}{4}$	$\frac{1}{4}$	1

3.4.3 二维连续型随机向量的边缘概率密度

定义 3.6 设 (X,Y) 为二维连续型随机向量,其分量 X(或 Y)的密度函数 $f_X(x)$(或 $f_Y(y)$)称为 (X,Y) 关于 X(或 Y)的边缘概率密度,简称边缘密度。

随机变量 (X,Y) 的边缘分布密度可以通过对其联合密度的广义积分求得,有下面的定理。

定理 3.1 若 (X,Y) 的联合密度为 $f(x,y)$,则两个边缘密度函数可表示为

$$f_X(x) = \int_{-\infty}^{+\infty} f(x,y)\mathrm{d}y \tag{3.15}$$

$$f_Y(y) = \int_{-\infty}^{+\infty} f(x,y)\mathrm{d}x \tag{3.16}$$

例 3.7 设 (X,Y) 服从区域 D(抛物线 $y=x^2$ 和直线 $y=x$ 所夹的区域)上的均匀分布,求其联合密度和边缘密度,如图 3.5 所示。

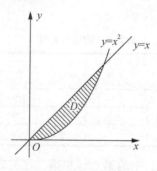

图 3.5 例 3.7 用图

解　因为 (X,Y) 服从区域 D 上的均匀分布，所以它的联合密度函数为

$$f(x,y)=\begin{cases}\dfrac{1}{a},&当\ (x,y)\in D\\[2mm]0,&其他\end{cases}$$

其中 a 为区域 D 的面积。由于

$$a=\int_0^1(x-x^2)\mathrm{d}x=\frac{1}{6}$$

则联合密度为

$$f(x,y)=\begin{cases}6,&当\ (x,y)\in D\\0,&其他\end{cases}$$

由式(3.15)与式(3.16)，可得 (X,Y) 的边缘密度为

$$f_X(x)=\begin{cases}\displaystyle\int_{-\infty}^{+\infty}f(x,y)\mathrm{d}y=\int_{x^2}^{x}6\mathrm{d}y=6(x-x^2),&0\leqslant x\leqslant 1\\[2mm]0,&其他\end{cases}$$

$$f_Y(x)=\begin{cases}\displaystyle\int_{-\infty}^{+\infty}f(x,y)\mathrm{d}x=\int_{y}^{\sqrt{y}}6\mathrm{d}x=6(\sqrt{y}-y),&0\leqslant y\leqslant 1\\[2mm]0,&其他\end{cases}$$

例 3.8　设 (X,Y) 服从参数为 $\mu_1=\mu_2=0,\sigma_1=\sigma_2=1,\rho$ 的二维正态分布，试求边缘密度 $f_X(x)$ 和 $f_Y(y)$。

解　由式(3.15)与式(3.16)，有

$$f_X(x)=\int_{-\infty}^{+\infty}f(x,y)\mathrm{d}y$$
$$=\int_{-\infty}^{+\infty}\frac{1}{2\pi\sqrt{1-\rho^2}}\mathrm{e}^{-\frac{1}{2(1-\rho^2)}(x^2+y^2-2\rho xy)}\mathrm{d}y$$

由于

$$x^2+y^2-2\rho xy=(y-\rho x)^2+(1-\rho^2)x^2$$

于是

$$f_X(x)=\frac{1}{\sqrt{2\pi}}\mathrm{e}^{-\frac{x^2}{2}}\int_{-\infty}^{+\infty}\frac{1}{2\pi\sqrt{1-\rho^2}}\mathrm{e}^{-\frac{(y-\rho x)^2}{2(1-\rho^2)}}\mathrm{d}y$$

上式积分号内被积函数是一个正态分布密度 ($\mu=\rho x,\sigma=\sqrt{1-\rho^2}$)，因而该积分值为 1，所以

$$f_X(x)=\frac{1}{\sqrt{2\pi}}\mathrm{e}^{-\frac{x^2}{2}}\quad(-\infty<x<+\infty)$$

同理，

$$f_Y(y)=\frac{1}{\sqrt{2\pi}}\mathrm{e}^{-\frac{y^2}{2}}\quad(-\infty<y<+\infty)$$

可见，该二维正态变量的两个边缘密度都是一维标准正态密度，这个结论与 ρ 的取值是无关的，这说明仅由两个分量 X、Y 的分布密度一般不能确定(X,Y)的联合密度。在第 4 章将指出：对于二维正态分布而言，参数 ρ 正好刻画了 X 和 Y 之间关系的密切程度。

经过类似的计算可得，如果(X,Y)服从参数为 μ_1、μ_2、σ_1、σ_2、ρ 的二维正态分布，则 $X \sim N(\mu_1,\sigma_1^2)$、$Y \sim N(\mu_2,\sigma_2^2)$，即二维正态变量的两个分量均是一维正态变量。

这里还可验证二维正态联合密度 $f(x,y)$，满足

$$\int_{-\infty}^{+\infty}\int_{-\infty}^{+\infty} f(x,y)\mathrm{d}x\mathrm{d}y = \int_{-\infty}^{+\infty}\left[\int_{-\infty}^{+\infty} f(x,y)\mathrm{d}y\right]\mathrm{d}x$$

$$= \int_{-\infty}^{+\infty}\frac{1}{\sqrt{2\pi}}\mathrm{e}^{-\frac{(x-\mu_1)^2}{2\sigma_1^2}}\mathrm{d}x = 1$$

3.5　条　件　分　布

3.5.1　条件分布的概念

在第 1 章中曾经介绍了条件概率的概念，在事件 B 发生的条件下事件 A 发生的条件概率为

$$P(A\,|\,B) = \frac{P(AB)}{P(B)}$$

将其推广到随机变量：设有两个随机变量 X 与 Y，在给定 Y 取某个或某些值的条件下，求 X 的概率分布，这个分布就是条件分布。

例如，考虑某大学的全体学生，从中随机抽取一个学生，分别以 X 和 Y 表示其体重和身高，则 X 和 Y 都是随机变量，它们都有一定的概率分布。现在限制 $180 < Y < 190\,(\mathrm{cm})$，在这个条件下求 X 的条件分布，这就意味着要从该校的学生中把身高在 180cm 和 190cm 之间的那些人都挑出来，然后在挑出来的学生中求其体重的分布。容易想象，这个分布与不加这个条件时的分布是不一样的，如在条件分布中体重取大值的概率会显著增加。

因此，弄清了 X 的条件分布随着 Y 值而变化的情况，就能了解身高对体重的影响。由于在许多问题中有关的变量往往是相互影响的，这使得条件分布成为研究变量之间相互关系的一个有力工具。

3.5.2　离散型随机向量的条件分布

设(X,Y)是二维离散型随机向量，概率分布为

$$p_{ij} = P\{X = x_i, Y = y_j\} \quad (i,j = 1,2,\cdots)$$

(X,Y)的边缘概率分布分别为

$$p_{i\bullet} = P\{X = x_i\} = \sum_j p_{ij} \quad (i = 1,2,\cdots)$$

$$p_{\bullet j} = P\{Y = y_j\} = \sum_i p_{ij} \quad (j = 1,2,\cdots)$$

设 $p_{i\bullet}$ 和 $p_{\bullet j}$ 都大于 0，现求在事件 $Y = y_j$ 发生的条件下，事件 $X = x_i$ 发生的概率为

$$P\{X = x_i \mid Y = y_j\} \quad (i = 1, 2, \cdots)$$

由条件概率的定义，有

$$P\{X = x_i \mid Y = y_j\} = \frac{P\{X = x_i, Y = y_j\}}{P\{Y = y_j\}} = \frac{p_{ij}}{p_{\bullet j}} \quad (i = 1, 2, \cdots)$$

并且，上述条件概率满足：

(1) $P\{X = x_i, Y = y_j\} \geqslant 0\,(i = 1, 2, \cdots)$。

(2) $\sum\limits_i P\{X = x_i \mid Y = y_j\} = 1$。

从而 $P\{X = x_i \mid Y = y_j\}\,(i = 1, 2, \cdots)$ 可以作为概率分布，条件概率 $P\{Y = y_j \mid X = x_i\}\,(j = 1, 2, \cdots)$ 也与此类似。

定义 3.7　设二维离散型随机向量 (X, Y) 的概率分布为

$$p_{ij} = P\{X = x_i, Y = y_j\} \quad (i, j = 1, 2, \cdots)$$

X 和 Y 的边缘概率分布分别为

$$p_{i\bullet} = P\{X = x_i\} = \sum_j p_{ij} \quad (i = 1, 2, \cdots); \quad p_{\bullet j} = P\{Y = y_j\} = \sum_i p_{ij} \quad (j = 1, 2, \cdots)$$

对于固定的 j，若 $P(Y = y_j) > 0$，则称

$$P\{X = x_i \mid Y = y_j\} = \frac{P\{X = x_i, Y = y_j\}}{P\{Y = y_j\}} = \frac{p_{ij}}{p_{\bullet j}} \quad (i = 1, 2, \cdots) \tag{3.17}$$

为在 $Y = y_i$ 条件下，随机变量 X 的条件概率分布，简称条件分布。

对于固定的 i，若 $P\{X = x_i\} > 0$，则称

$$P\{Y = y_j \mid X = x_i\} = \frac{p_{ij}}{p_{i\bullet}} \quad (j = 1, 2, \cdots) \tag{3.18}$$

为在 $X = x_i$ 条件下，随机变量 Y 的条件概率分布。

例 3.9　在一汽车工厂中，一辆汽车有两道工序是由机器人完成的：其一是紧固 3 只螺栓，其二是焊接两处焊点。以 X 表示由机器人紧固的螺栓紧固不良的数目，以 Y 表示由机器人焊接的不良焊点的数目。据积累的资料知 (X, Y) 具有分布律，如表 3.6 所示。

表 3.6　例 3.9 用表

X ＼ Y	0	1	2	$p_{i\bullet}$
0	0.840	0.060	0.010	0.910
1	0.030	0.010	0.005	0.045
2	0.020	0.008	0.0040	0.032
3	0.010	0.002	0.001	0.013
$p_{\bullet j}$	0.900	0.080	0.020	1.000

(1) 求在 $X = 1$ 的条件下，Y 的条件分布律；

(2) 求在 $Y = 0$ 的条件下，X 的条件分布律。

解 边缘分布律已经求出，列在表 3.6 中。在 $X=1$ 的条件下，Y 的条件分布律为

$$P\{Y=0 \mid X=1\}=\frac{P(X=1,Y=0)}{P(X=1)}=\frac{0.030}{0.045}=\frac{6}{9}$$

$$P\{Y=1 \mid X=1\}=\frac{P(X=1,Y=1)}{P(X=1)}=\frac{0.010}{0.045}=\frac{2}{9}$$

$$P\{Y=2 \mid X=1\}=\frac{P(X=1,Y=2)}{P(X=1)}=\frac{0.005}{0.045}=\frac{1}{9}$$

或写为如图 3.6 所示。

$Y=k$	0	1	2
$P\{Y=k \mid X=1\}$	$\frac{6}{9}$	$\frac{2}{9}$	$\frac{1}{9}$

图 3.6　Y 的条件分布律

同理，可得在 $Y=0$ 的条件下，X 的条件分布律，如图 3.7 所示。

$X=k$	0	1	2	3
$P\{X=k \mid Y=0\}$	$\frac{84}{90}$	$\frac{3}{90}$	$\frac{2}{90}$	$\frac{1}{90}$

图 3.7　X 的条件分布律

例 3.10 为了进行吸烟与肺癌关系的研究，随机调查了 23000 个 40 岁以上的人，得出吸烟与肺癌的关系，其结果列在表 3.7 中。

表 3.7　吸烟与肺癌的关系

是否患肺癌 Y / 是否吸烟 X	患肺癌$\{Y=0\}$	未患肺癌$\{Y=1\}$	X 的边缘分布
吸 烟 $\{X=0\}$	0.00013	0.19987	0.20000
不吸烟 $\{X=1\}$	0.00004	0.79996	0.80000
Y 的边缘分布	0.00017	0.99983	1

其中 $X=1$ 表示被调查者不吸烟；$X=0$ 表示被调查者吸烟；$Y=1$ 表示被调查者未患肺癌；$Y=0$ 表示被调查者患肺癌。试求被调查者吸烟的条件下得肺癌的概率和不吸烟的条件下得肺癌的概率。

解 边缘分布律已经求出，列在表 3.7 中。在 $X=0$ 的条件下，$Y=0$ 的条件概率为

$$P\{Y=0 \mid X=0\}=\frac{P\{Y=0,X=0\}}{P\{X=0\}}=\frac{0.00013}{0.2}=0.00065$$

在 $X=1$ 的条件下，$Y=0$ 的条件概率为

$$P\{Y=0 \mid X=1\}=\frac{P\{Y=0,X=1\}}{P\{X=1\}}=\frac{0.00004}{0.8}=0.00005$$

3.5.3 连续型随机向量的条件概率密度

设(X,Y)是二维连续型随机向量，由于对任意x、y，$P(X=x)=0$，$P(Y=y)=0$，所以不能直接用条件概率公式得到条件分布，这时要使用极限的方法得到条件概率密度。

给定y，对于任意固定的正数ε，若概率$P\{y-\varepsilon<Y\leqslant y+\varepsilon\}>0$，于是，对于任意$x$，有

$$P\{X\leqslant x\,|\,y-\varepsilon<Y\leqslant y+\varepsilon\}=\frac{P\{X\leqslant x,\ y-\varepsilon<Y\leqslant y+\varepsilon\}}{P\{y-\varepsilon<Y\leqslant y+\varepsilon\}}$$

是在条件$y-\varepsilon<Y\leqslant y+\varepsilon$下$X$的条件分布。

定义 3.8 设X和Y是随机向量，给定y，若对任意固定正数ε，$P\{y-\varepsilon<Y\leqslant y+\varepsilon\}>0$，且对任意实数$x$，极限

$$\lim_{\varepsilon\to 0}\frac{P\{X\leqslant x,\ y-\varepsilon<Y\leqslant y+\varepsilon\}}{P\{y-\varepsilon<Y\leqslant y+\varepsilon\}} \tag{3.19}$$

存在，则称此极限为在条件$Y=y$下X的条件分布函数，记为$F_{X|Y}(x\,|\,y)$。

若存在$f_{X|Y}(x\,|\,y)$，使得

$$F_{X|Y}(x\,|\,y)=\int_{-\infty}^{x}f_{X|Y}(u\,|\,y)\,\mathrm{d}u \tag{3.20}$$

则称$f_{X|Y}(x\,|\,y)$为在条件$Y=y$下X的条件概率密度函数，简称条件概率密度。

定理 3.2 设随机向量(X,Y)的联合概率密度为$f(x,y)$，Y的边缘概率密度为$f_Y(y)$。若$f(x,y)$在点(x,y)处连续，当$f_Y(y)>0$时，有

$$f_{X|Y}(x\,|\,y)=\frac{f(x,y)}{f_Y(y)} \tag{3.21}$$

证明 设(X,Y)的分布函数为$F(x,y)$，Y的边缘分布函数为$F_Y(y)$，由式(3.19)得

$$\begin{aligned}
F_{X|Y}(x\,|\,y)&=\lim_{\varepsilon\to 0}\frac{P\{X\leqslant x,\ y-\varepsilon<Y\leqslant y+\varepsilon\}}{P\{y-\varepsilon<Y\leqslant y+\varepsilon\}}\\
&=\frac{\lim\limits_{\varepsilon\to 0}[F(x,y+\varepsilon)-F(x,y-\varepsilon)]/(2\varepsilon)}{\lim\limits_{\varepsilon\to 0}[F_Y(y+\varepsilon)-F_Y(y-\varepsilon)]/(2\varepsilon)}\\
&=\frac{\partial F(x,y)/\partial y}{\mathrm{d}F_Y(y)/\mathrm{d}y}=\frac{\int_{-\infty}^{x}f(u,y)\,\mathrm{d}y}{f_Y(y)}
\end{aligned}$$

所以，$f_{X|Y}(x\,|\,y)=\dfrac{f(x,y)}{f_Y(y)}$。

定理证毕。

同理，当$f_X(x)>0$时，有

$$f_{Y|X}(y\,|\,x)=\frac{f(x,y)}{f_X(x)} \tag{3.22}$$

例 3.11 设(X,Y)的概率密度是

$$f(x,y)=\begin{cases}\dfrac{\mathrm{e}^{-x/y}\mathrm{e}^{-y}}{y}, & 0<x<\infty,\ 0<y<\infty\\[2mm]0, & \text{其他}\end{cases}$$

求 $P\{X>1|Y=y\}$。

解 $P\{X>1|Y=y\} = \int_1^\infty f_{X|Y}(x|y)\mathrm{d}x$，为此需求出 $f_{X|Y}(x|y)$。

由于 $f_Y(y) = \int_{-\infty}^\infty f(x,y)\mathrm{d}x$

$$= \int_0^\infty \frac{\mathrm{e}^{-x/y}\mathrm{e}^{-y}}{y}\mathrm{d}x = \frac{\mathrm{e}^{-y}}{y}[-y\mathrm{e}^{-x/y}]\big|_0^\infty = \mathrm{e}^{-y}\,(0<y<\infty)$$

于是，对 $y>0$，$f_{X|Y}(x|y) = \dfrac{f(x,y)}{f_Y(y)} = \dfrac{\mathrm{e}^{-x/y}}{y}$， $x>0$ 。

故对 $y>0$， $P\{X>1|Y=y\} = \int_1^\infty \dfrac{\mathrm{e}^{-x/y}}{y}\mathrm{d}x = -\mathrm{e}^{-x/y}\big|_1^\infty = \mathrm{e}^{-1/y}$ 。

例 3.12 设 (X,Y) 服从单位圆上均匀分布，即其概率密度为

$$f(x,y) = \begin{cases} 1/\pi, & x^2+y^2 \leqslant 1 \\ 0, & \text{其他} \end{cases}$$

求 $f_{Y|X}(y|x)$。

解 X 的边缘密度为 $f_X(x) = \int_{-\infty}^\infty f(x,y)\mathrm{d}y = \begin{cases} \dfrac{2}{\pi}\sqrt{1-x^2}, & |x|\leqslant 1 \\ \\ 0, & |x|>1 \end{cases}$

当 $|x|<1$ 时，有

$$f_{Y|X}(y|x) = \frac{f(x,y)}{f_X(x)} = \frac{1/\pi}{(2/\pi)\sqrt{1-x^2}} = \frac{1}{2\sqrt{1-x^2}}$$
$$-\sqrt{1-x^2} \leqslant y \leqslant \sqrt{1-x^2}$$

即当 $|x|<1$ 时，有

$$f_{Y|X}(y|x) = \begin{cases} \dfrac{1}{2\sqrt{1-x^2}}, & -\sqrt{1-x^2} \leqslant y \leqslant \sqrt{1-x^2} \\ \\ 0, & y \text{ 取其他值} \end{cases}$$

例 3.13 设二维随机向量 (X,Y) 的概率密度为

$$f(x,y) = \begin{cases} \dfrac{21}{4}x^2y, & x^2 \leqslant y \leqslant 1 \\ \\ 0, & \text{其他} \end{cases}$$

求条件概率密度和条件概率 $P\left\{Y>\dfrac{3}{4}\Big|X=\dfrac{1}{2}\right\}$ 。

解 $f_Y(y) = \int_{-\infty}^\infty f(x,y)\mathrm{d}x = \begin{cases} \displaystyle\int_{-\sqrt{y}}^{\sqrt{y}} \dfrac{21}{4}x^2y\,\mathrm{d}x, & 0 \leqslant y \leqslant 1 \\ \\ 0, & \text{其他} \end{cases}$

$$= \begin{cases} \dfrac{7}{2}y^{5/2}, & 0 \leqslant y \leqslant 1 \\ \\ 0, & \text{其他} \end{cases}$$

当 $y \in (0,1]$ 时，$f_Y(y) > 0$，故

$$f_{X|Y}(x \mid y) = \frac{f(x,y)}{f_Y(y)}$$

$$= \begin{cases} \dfrac{3}{2} x^2 y^{-3/2}, & x \in [-\sqrt{y},\ \sqrt{y}] \\[3mm] 0, & x \notin [-\sqrt{y},\ \sqrt{y}] \end{cases}$$

$$f_X(x) = \int_{-\infty}^{\infty} f(x,y)\mathrm{d}y = \begin{cases} \displaystyle\int_{x^2}^{1} \dfrac{21}{4} x^2 y\ \mathrm{d}y, & |x| \leqslant 1 \\[3mm] 0, & \text{其他} \end{cases}$$

$$= \begin{cases} \dfrac{21}{8} x^2 (1 - x^4), & |x| \leqslant 1 \\[3mm] 0, & \text{其他} \end{cases}$$

当 $x \in (-1,1)$ 时，$f_X(x) > 0$，有

$$f_{Y|X}(y \mid x) = \frac{f(x,y)}{f_X(x)} = \begin{cases} \dfrac{2y}{1 - x^4}, & x^2 \leqslant y \leqslant 1 \\[3mm] 0, & \text{其他} \end{cases}$$

将 $x = \dfrac{1}{2}$ 代入 $f_{Y|X}(y \mid x) = \begin{cases} \dfrac{2y}{1 - x^4}, & x^2 \leqslant y \leqslant 1 \\[3mm] 0, & \text{其他} \end{cases}$

得　　　　$$f_{Y|X}\left(y \middle| \dfrac{1}{2}\right) = \begin{cases} \dfrac{32}{15} y, & \dfrac{1}{4} \leqslant y \leqslant 1 \\[3mm] 0, & \text{其他} \end{cases}$$

$$P\left\{Y > \dfrac{3}{4} \middle| X = \dfrac{1}{2}\right\} = \int_{3/4}^{1} f_{Y|X}\left(y \middle| \dfrac{1}{2}\right) \mathrm{d}y$$

$$= \int_{3/4}^{1} \dfrac{32}{15} y\ \mathrm{d}y = \dfrac{7}{15}$$

例 3.14　设数 X 在区间 $(0,1)$ 上随机取值，当观察到 $X = x(0 < x < 1)$ 时，数 Y 在区间 $(x,1)$ 上随机取值，求 Y 的概率密度 $f_Y(y)$。

解　由题意，X 具有概率密度

$$f_X(x) = \begin{cases} 1, & 0 < x < 1 \\ 0, & \text{其他} \end{cases}$$

对于任意给定的值 $x(0 < x < 1)$，在 $X = x$ 的条件下，Y 的概率密度为

$$f_{Y|X}(y|x) = \begin{cases} \dfrac{1}{1-x}, & x < y < 1 \\ 0, & \text{其他} \end{cases}$$

则 X 和 Y 的联合概率密度为

$$f(x,y) = f_{Y|X}(y|x)f_X(x) = \begin{cases} \dfrac{1}{1-x}, & 0 < x < y < 1 \\ 0, & \text{其他} \end{cases}$$

于是得关于 Y 的边缘概率密度为

$$f_Y(y) = \int_{-\infty}^{\infty} f(x,y)\mathrm{d}x = \begin{cases} \displaystyle\int_0^y \dfrac{1}{1-x}\mathrm{d}x = -\ln(1-y), & 0 < y < 1 \\ 0, & \text{其他} \end{cases}$$

3.6 随机向量的独立性

二维随机向量 (X,Y) 的两个分量都是随机变量，有时它们之间存在着某种联系，而有时其中任意一个的取值情况对另一个没有影响。这就是两个随机变量是否相互独立的问题。下面首先给出两个随机变量相互独立的定义，然后给出判断两个随机变量是否相互独立的充要条件。

定义 3.9 设二维随机向量 (X,Y) 的分布函数为 $F(x,y)$，其边缘分布函数分别为 $F_X(x)$ 和 $F_Y(y)$，对任意 $x, y \in \mathbf{R}$，有

$$F(x,y) = F_X(x)\,F_Y(y) \tag{3.23}$$

则称随机变量 X 与 Y 是相互独立的。

根据分布函数的定义，式(3.23)可写为

$$P\{X \leqslant x,\ Y \leqslant y\} = P\{X \leqslant x\}\,P\{Y \leqslant y\} \tag{3.24}$$

所以，随机向量 X 与 Y 相互独立是指对任意实数 x、y，随机事件 $\{X \leqslant x\}$ 和 $\{Y \leqslant y\}$ 相互独立。

若 (X,Y) 是二维离散型随机向量，对 (X,Y) 所有可能取值 $(x_i, y_j)(i = 1, 2, \cdots;\ j = 1, 2, \cdots)$，则 X 与 Y 是相互独立的条件可以写为

$$P\{X = x_i,\ Y = y_j\} = P\{X = x_i\}\,P\{Y = y_j\} \quad (i = 1, 2, \cdots;\ j = 1, 2, \cdots) \tag{3.25}$$

若 (X,Y) 是二维连续型随机向量，其联合密度为 $f(x,y)$，其边缘密度分别为 $f_X(x)$ 和 $f_Y(y)$，则 X 与 Y 是相互独立的条件可以写为

$$f(x,y) = f_X(x)\,f_Y(y) \tag{3.26}$$

可见，当随机向量 X 与 Y 是相互独立时，(X,Y) 的两个边缘密度可以决定其联合密度。

例 3.15 设 (X,Y) 的联合密度为

$$f(x,y) = \begin{cases} 6xy^2, & 0 < x < 1, 0 < y < 1 \\ 0, & \text{其他} \end{cases}$$

试问：X 与 Y 是否相互独立？

解　先求出两个边缘密度。

当 $x \notin (0,1)$ 时，$f_X(x) = 0$。

当 $x \in (0,1)$ 时，$f_X(x) = \int_0^{+\infty} f(x,y)\mathrm{d}y = \int_0^1 6xy^2\mathrm{d}y = 2x$。

所以

$$f_X(x) = \begin{cases} 2x, & 0 < x < 1 \\ 0, & \text{其他} \end{cases}$$

同理

$$f_Y(y) = \begin{cases} 3y^2, & 0 < y < 1 \\ 0, & \text{其他} \end{cases}$$

故有

$$f_X(x)\,f_Y(y) = \begin{cases} 6xy^2, & 0 < x < 1, 0 < y < 1 \\ 0, & \text{其他} \end{cases}$$

即

$$f(x,y) = f_X(x)\,f_Y(y)$$

由式(3.26)可知，X 与 Y 是相互独立的。

例 3.16　考察例 3.10(吸烟与肺癌关系的研究)中随机变量 X 与 Y 的独立性。

解　因

$$0.2 \times 0.00017 = P\{X=0\}P\{Y=0\}$$
$$\neq P\{X=0, Y=0\} = 0.00013$$

故 X 和 Y 不相互独立。

例 3.17　设 $(X,Y) \sim N(\mu_1, \mu_2, \sigma_1^2, \sigma_2^2, \rho)$。求证：$X$ 与 Y 独立的充要条件为 $\rho = 0$。

证明　因

$$f(x,y) = \frac{1}{2\pi\sigma_1\sigma_2\sqrt{1-\rho^2}}\mathrm{e}^{-\frac{1}{2(1-\rho^2)}\left[\frac{(x-u_1)^2}{\sigma_1^2} - 2\rho\frac{(x-u_1)(y-u_2)}{\sigma_1\sigma_2} + \frac{(y-u_2)^2}{\sigma_2^2}\right]}$$

$$f_X(x) = \frac{1}{\sqrt{2\pi}\sigma_1}\mathrm{e}^{-\frac{(x_1-\mu_1)^2}{2\sigma_1^2}}, \quad f_Y(y) = \frac{1}{\sqrt{2\pi}\sigma_2}\mathrm{e}^{-\frac{(y-\mu_2)^2}{2\sigma_2^2}}$$

充分性　将 $\rho = 0$ 代入联合概率密度函数，得

$$f(x,y) = \frac{1}{2\pi\sigma_1\sigma_2}\mathrm{e}^{-\frac{1}{2}\left[\frac{(x-u_1)^2}{\sigma_1^2} + \frac{(y-u_2)^2}{\sigma_2^2}\right]}$$

$$= \frac{1}{\sqrt{2\pi}\sigma_1}\mathrm{e}^{-\frac{(x-u_1)^2}{2\sigma_1^2}} \cdot \frac{1}{\sqrt{2\pi}\sigma_2}\mathrm{e}^{-\frac{(y-u_2)^2}{2\sigma_2^2}}$$

$$= f_X(x)f_Y(y)$$

所以，X 与 Y 相互独立。

必要性　若 X 和 Y 相互独立，则 $\forall (x,y) \in \mathbf{R}^2$，有 $f(x,y) = f_X(x)f_Y(y)$。

特别地，将 $x = \mu_1$，$y = \mu_2$ 代入上式，有

$$f(\mu_1, \mu_2) = f_X(\mu_1)f_Y(\mu_2)$$

即

$$\frac{1}{2\pi\sigma_1\sigma_2\sqrt{1-\rho^2}} = \frac{1}{\sqrt{2\pi}\sigma_1} \cdot \frac{1}{\sqrt{2\pi}\sigma_2}$$

从而，$\rho = 0$。

在实际问题中，随机变量的独立性往往不是从其数学定义验证出来的；相反，常常从随机变量产生的实际背景判断它们的独立性，然后再使用独立性的性质和结论。

3.7 随机向量函数的分布

同一维随机向量的函数一样，二维随机向量的函数 $Z = g(X, Y)$ 也是一个一维随机向量。例如，众所周知，射击命中点的坐标 (X, Y) 是一个二维随机向量，人们往往关心的是击中点偏离中心 O 的距离 $Z = \sqrt{X^2 + Y^2}$，则 Z 也是一个随机变量。下面将根据已知的二维随机变量的分布求出随机变量函数 $Z = g(X, Y)$ 的分布。

这里仅对二维连续型随机向量(X, Y)的情形加以讨论，并且只对两种特殊的函数关系解决分布问题，这两种函数关系如下。

(1) $Z = X + Y$。

(2) $Z = \max(X, Y)$ 及 $Z = \min(X, Y)$，其中 X 与 Y 相互独立。

3.7.1 $Z = X + Y$ 的分布

设二维连续型随机向量(X, Y)的联合密度为$f(x, y)$，求 $Z = X + Y$ 的概率密度函数。

$Z = X + Y$ 的分布函数为

$$F_Z(z) = P\{Z \leqslant z\} = \iint\limits_{x+y \leqslant z} f(x, y)\mathrm{d}x\mathrm{d}y$$

这里积分区域 G：$x + y \leqslant z$ 是直线 $x + y = z$ 及其左下方的半平面，如图 3.8 所示。

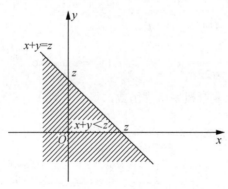

图 3.8 $Z = X + Y$ 的分布

转化成累次积分得

$$F_Z(z) = \int_{-\infty}^{+\infty}\left[\int_{-\infty}^{z-y} f(x, y)\mathrm{d}x\right]\mathrm{d}y$$

令

$$x = u - y，则 \int_{-\infty}^{+\infty}\left[\int_{-\infty}^{z} f(u-y, y)\mathrm{d}u\right]\mathrm{d}y = \int_{-\infty}^{z}\left[\int_{-\infty}^{+\infty} f(u-y, y)\mathrm{d}y\right]\mathrm{d}u$$

由概率密度的定义，即得 Z 的概率为

$$f_Z(z) = \int_{-\infty}^{+\infty} f(z-y, y)\mathrm{d}y \qquad (3.27)$$

由 X、Y 的对称性，$f_Z(z)$ 又可写成

$$f_Z(z) = \int_{-\infty}^{+\infty} f(x, z-x)\mathrm{d}x \qquad (3.28)$$

式(3.27)与式(3.28)皆是两个随机向量和的概率密度的一般公式。

特别地，当 X 和 Y 相互独立时，设 (X,Y) 关于 X、Y 的边缘密度分别为 $f_X(x)$ 和 $f_Y(y)$，式(3.27)与式(3.28)分别化为

$$f_Z(z) = \int_{-\infty}^{+\infty} f_X(z-y)f_Y(y)\mathrm{d}y \qquad (3.29)$$

$$f_Z(z) = \int_{-\infty}^{+\infty} f_X(x)f_Y(z-x)\mathrm{d}x \qquad (3.30)$$

例 3.18　设 X 和 Y 是两个相互独立的随机变量。它们都服从 $N(0,1)$ 分布，其概率密度为

$$f_X(x) = \frac{1}{\sqrt{2\pi}}\mathrm{e}^{-\frac{x^2}{2}} \quad (-\infty < x < +\infty)$$

$$f_Y(y) = \frac{1}{\sqrt{2\pi}}\mathrm{e}^{-\frac{y^2}{2}} \quad (-\infty < y < +\infty)$$

求和函数 $Z = X + Y$ 的概率密度。

解　由式(3.30)，得

$$f_Z(z) = \int_{-\infty}^{+\infty} f_X(x)f_Y(z-x)\mathrm{d}x = \frac{1}{2\pi}\int_{-\infty}^{+\infty}\mathrm{e}^{-\frac{x^2}{2}}\cdot\mathrm{e}^{-\frac{(z-x)^2}{2}}\mathrm{d}x$$

$$= \frac{1}{2\pi}\mathrm{e}^{-\frac{z^2}{4}}\int_{-\infty}^{+\infty}\mathrm{e}^{-\left(x-\frac{z}{2}\right)^2}\mathrm{d}x$$

令 $t = x - \dfrac{z}{2}$，得

$$f_Z(z) = \frac{1}{2\pi}\mathrm{e}^{-\frac{z^2}{4}}\int_{-\infty}^{+\infty}\mathrm{e}^{-t^2}\mathrm{d}t = \frac{1}{2\pi}\mathrm{e}^{-\frac{z^2}{4}}\sqrt{\pi} = \frac{1}{2\sqrt{\pi}}\mathrm{e}^{-\frac{z^2}{4}}$$

即 Z 服从 $N(0,2)$ 分布。

一般来说，设 X、Y 相互独立且 $X \sim N(\mu_1, \sigma_1^2)$、$Y \sim N(\mu_2, \sigma_2^2)$。由式(3.30)经过计算知 $Z = X + Y$ 仍然服从正态分布，且有 $Z = X + Y \sim N(\mu_1 + \mu_2, \sigma_1^2 + \sigma_2^2)$。

例 3.19　设 X、Y 是两个相互独立的随机变量，且都服从 $N(0, \sigma^2)$，求 $Z = \sqrt{X^2 + Y^2}$ 的分布函数和概率密度。

解　由已知 (X,Y) 的联合密度为

$$f(x, y) = f_X(x)f_Y(y) = \frac{1}{2\pi\sigma^2}\mathrm{e}^{-\frac{x^2+y^2}{2\sigma^2}} \quad (-\infty < x, y < +\infty)$$

因 Z 是非负的，故当 $z < 0$ 时，其分布函数 $F_Z(z) = 0$。

当 $z > 0$ 时，$F_Z(z) = P\{Z \leqslant z\} = P\left\{\sqrt{X^2 + Y^2} \leqslant z\right\}$

$$= \iint_D \frac{1}{2\pi\sigma^2}\mathrm{e}^{-\frac{x^2+y^2}{2\sigma^2}}\mathrm{d}x\mathrm{d}y \text{（其中 } D \text{ 为由 } \sqrt{x^2 + y^2} \leqslant z \text{ 所确定的圆域）}$$

作极坐标变换 $x = r\cos\theta, y = r\sin\theta$ ，则

$$F_Z(z) = \int_0^{2\pi} \mathrm{d}\theta \int_0^z \frac{1}{2\pi\sigma^2} \mathrm{e}^{-\frac{r^2}{2\sigma^2}} r\mathrm{d}r$$

$$= \frac{1}{2\pi\sigma^2} \cdot 2\pi\sigma^2 \left(1 - \mathrm{e}^{-\frac{z^2}{2\sigma^2}}\right) = 1 - \mathrm{e}^{-\frac{z^2}{2\sigma^2}}$$

于是 Z 的分布函数为

$$F_Z(z) = \begin{cases} 1 - \mathrm{e}^{-\frac{z^2}{2\sigma^2}}, & z \geq 0 \\ 0, & 其他 \end{cases}$$

Z 的概率密度为

$$f_Z(z) = \begin{cases} \dfrac{z}{\sigma^2} \mathrm{e}^{-\frac{z^2}{2\sigma^2}}, & z \geq 0 \\ 0, & 其他 \end{cases}$$

这就是瑞利(Rayleigh)分布的概率密度。

本节开始提出的射击问题中的距离 $Z = \sqrt{X^2 + Y^2}$ 是一个随机变量，它服从瑞利分布。因为一般都假定命中点的坐标 X、Y 相互独立，且服从同样的正态分布 $N(0, \sigma^2)$。

例 3.20 设某种商品在一周内的需要量是一个随机变量，概率密度函数为

$$f(x) = \begin{cases} x\mathrm{e}^{-x}, & x > 0 \\ 0, & 其他 \end{cases}$$

如果各周的需要量相互独立，求两周需要量的概率密度函数。

解 分别用 X 和 Y 表示该种商品在第一周、第二周内的需要量，则其概率密度函数分别为

$$f_X(x) = \begin{cases} x\mathrm{e}^{-x}, & x > 0 \\ 0, & 其他 \end{cases}; \quad f_Y(y) = \begin{cases} y\mathrm{e}^{-y}, & y > 0 \\ 0, & 其他 \end{cases}$$

两周需要量 $Z = X + Y$ 概率密度函数为

$$f_Z(z) = \int_{-\infty}^{\infty} f_X(x) f_Y(z - x) \mathrm{d}x$$

当 $\begin{cases} x > 0 \\ z - x > 0 \end{cases}$ 时，被积函数不为零。因此，当 $Z \leq 0$ 时，$f_Z(z) = 0$。

当 $Z > 0$ 时，$f_Z(z) = \int_0^z x\mathrm{e}^{-x} \cdot (z - x)\mathrm{e}^{-(z-x)} \mathrm{d}x = \dfrac{z^3}{6} \mathrm{e}^{-z}$。

所以，Z 的概率密度为 $f_Z(z) = \begin{cases} \dfrac{z^3}{6} \mathrm{e}^{-x}, & z > 0 \\ 0, & 其他 \end{cases}$。

3.7.2 $Z = \max\{X, Y\}$ 和 $Z = \min\{X, Y\}$ 的分布

设 X、Y 是两个相互独立的随机变量，分布函数分别为 $F_X(x)$ 和 $F_Y(y)$ ，现在来求

$Z = \max\{X,Y\}$ 及 $Z = \min\{X,Y\}$ 的分布函数。

由于"$Z = \max\{X,Y\} \leqslant z$"等价于"$X \leqslant z, Y \leqslant z$"，故有

$$P\{Z \leqslant z\} = P\{X \leqslant z, Y \leqslant z\}$$

再由 X 和 Y 相互独立，得到 $Z = \max\{X,Y\}$ 的分布函数为

$$F_Z(z) = P\{Z \leqslant z\} = P\{X \leqslant z, Y \leqslant z\} = P\{X \leqslant z\}P\{Y \leqslant z\}$$

即

$$F_{\max}(z) = F_X(z)F_Y(z) \tag{3.31}$$

类似地，可得 $Z = \min\{X,Y\}$ 的分布函数为

$$F_Z(z) = P\{Z \leqslant z\} = 1 - P\{Z > z\} = 1 - P\{X > z, Y > z\}$$

即有

$$F_Z(z) = 1 - [1 - F_X(z)][1 - F_Y(z)]$$
$$= F_X(z) + F_Y(z) - F_X(z)F_Y(z)$$
$$F_{\min}(z) = 1 - [1 - F_X(z)]\cdots[1 - F_Y(z)] \tag{3.32}$$

例 3.21　如图 3.9 所示，系统 L 由两个相互独立的子系统 L_1、L_2 连接而成，连接方式分别为：

(1) 串联。

(2) 并联。

(3) 备用(开关完全可靠，子系统 L_2 在储备期内不失效，当 L_1 损坏时，L_2 开始工作)。

设 L_1、L_2 的寿命分别为 X 和 Y，概率密度分别为

$$f_X(x) = \begin{cases} \alpha\, e^{-\alpha x}, & x > 0 \\ 0, & 其他 \end{cases} ; \quad f_Y(y) = \begin{cases} \beta\, e^{-\beta y}, & y > 0 \\ 0, & 其他 \end{cases}$$

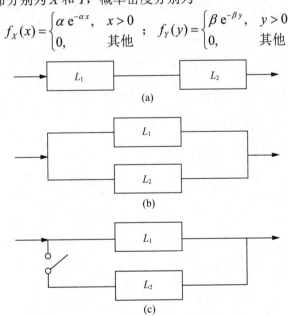

图 3.9　例 3.21 用图

其中 $\alpha > 0$，$\beta > 0$，且 $\alpha \neq \beta$ 为常数。分别对以上 3 种连接方式写出系统寿命 Z 的概率密度。

解　先求 X、Y 的分布函数

$$F_X(x) = \int_{-\infty}^{x} f_X(t)\,\mathrm{d}t = \begin{cases} 1 - \mathrm{e}^{-\alpha x}, & x > 0 \\ 0, & x \leqslant 0 \end{cases}$$

$$F_Y(y) = \begin{cases} 1 - \mathrm{e}^{-\beta y}, & y > 0 \\ 0, & y \leqslant 0 \end{cases}$$

(1) 串联时:

$$Z = \max\{X, Y\}$$

$$F_{\min}(z) = 1 - [1 - F_X(z)] \cdots [1 - F_Y(z)]$$

$$= \begin{cases} 1 - \mathrm{e}^{-(\alpha+\beta)z}, & z > 0 \\ 0, & z \leqslant 0 \end{cases}$$

概率密度函数为

$$f_Z(z) = F_Z'(z) = \begin{cases} (\alpha + \beta)\mathrm{e}^{-(\alpha+\beta)z}, & z > 0 \\ 0, & z \leqslant 0 \end{cases}$$

(2) 并联时:

$$Z = \max\{X, Y\}$$

$$F_Z(z) = F_X(z)F_Y(z) = \begin{cases} (1 - \mathrm{e}^{-\alpha z})(1 - \mathrm{e}^{-\beta z}), & z > 0 \\ 0, & z \leqslant 0 \end{cases}$$

概率密度函数为

$$f_Z(z) = F_Z'(z) = \begin{cases} \alpha \mathrm{e}^{-\alpha z} + \beta \mathrm{e}^{-\beta z} - (\alpha + \beta)\mathrm{e}^{-(\alpha+\beta)z}, & z > 0 \\ 0, & z \leqslant 0 \end{cases}$$

(3) 备用时:

$$Z = X + Y$$

$$f_Z(z) = \int_{-\infty}^{\infty} f_X(x) f_Y(z - x)\,\mathrm{d}x$$

当 $z \leqslant 0$ 时, $f_Z(z) = 0$; 当 $z > 0$ 时, 有

$$f_Z(z) = \int_0^z f_X(x) f_Y(z - x)\,\mathrm{d}x$$

$$= \int_0^z \alpha\,\mathrm{e}^{-\alpha x} \cdot \beta\,\mathrm{e}^{-\beta(z-x)}\,\mathrm{d}x = \frac{\alpha\beta}{\alpha - \beta}(\mathrm{e}^{-\beta z} - \mathrm{e}^{-\alpha z})$$

从而得

$$f_Z(z) = \begin{cases} \dfrac{\alpha\beta}{\alpha - \beta}(\mathrm{e}^{-\beta z} - \mathrm{e}^{-\alpha z}), & z > 0 \\ 0, & z \leqslant 0 \end{cases}$$

3.8　n 维随机向量

在实际问题中，除了二维随机向量外，常常还会遇到 $n(n \geqslant 3)$ 维随机向量，比如一炉钢的好坏，要涉及含碳量 X、含硫量 Y 和硬度 Z 3 个随机变量,从而形成一个三维随机向

量(X, Y, Z)。又如，在讨论某工厂每年产品的生产情况时，用 X_i 表示该工厂第 i 月份产品的产量，$i = 1, 2, \cdots, 12$，形成了一个 12 维随机向量$(X_1, X_2, \cdots, X_{12})$。有关二维随机向量的概念和结论，可以推广到 n 维随机向量上去。

3.8.1　定义和分布函数

设随机试验 E 的样本空间为 $\Omega，X_1, X_2, \cdots, X_n$ 是定义在 Ω 上的 n 维随机向量。n 维随机向量 $X_1, X_2, \cdots, X_n$ 的性质不仅与每个分量的性质有关，而且还依赖于它们之间的相互关系。

分布函数仍然是描述 n 维随机向量分布的重要工具。设$(X_1, X_2, \cdots, X_n)$是 n 维随机向量，对于任意 n 个实数 $x_1, x_2, \cdots, x_n$，n 元函数

$$F(x_1, x_2, \cdots, x_n) = P(X_1 \leqslant x_1, X_2 \leqslant x_2, \cdots, X_n \leqslant x_n) \tag{3.33}$$

为$(x_1, x_2, \cdots, x_n)$的分布函数。$F(x_1, x_2, \cdots, x_n)$具有类似于二维随机向量分布函数的性质。

现在只讨论 n 维连续型随机向量，因为这种类型更常见。

3.8.2　n 维连续型随机向量

对于 n 维随机向量$(X_1, X_2, \cdots, X_n)$，如果存在非负函数 $f(x_1, x_2, \cdots, x_n)$，使得对于任意实数 $x_1, x_2, \cdots, x_n$，有

$$F(x_1, x_2, \cdots, x_n) = \int_{-\infty}^{x_n} \cdots \int_{-\infty}^{x_2} \int_{-\infty}^{x_1} f(u_1, u_2, \cdots, u_n) \mathrm{d}u_1 \mathrm{d}u_2 \cdots \mathrm{d}u_n \tag{3.34}$$

则称$(x_1, x_2, \cdots, x_n)$为 n 维连续型随机向量，称 $f(x_1, x_2, \cdots, x_n)$ 为$(x_1, x_2, \cdots, x_n)$的概率密度函数，简称概率密度。

函数 $f(x_1, x_2, \cdots, x_n)$ 具有二维连续型随机向量概率密度函数的类似性质。

n 维连续型随机向量$(X_1, X_2, \cdots, X_n)$的边缘分布比二维情况要复杂，其中常用的是每个分量 X_i 的边缘概率密度 $f_{X_i}(x_i)$ $(i = 1, 2, \cdots, n)$。以 X_1 为例，其边缘概率密度为

$$f_{X_1}(x_1) = \int_{-\infty}^{\infty} \cdots \int_{-\infty}^{\infty} f(x_1, x_2, \cdots, x_n) \mathrm{d}x_2 \cdots \mathrm{d}x_n \tag{3.35}$$

若对于任意实数 $x_1, x_2, \cdots, x_n$，有

$$f(x_1, x_2, \cdots, x_n) = f_{X_1}(x_1) f_{X_2}(x_2) \cdots f_{X_n}(x_n) \tag{3.36}$$

则称 $X_1, X_2, \cdots, X_n$ 相互独立。

例 3.22　三维连续型随机向量(X_1, X_2, X_3)的概率密度函数为

$$f(x_1, x_2, x_3) = \begin{cases} \mathrm{e}^{-(x_1 + x_2 + x_3)}, & x_1 > 0, x_2 > 0, x_3 > 0 \\ 0, & \text{其他} \end{cases}$$

判断 X_1、X_2、X_3 是否相互独立。

解　先求 X_1、X_2、X_3 的边缘概率密度

$$f_{X_1}(x_1) = \int_{-\infty}^{\infty} \int_{-\infty}^{\infty} f(x_1, x_2, x_3) \mathrm{d}x_2 \mathrm{d}x_3$$

当 $x_1 \leqslant 0$ 时，$f(x_1, x_2, x_3) = 0$，于是 $f_{X_1}(x_1) = 0$。当 $x_1 > 0$ 时，有

$$
\begin{aligned}
f_{X_1}(x_1) &= \int_{-\infty}^{\infty} \int_{-\infty}^{\infty} \mathrm{e}^{-(x_1+x_2+x_3)} \mathrm{d}x_2 \mathrm{d}x_3 \\
&= \mathrm{e}^{-x_1} \left(\int_0^{\infty} \mathrm{e}^{-x_2} \mathrm{d}x_2 \right) \left(\int_0^{\infty} \mathrm{e}^{-x_3} \mathrm{d}x_3 \right) \\
&= \mathrm{e}^{-x_1}
\end{aligned}
$$

因此

$$f_{X_1}(x_1) = \begin{cases} \mathrm{e}^{-x_1}, & x_1 > 0 \\ 0, & x_1 \leqslant 0 \end{cases}$$

同理，有

$$f_{X_i}(x_i) = \begin{cases} \mathrm{e}^{-x_i}, & x_i > 0 \\ 0, & x_i \leqslant 0 \end{cases} \quad (i = 2, 3)$$

对于任意实数 x_1、x_2、x_3，有

$$f(x_1, x_2, x_3) = f_{X_1}(x_1)\, f_{X_2}(x_2)\, f_{X_3}(x_3)$$

所以 X_1、X_2、X_3 相互独立。

3.8.3　n 维随机向量函数的分布

对于 n 维随机向量 $(X_1, X_2, \cdots, X_n)$，设其 n 个分量 $X_1, X_2, \cdots, X_n$ 的函数 $Z = g(X_1, X_2, \cdots, X_n)$，$Z$ 是一个随机变量，现由 $(X_1, X_2, \cdots, X_n)$ 的分布求 Z 的分布。下面只对两种重要的情况给出结果。

(1) 设 $X_i \sim N(\mu_i, \sigma_i^2)\,(i = 1, 2, \cdots, n)$，并且 $X_1, X_2, \cdots, X_n$ 相互独立，则

$$Z = X_1 + X_2 + \cdots + X_n \sim N(\mu_1 + \mu_2 + \cdots + \mu_n, \sigma_1^2 + \sigma_2^2 + \cdots + \sigma_n^2) \tag{3.37}$$

(2) $Z = \max\{X_1, X_2, \cdots, X_n\}$ 和 $Z = \min\{X_1, X_2, \cdots, X_n\}$，$X_1, X_2, \cdots, X_n$ 相互独立。

设 X_i 的分布函数为 $F_{X_i}(x_i)\,(i = 1, 2, \cdots, n)$，则 $Z = \max\{X_1, X_2, \cdots, X_n\}$ 的分布函数为

$$F_{\max}(z) = F_{X_1}(z)\, F_{X_2}(z) \cdots F_{X_n}(z) \tag{3.38}$$

$Z = \min\{X_1, X_2, \cdots, X_n\}$ 的分布函数为

$$F_{\min}(z) = 1 - [1 - F_{X_1}(z)]\, [1 - F_{X_2}(z)] \cdots [1 - F_{X_n}(z)] \tag{3.39}$$

特别地，如果 $X_1, X_2, \cdots, X_n$ 具有相同的分布函数 $F(z)$，有

$$F_{\max}(z) = [F(z)]^n \tag{3.40}$$

$$F_{\min}(z) = 1 - [1 - F(z)]^n \tag{3.41}$$

例 3.23　设某种型号灯泡的寿命(以 h 计)近似地服从 $N(1000, 20^2)$ 分布，现随机选取 4 只灯泡，求其中没有一只灯泡的寿命小于 1020h 的概率。

解　设 $X \sim N(1000, 20^2)$，4 只灯泡的寿命为 X_1、X_2、X_3、X_4，则它们相互独立，且与 X 有相同的分布。记 $Z = \min\{X_1, X_2, X_3, X_4\}$，则所求概率为 $P\{Z \geqslant 1020\}$。

由于

$$P\{Z \geqslant 1020\} = 1 - P\{Z < 1020\} = 1 - F_{\min}(1020)$$

由式(3.41)得

$$F_{\min}(1020) = 1 - [1 - F(1020)]^4$$

于是

$$P\{Z \geqslant 1020\} = [1 - F(1020)]^4$$

这里 $F(x)$ 是 X 的分布函数，得

$$F(1020) = P\{X \leqslant 1020\} = \Phi\left(\frac{1020 - 1000}{20}\right) = \Phi(1) = 0.8413$$

因此

$$P\{Z \geqslant 1020\} = (1 - 0.8413)^4 = 0.00063$$

习　题　3

3.1　求在 D 上服从均匀分布的随机向量 (X, Y) 的联合概率密度，并求 $P\left\{X < -\dfrac{1}{8}, Y < \dfrac{1}{2}\right\}$ 的值，其中 D 为 x 轴、y 轴及直线 $y = 2x + 1$ 所围成的三角形区域。

3.2　设随机向量 (X, Y) 的概率密度函数为

$$f(x, y) = \begin{cases} k e^{-(3x+4y)}, & x > 0, y > 0 \\ 0, & \text{其他} \end{cases}$$

(1) 确定常数 k；(2) 求 $P\{0 < X < 1, \ 0 < Y < 2\}$；(3) 求 $P\{3X + 4Y < 3\}$。

3.3　设随机向量 (X, Y) 的概率密度函数为

$$f(x, y) = \begin{cases} k(2 - \sqrt{x^2 + y^2}), & x^2 + y^2 \leqslant 4 \\ 0, & \text{其他} \end{cases}$$

试确定常数 k，并求出 (X, Y) 落在圆域 $x^2 + y^2 \leqslant 1$ 内的概率。

3.4　盒中装有 3 个黑球、2 个白球。现从中任取 4 个球，用 X 表示取到黑球的个数，用 Y 表示取到白球的个数，求 (X, Y) 的概率分布。

3.5　将一枚均匀的硬币抛掷 3 次，用 X 表示在 3 次中出现正面的次数，用 Y 表示在 3 次中出现正面次数与出现反面次数之差的绝对值，求 (X, Y) 的概率分布。

3.6　设随机向量 (X, Y) 的概率密度函数为

$$f(x,y) = \begin{cases} A(3x^2 + xy), & 0 \leq x \leq 1, 0 \leq y \leq 2 \\ 0, & \text{其他} \end{cases}$$

(1) 确定常数 A; (2) 求 $P\{X + Y \leq 1\}$。

3.7 设随机向量 (X,Y) 的概率密度函数为

$$f(x,y) = \begin{cases} 4.8y(2-x), & 0 \leq x \leq 1, 0 \leq y \leq x \\ 0, & \text{其他} \end{cases}$$

(1) 求边缘密度函数; (2) 判断 X 和 Y 是否相互独立?

3.8 设随机向量 (X,Y) 的概率密度函数为

$$f(x,y) = \frac{c}{(1+x^2)(1+y^2)}$$

(1) 求系数 c; (2) 求 (X,Y) 落在以 $(0,0)$、$(0,1)$、$(1,0)$、$(1,1)$ 为顶点的正方形内的概率; (3) 判断 X 和 Y 是否相互独立?

3.9 设随机向量 (X,Y) 的概率密度函数为

$$f(x,y) = \begin{cases} 2e^{-(2x+y)}, & x > 0, y > 0 \\ 0, & \text{其他} \end{cases}$$

(1) 求分布函数 $F(x,y)$; (2) 求 $P\{Y \leq X\}$。

3.10 设随机向量 (X,Y) 的概率密度函数为

$$f(x,y) = \begin{cases} e^{-y}, & 0 < x < y \\ 0, & \text{其他} \end{cases}$$

求边缘概率密度。

3.11 设随机向量 (X,Y) 的概率密度函数为

$$f(x,y) = \begin{cases} cx^2y, & x^2 \leq y \leq 1 \\ 0, & \text{其他} \end{cases}$$

(1) 试确定常数 c; (2) 求边缘概率密度。

3.12 设随机向量 (X,Y) 的概率分布如表 3.8 所示,求 X 和 Y 的边缘分布。

表 3.8 习题 3.12 用表

X \ Y	0	2	5
1	0.15	0.25	0.35
3	0.05	0.18	0.02

3.13 求习题 3.12 的条件分布。

3.14 设 X、Y 是两个相互独立的随机变量,其概率密度分别为

$$f_X(x) = \begin{cases} 1, & 0 \leq x \leq 1 \\ 0, & \text{其他} \end{cases} \quad ; \quad f_Y(y) = \begin{cases} e^{-y}, & y > 0 \\ 0, & \text{其他} \end{cases}$$

求随机向量 $Z = X + Y$ 的概率密度。

3.15 某种商品第一周的需求量是一个随机向量 X,其概率密度为

$$f(x) = \begin{cases} xe^{-x}, & x > 0 \\ 0, & x \leqslant 0 \end{cases}$$

设第二周的需求量 Y 与 X 相互独立且概率密度相同，试求两周需要总量的概率密度。

3.16　设 X 在区间 $(0,1)$ 上随机取值，当观察到 $X = x(0 < x < 1)$ 时，Y 在区间 $(x,1)$ 上随机取值，求 Y 的概率密度函数。

3.17　设随机向量 (X,Y) 的概率密度函数为

$$f(x,y) = \begin{cases} x^2 + \dfrac{xy}{3}, & 0 \leqslant x \leqslant 1, \ 0 \leqslant y \leqslant 2 \\ 0, & 其他 \end{cases}$$

(1) 求条件概率密度 $f_{X|Y}(x|y)$，$f_{Y|X}(y|x)$；(2) 求 $P\left\{Y < \dfrac{1}{2} \middle| X = \dfrac{1}{2}\right\}$。

3.18　问：习题 3.12 中的 X 和 Y 是否相互独立？

3.19　设随机向量 (X,Y) 的概率分布如表 3.9 所示。

问：a、b 取何值时，X 和 Y 相互独立？

表 3.9　习题 3.19 用表

X＼Y	1	2	3
1	$\dfrac{1}{6}$	$\dfrac{1}{9}$	$\dfrac{1}{18}$
2	$\dfrac{1}{3}$	a	b

3.20　设随机向量 (X,Y) 的概率密度函数为

$$f(x,y) = \begin{cases} 2e^{-(2x+y)}, & x > 0, y > 0 \\ 0, & 其他 \end{cases}$$

问：X 和 Y 是否相互独立？

3.21　设 X 和 Y 是两个相互独立的随机向量，X 在 $(0,1)$ 上服从均匀分布，Y 的概率密度为

$$f_Y(y) = \begin{cases} \dfrac{1}{2}e^{-y/2}, & y > 0 \\ 0, & y \leqslant 0 \end{cases}$$

(1) 求 X 和 Y 的联合概率密度。

(2) 设含有 a 的二次方程为 $a^2 + 2Xa + Y = 0$，试求 a 有实根的概率。

3.22　设 X 和 Y 是两个相互独立的随机变量，并且均在区间 $(0,1)$ 上服从均匀分布，求 $X+Y$ 的概率密度函数。

3.23　设 X 和 Y 是两个相互独立的随机变量，其概率密度分别为

$$f_X(x) = \begin{cases} 1, & 0 \leqslant x \leqslant 1 \\ 0, & 其他 \end{cases} ; \quad f_Y(y) = \begin{cases} e^{-y}, & y > 0 \\ 0, & y \leqslant 0 \end{cases}$$

求随机向量 $Z=X+Y$ 的概率密度。

3.24　设随机向量 (X,Y) 的概率密度函数为

$$f(x,y)=\begin{cases} be^{-(x+y)}, & 0<x<1, \ 0<y<\infty \\ 0, & 其他 \end{cases}$$

(1) 试求常数 b。

(2) 求边缘概率密度。

(3) 求函数 $Z=\max(X,Y)$ 的分布函数。

3.25 设电子元件的寿命 X(h)的概率密度函数为

$$f(x)=\begin{cases} 0.0015e^{-0.0015x}, & x>0 \\ 0, & 其他 \end{cases}$$

今测试 6 个元件，并记录下它们各自的失效时间，求：

(1) 到 800h 时没有一个元件失效的概率。

(2) 到 3000h 时所有元件都失效的概率。

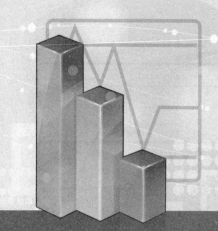

第4章　随机变量的数字特征

对于随机变量的分布函数与概率密度前面几章已经进行了很详细的讨论，而且它们可以完整地描述随机变量的统计规律，但在一些实际问题中，有时不容易确定随机变量的分布；有时也并不需要完全知道随机变量的分布，而只需要知道它的某些特征就够了，因此不需要求出它的分布函数。这些特征就是随机变量的数字特征，是由随机变量的分布所决定的常数，刻画了随机变量某一方面的性质。本章将要介绍的随机变量的数字特征就是描述随机变量的一些特征，如常用的数学期望、方差等。

例如，考察某种大批量生产的元件的寿命，可以用随机变量来描述。如果知道了这个随机变量的分布函数，就可以算出元件寿命落在任一指定界限内的元件百分比是多少，这是对元件寿命状况的完整刻画。如果不知道随机变量的分布函数，而知道元件的平均寿命，虽不能对元件寿命状况提供一个完整的刻画，但却在一个重要方面刻画了元件寿命的状况，这往往也是最为关心的一个方面。类似的情况还有很多，如评定某地区粮食产量的水平时，经常考虑平均亩产量；对一射击手进行技术评定时，经常考察射击命中环数的平均值；检查一批棉花的质量时，所关心的是棉花纤维的平均长度等。这个重要的数字特征就是数学期望，简称期望，常常也称为均值。

另一个重要的数字特征用以衡量一个随机变量取值的分散程度。例如，对一射手进行技术评定时，除考察射击命中环数的平均值外，还要了解命中点是比较分散还是比较集中。在检查一批棉花的质量时，除关心棉花纤维的平均长度外，还要考虑纤维的长度与平均长度的偏离情况。如果两批棉花纤维的平均长度相同，而一批棉花纤维的长度与平均长度接近，另一批棉花则相差较大，显然前者显得整齐，也便于使用。描述随机变量取值分散程度的数字特征就是方差。

4.1　数　学　期　望

4.1.1　离散型随机变量的数学期望

某公司员工的月收入分 4 档，每档中员工的人数如表 4.1 所示。

表 4.1 某公司员工人数及收入

月收入/元	2500	3000	3500	5000
人　次	4	16	4	1
频　率	$\dfrac{4}{25}$	$\dfrac{16}{25}$	$\dfrac{4}{25}$	$\dfrac{1}{25}$

则该公司员工的人均月收入为

$$\frac{1}{25}(2500 \times 4 + 3000 \times 16 + 3500 \times 4 + 5000 \times 1)$$

$$= 2500 \times \frac{4}{25} + 3000 \times \frac{16}{25} + 3500 \times \frac{4}{25} + 5000 \times \frac{1}{25}$$

由此可以得到，每个档次的工资数量乘以它出现的频数(概率)，即为员工的人均月收入。也就是说，随机变量的平均取值为随机变量的一切可能取的值与之相应的概率乘积之和，即以概率为权数的加权平均值。

由此引出数学期望(均值)的定义。

定义 4.1 设离散型随机变量 X 的分布律为 $P(X = x_k) = p_k (k = 1, 2, \cdots)$，若级数 $\sum_k x_k p_k$ 绝对收敛，则称该级数的和为随机变量 X 的数学期望(简称期望和均值)，记作 $E(X)$，即

$$E(X) = \sum_k x_k p_k \tag{4.1}$$

也就是说，离散型随机变量的数学期望是一个绝对收敛的级数和。在 X 取可列无穷个值时，级数绝对收敛可以保证"级数之值不因级数各项次序的改变而发生变化"，这样 $E(X)$ 与 X 取值的人为排列次序无关。

例 4.1 有4只盒子，编号为1、2、3、4。现有3个球，将球逐个独立地随机放入4只盒子中。用 X 表示其中至少有一个球的盒子的最小号码，求 $E(X)$。

解 首先求 X 的概率分布。X 所有可能取的值是 1、2、3、4。$\{X = i\}$ 表示 i 号盒中至少有一个球 $i = 1$、2、3、4。为求 $P\{X = 1\}$，考虑 $\{X = 1\}$ 的对立事件：$\{1$ 号盒中没有球$\}$，其概率为 $\left(\dfrac{3}{4}\right)^3$，因此

$$P\{X = 1\} = 1 - \frac{3^3}{4^3} = \frac{4^3 - 3^3}{4^3}$$

$\{X = 2\}$ 表示 $\{1$ 号盒中没有球，而 2 号盒中至少有一个球$\}$，类似地得到

$$P\{X = 2\} = \frac{3^3 - 2^3}{4^3}$$

$$P\{X = 3\} = \frac{2^3 - 1^3}{4^3}$$

$$P\{X = 4\} = \frac{1^3}{4^3}$$

于是

$$E(X)=1\times\frac{4^3-3^3}{4^3}+2\times\frac{3^3-2^3}{4^3}+3\times\frac{2^3-1^3}{4^3}+4\times\frac{1^3}{4^3}=\frac{25}{16}$$

下面计算几种常用离散型随机变量的数学期望。

1. 两点分布

设随机变量 X 服从参数为 p 的两点分布，其分布律如表 4.2 所示。

表 4.2　两点分布的分布律

X_i	0	1
p	$1-p$	p

则其数学期望为

$$E(X)=0\times(1-p)+1\times p=p \tag{4.2}$$

2. 二项分布

$X\sim B(n,p)$，其中 $0<p<1$，概率分布为

$$P\{X=k\}=\mathrm{C}_n^k p^k(1-p)^{n-k}\quad(k=0,1,\cdots,n\ ;\ 0<p<1)$$

由

$$E(X)=\sum_{k=0}^{n}kp_k=\sum_{k=0}^{n}k\mathrm{C}_n^k p^k q^{n-k}=\sum_{k=1}^{n}k\mathrm{C}_n^k p^k q^{n-k}$$

因为

$$\mathrm{C}_n^k=\frac{n(n-1)\cdots(n-k+1)}{k!}=\frac{n}{k}\ \frac{(n-1)\cdots(n-k+1)}{(k-1)!}=\frac{n}{k}\mathrm{C}_{n-1}^{k-1}$$

所以

$$E(X)=np\sum_{k=1}^{n}\mathrm{C}_{n-1}^{k-1}p^{k-1}q^{(n-1)-(k-1)}=np(p+q)^{n-1}=np \tag{4.3}$$

例 4.2　某种产品次品率为 0.1，检验员每天检验 4 次，每次随机抽取 10 件产品进行检验，如发现次品数大于 1，就调整设备。若各件产品是否为次品相互独立。求一天中调整设备次数的期望。

解　用 X 表示 10 件产品中的次品数，则 $X\sim B(10,0.1)$，每次检验后需要调整设备的概率为

$$p=P\{X>1\}=1-P\{X\leqslant 1\}$$
$$=1-P\{X=0\}-P\{X=1\}$$
$$=1-0.9^{10}-10\times 0.1\times 0.9^9=0.2639$$

用 Y 表示一天中调整设备的次数，则 $Y\sim B(n,p)$，其中 $n=4$，$p=0.2639$。所求期望

$$E(Y)=np=4\times 0.2639=1.0556$$

3. 泊松分布

设随机变量 $X\sim P(\lambda)$，其中 $\lambda>0$。其分布律为

$$P\{X=k\}=\frac{\lambda^k}{k!}\mathrm{e}^{-\lambda}\ (k=0、1、\cdots)$$

所以

$$E(X) = \sum_{k=1}^{\infty} k \frac{\lambda^k}{k!} \mathrm{e}^{-\lambda} = \sum_{k=1}^{\infty} \frac{\lambda^k}{(k-1)!} \mathrm{e}^{-\lambda} = \lambda \mathrm{e}^{-\lambda} \sum_{k=1}^{\infty} \frac{\lambda^{k-1}}{(k-1)!} = \lambda \mathrm{e}^{-\lambda} \mathrm{e}^{\lambda} = \lambda \qquad (4.4)$$

4.1.2 连续型随机变量的数学期望

用同离散型一样的思想可对连续型随机变量给出数学期望的定义。

定义 4.2 设连续型随机变量 X 的概率密度函数为 $f(x)$，若积分 $\int_{-\infty}^{+\infty} xf(x)\mathrm{d}x$ 绝对收敛，则称该积分为随机变量 X 的数学期望，记作 $E(X)$，即

$$E(X) = \int_{-\infty}^{+\infty} xf(x)\mathrm{d}x \qquad (4.5)$$

例 4.3 设随机变量 X 的概率密度为

$$f(x) = \frac{1}{2} \mathrm{e}^{-|x|} \quad (-\infty < x < \infty)$$

求 $E(X)$。

解 $E(X) = \int_{-\infty}^{+\infty} \frac{1}{2} x \mathrm{e}^{|x|} \mathrm{d}x$

$\qquad = \int_{-\infty}^{0} \frac{1}{2} x \mathrm{e}^x \mathrm{d}x + \int_{0}^{\infty} \frac{1}{2} x \mathrm{e}^{-x} \mathrm{d}x$

$\qquad = 0$

下面计算几种常用连续型随机变量的数学期望。

1. 均匀分布

设 $X \sim U(a,b)$，其概率密度为

$$f(x) = \begin{cases} \dfrac{1}{b-a}, & a < x < b \\ 0, & \text{其他} \end{cases}$$

因而

$$E(X) = \int_{-\infty}^{+\infty} xf(x)\mathrm{d}x = \int_{a}^{b} xf(x)\mathrm{d}x = \int_{a}^{b} \frac{x}{b-a}\mathrm{d}x = \frac{b^2 - a^2}{2(b-a)} = \frac{a+b}{2} \qquad (4.6)$$

2. 指数分布

设 X 服从参数为 λ 的指数分布，其概率密度函数为

$$f(x) = \begin{cases} \lambda \mathrm{e}^{-\lambda x}, & x > 0 \\ 0, & x \leqslant 0 \end{cases} \quad \text{或} \quad f(x) = \begin{cases} \dfrac{1}{\theta} \mathrm{e}^{-x/\theta}, & x > 0 \\ 0, & x \leqslant 0 \end{cases}$$

$$\begin{aligned} E(X) &= \int_{-\infty}^{+\infty} xf(x)\mathrm{d}x = \int_{0}^{+\infty} \lambda x \mathrm{e}^{-\lambda x}\mathrm{d}x = \int_{0}^{+\infty} x\mathrm{d}(-\mathrm{e}^{-\lambda x}) \\ &= -x\mathrm{e}^{-\lambda x}\Big|_{0}^{+\infty} + \int_{0}^{+\infty} \mathrm{e}^{-\lambda x}\mathrm{d}x = -\frac{1}{\lambda}\mathrm{e}^{-\lambda x}\Big|_{0}^{+\infty} = \frac{1}{\lambda} \end{aligned} \qquad (4.7)$$

或 $E(X) = \theta$。

例 4.4　设某型号电子管的寿命 X 服从指数分布，平均寿命为 1000h，计算 $P\{1000 < X \leqslant 1200\}$。

解　由 $E(X) = \dfrac{1}{\lambda} = 1000$，知 $\lambda = 0.001$，X 的概率密度为

$$f(x) = \begin{cases} 0.001\mathrm{e}^{-0.001x}, & x > 0 \\ 0, & x \leqslant 0 \end{cases}$$

$$P(1000 < X \leqslant 1200) = \int_{1000}^{1200} 0.001\mathrm{e}^{-0.001x}\,\mathrm{d}x$$
$$= \mathrm{e}^{-1} - \mathrm{e}^{-2} = 0.067$$

3. 正态分布

设 $X \sim N(\mu, \sigma^2)$，其概率密度函数为

$$f(x) = \frac{1}{\sqrt{2\pi}\sigma}\mathrm{e}^{-\frac{(x-\mu)^2}{2\sigma^2}}$$

所以

$$E(X) = \int_{-\infty}^{+\infty} x f(x)\,\mathrm{d}x = \int_{-\infty}^{+\infty} \frac{x}{\sqrt{2\pi}\sigma}\mathrm{e}^{-\frac{(x-\mu)^2}{2\sigma^2}}\,\mathrm{d}x$$

$$\xrightarrow{t=\frac{x-\mu}{\sigma} \text{ 或 } x=\sigma t+\mu} \mu\int_{-\infty}^{+\infty} \frac{1}{\sqrt{2\pi}}\mathrm{e}^{-\frac{t^2}{2}}\,\mathrm{d}t + \sigma\int_{-\infty}^{+\infty} \frac{t}{\sqrt{2\pi}}\mathrm{e}^{-\frac{t^2}{2}}\,\mathrm{d}t = \mu \tag{4.8}$$

4.1.3　随机变量函数的数学期望

在许多实际问题中，经常需要计算随机变量函数的数学期望。例如，飞机机翼受到压力为 $W = kV^2$ 的作用，其中 V 为风速，是随机变量，需要知道机翼受到的平均压力。

为此，下面给出随机变量函数的数学期望的计算公式。

定理 4.1　设 Y 为随机变量 X 的函数：$Y = g(X)$（g 是连续型函数）。

(1) X 是离散型随机变量，分布律为 $p_k = P(X = x_k)(k = 1, 2, \cdots)$；若 $\sum\limits_{k=1}^{\infty} g(x_k)p_k$ 绝对收敛，则有

$$E(Y) = E[g(X)] = \sum_{k=1}^{\infty} g(x_k)p_k \tag{4.9}$$

(2) X 是连续型随机变量，它的概率密度为 $f(x)$，若积分 $\int_{-\infty}^{+\infty} g(x)f(x)\mathrm{d}x$ 绝对收敛，则有

$$E(Y) = E[g(X)] = \int_{-\infty}^{+\infty} g(x)f(x)\mathrm{d}x \tag{4.10}$$

此定理的证明从略。

此定理表明求 $E(Y)$ 时，不必知道 Y 的分布，而只需知道 X 的分布就可以了。

此定理也可推广到二维随机向量函数的数学期望上去。

定理 4.2　(1) 设 X 和 Y 是两个离散型随机变量，$E(X)$、$E(Y)$ 分别是随机变量 X 和 Y 的数学期望，其联合分布律为 $P(X = x_i, Y = y_j) = p_{ij}(i, j = 1, 2, \cdots)$，$\varphi(x, y)$ 为连续型函

数，若级数 $\sum\limits_i \sum\limits_j \varphi(x_i, y_j)p_{ij}$ 绝对收敛，则称该级数的和为随机向量函数 $\varphi(X,Y)$ 的数学期望，记作 $E[\varphi(X,Y)]$，即

$$E[\varphi(X,Y)]=\sum_i \sum_j \varphi(x_i,y_j)p_{ij} \tag{4.11}$$

(2) 设 X 和 Y 是两个连续型随机变量，其联合概率密度函数为 $f(x,y)$，$\varphi(x,y)$ 为连续型函数，若积分 $\int_{-\infty}^{+\infty} \int_{-\infty}^{+\infty} \varphi(x,y)f(x,y)\mathrm{d}x\mathrm{d}y$ 绝对收敛，则称该积分为随机向量函数 $\varphi(X,Y)$ 的数学期望，记作 $E[\varphi(X,Y)]$，即

$$E[\varphi(X,Y)]=\int_{-\infty}^{+\infty} \int_{-\infty}^{+\infty} \varphi(x,y)f(x,y)\mathrm{d}x\mathrm{d}y \tag{4.12}$$

例 4.5 设随机变量 X 的分布律如表 4.3 所示。

表 4.3 随机变量 X 的分布律

X	-3	-1	0	3
p	0.2	0.3	0.4	0.1

求 $3X^2+1$ 和 $2X$ 的数学期望。

解 方法一 设 $Y_1=3X^2+1$，$Y_2=2X$，则 Y_1 和 Y_2 的分布律如表 4.4 所示。

表 4.4 Y_1 和 Y_2 的分布律

Y_1	1	4	28
p	0.4	0.3	0.3

(a)

Y_2	-6	-2	0	6
p	0.2	0.3	0.4	0.1

(b)

$$E(Y_1)=1\times 0.4+4\times 0.3+28\times 0.3=10$$
$$E(Y_2)=(-6)\times 0.2+(-2)\times 0.3+6\times 0.1=-1.2$$

方法二 直接用随机变量函数的数学期望公式 $E(Y)=E[g(X)]$ 来求。

$$E(Y_1)=E(3X^2+1)$$
$$=[3(-3)^2+1]\times 0.2+[3(-1)^2+1]\times 0.3+[3\times 0+1]\times 0.4+[3(3)^2+1]\times 0.1=10$$
$$E(Y_2)=E(2X)=2\times(-3)\times 0.2+2\times(-1)\times 0.3+2\times 3\times 0.1=-1.2$$

例 4.6 设随机变量 X 服从 $\left(-\dfrac{1}{2}, \dfrac{1}{2}\right)$ 上的均匀分布，且

$$Y=g(X)=\begin{cases} X^2, & X>0 \\ 0, & X\leqslant 0 \end{cases}$$

求 $Y=g(X)$ 的数学期望。

解 因 X 服从 $\left(-\dfrac{1}{2}, \dfrac{1}{2}\right)$ 上的均匀分布，其概率密度为

$$f(x) = \begin{cases} 1, & -\dfrac{1}{2} < x < \dfrac{1}{2} \\ 0, & \text{其他} \end{cases}$$

故 $E(Y) = E[g(X)] = \displaystyle\int_{-\infty}^{+\infty} g(x)f(x)\mathrm{d}x = \int_{-1/2}^{1/2} x^2 \mathrm{d}x = \dfrac{2}{24}$。

例 4.7 随机变量 (X,Y) 的联合密度函数是 $f(x,y) = \begin{cases} \dfrac{3}{2x^3 y^2}, & 1 < x, \dfrac{1}{x} < y < x \\ 0, & \text{其他} \end{cases}$

求数学期望 $E(Y)$、$E\left(\dfrac{1}{XY}\right)$。

解 由 $E(Z) = E[g(X,Y)] = \displaystyle\int_{-\infty}^{+\infty}\int_{-\infty}^{+\infty} g(x,y)f(x,y)\mathrm{d}x\mathrm{d}y$，得

$$E(Y) = \int_{-\infty}^{+\infty}\int_{-\infty}^{+\infty} yf(x,y)\mathrm{d}x\mathrm{d}y = \int_{-1}^{+\infty}\mathrm{d}x\int_{1/x}^{x} y\,\dfrac{3}{2x^3 y^2}\mathrm{d}y = \dfrac{3}{4}$$

$$E\left(\dfrac{1}{XY}\right) = \int_{-\infty}^{+\infty}\int_{-\infty}^{+\infty} \dfrac{1}{xy}f(x,y)\mathrm{d}y\mathrm{d}x = \int_{1}^{+\infty}\mathrm{d}x\int_{\frac{1}{x}}^{x} \dfrac{3}{2x^4 y^3}\mathrm{d}y = \dfrac{3}{5}$$

例 4.8 设随机变量 X 和 Y 相互独立，概率密度函数分别为

$$f_X(x) = \begin{cases} 4\mathrm{e}^{-4x}, & x > 0 \\ 0, & \text{其他} \end{cases};\quad f_Y(y) = \begin{cases} 2\mathrm{e}^{-2y}, & y > 0 \\ 0, & \text{其他} \end{cases}$$

求 $E(XY)$。

解 因 $G(X,Y)=XY$，X 和 Y 相互独立。

所以
$$\begin{aligned} E[g(X,Y)] &= \int_{-\infty}^{\infty}\int_{-\infty}^{\infty} xy f_X(x) f_Y(y)\mathrm{d}x\mathrm{d}y \\ &= \int_{0}^{\infty}\int_{0}^{\infty} xy \cdot 4\mathrm{e}^{-4x} \cdot 2\mathrm{e}^{-2y}\mathrm{d}x\mathrm{d}y \\ &= \int_{0}^{\infty} 4x\mathrm{e}^{-4x}\mathrm{d}x \cdot \int_{0}^{\infty} 2y\mathrm{e}^{-2y}\mathrm{d}y \\ &= \dfrac{1}{4} \cdot \dfrac{1}{2} = \dfrac{1}{8} \end{aligned}$$

4.1.4 数学期望的性质

假设下面提到的数学期望是存在的。

性质 4.1 设 c 是常数，则有 $E(c) = c$。 (4.13)

性质 4.2 设 X 是随机变量，设 c 是常数，则有 $E(cX) = cE(X)$。 (4.14)

性质 4.1、性质 4.2 由读者自己证明。

性质 4.3 设 X、Y 是随机变量，则有 $E(X+Y) = E(X) + E(Y)$。 (4.15)

证明 设二维连续型随机变量 (X,Y) 的联合分布密度为 $f(x,y)$，其边缘分布密度为 $f_X(x)$、$f_Y(y)$。则

$$E(X+Y) = \int_{-\infty}^{+\infty} \int_{-\infty}^{+\infty} (x+y)f(x,y)\mathrm{d}x\mathrm{d}y$$

$$= \int_{-\infty}^{+\infty} \int_{-\infty}^{+\infty} xf(x,y)\mathrm{d}x\mathrm{d}y + \int_{-\infty}^{+\infty} \int_{-\infty}^{+\infty} yf(x,y)\mathrm{d}x\mathrm{d}y$$

$$= E(X) + E(Y)$$

离散型情形类似可证。

该性质可推广到有限个随机变量之和的情况。

设 $(X_1, X_2, \cdots, X_n)$ 是 n 维随机向量，$a_1, a_2, \cdots, a_n, b$ 是任意实数，则有

$$E(a_1X_1 + a_2X_2 + \cdots + a_nX_n + b) = a_1E(X_1) + a_2E(X_2) + \cdots + a_nE(X_n) + b \qquad (4.16)$$

性质 4.4 设 X、Y 是相互独立的随机变量，则有

$$E(XY) = E(X)E(Y) \qquad (4.17)$$

证明 若 X 和 Y 相互独立，此时 $f(x,y) = f_X(x)f_Y(y)$，故有

$$E(XY) = \int_{-\infty}^{+\infty} xyf(x,y)\mathrm{d}x\mathrm{d}y$$

$$= \left[\int_{-\infty}^{+\infty} xf_X(x)\mathrm{d}x \right]\left[\int_{-\infty}^{+\infty} yf_Y(y)\mathrm{d}y \right] = E(X)E(Y)$$

离散型情形类似可证。

该性质可推广到有限个随机变量之积的情况。

设 $(X_1, X_2, \cdots, X_n)$ 是 n 维随机向量，$X_1, X_2, \cdots, X_n$ 是两两相互独立，则

$$E(X_1X_2\cdots X_n) = E(X_1)E(X_2)\cdots E(X_n) \qquad (4.18)$$

例 4.9 已知随机变量 X 与 Y 服从两点分布，且 $E(X) = E(Y) = p$，试写出 $(X-p)(Y-p)$ 的数学期望。

解
$$\begin{aligned} E[(X-p)(Y-p)] &= E[XY - p(X+Y) + p^2] \\ &= E(XY) - E[p(X+Y)] + E(p^2) \\ &= E(XY) - p[(E(X) + E(Y)] + E(p^2) \\ &= E(XY) - p[E(X) + E(Y)] + p^2 \\ &= E(XY) - p^2 \end{aligned}$$

例 4.10 设随机变量 $X \sim B(n,p)$（二项分布），求 X 的数学期望。

解 随机变量 X 表示的是在 n 次独立重复试验中事件 A 发生的次数，若设 X_i 为事件 A 在第 i 次试验中出现的次数，则有

$$X = X_1 + X_2 + \cdots + X_n$$

其中 $X_1, X_2, \cdots, X_n$ 是同分布的，且它们的分布律如表 4.5 所示。

表 4.5 X_i 的分布律

X_i	0	1
p	$1-p$	p

又由数学期望性质 4.3 得

$$E(X) = E(X_1) + E(X_2) + \cdots + E(X_n) = np$$

例 4.11 将 n 个球放入 M 个盒子中，设每个球落入各个盒子是等可能的。求有球的盒子数 X 的期望。

解 引入随机变量

$$X_i = \begin{cases} 1, & \text{若第}i\text{个盒子中有球} \\ 0, & \text{若第}i\text{个盒子中无球} \end{cases}, \quad (i=1,2,\cdots,M)$$

则 $X = X_1 + X_2 + \cdots + X_M$。

于是，$E(X) = E(X_1) + E(X_2) + \cdots + E(X_M)$。

每个 $X_i(i=1,2,\cdots,M)$ 都服从两点分布。因每个球落入每个盒子是等可能的。均为 $\frac{1}{M}$。

所以，对第 i 个盒子，一个球不落入这个盒子内的概率为 $1-\frac{1}{M}$。故 n 个球都不落入这个盒子内的概率为 $\left(1-\frac{1}{M}\right)^n$，即

$$P\{X_i = 0\} = \left(1-\frac{1}{M}\right)^n, \quad P\{X_i = 1\} = 1-\left(1-\frac{1}{M}\right)^n$$

$$E(X_i) = 1-\left(1-\frac{1}{M}\right)^n \quad (i=1,2,\cdots,M)$$

$$E(X) = E(X_1 + X_2 + \cdots + X_M) = E(X_1) + E(X_2) + \cdots + E(X_M)$$

$$= M\left[1-\left(1-\frac{1}{M}\right)^n\right]$$

4.2 方 差

4.2.1 方差的定义

首先来看一个例子，设甲、乙两人打靶，击中的环数分别记为 X、Y，且分布如表 4.6 所示。

表 4.6 两人打靶环数分布

X	8	9	10
P	0.4	0.2	0.4

Y	8	9	10
P	0.2	0.6	0.2

试分析他们技术水平的稳定性。

甲、乙两人击中的平均环数是相同的，都为 9，而甲的射击水平波动较大，技术水平不太稳定，相比之下，乙的射击水平波动小，技术水平稳定。所以随机变量的数学期望描述的是随机变量取值的均值，不能体现随机变量取值与均值的偏差程度，而在实际中，这一性质恰是我们所关心的问题。因此，引用方差反映随机变量与它的均值偏离程度。那么，用怎样的量去度量这个偏离程度呢？用 $E[X - E(X)]$ 来描述是不行的，因为这时正负

偏差会抵消；用 $E\left|E(X-E(X))\right|$ 来描述原则上是可以的，但有绝对值不便计算。因此，通常用 $E\{[X-E(X)]^2\}$ 来描述随机变量与均值的偏离程度。下面就来研究随机变量取值与均值的偏差。

定义 4.3 若 $E\{[X-E(X)]^2\}$ 存在，则称其为随机变量 X 的方差，记作 $D(X)$，即

$$D(X)=E\{[X-E(X)]^2\} \tag{4.19}$$

并称 $\sqrt{D(X)}$ 为 X 的均方差或标准差，记作 $\sigma(X)$。

有时也使用 $\mathrm{Var}(X)$ 表示 X 的方差。

显然，$D(X)$ 是非负常数。方差 $D(X)$ 越大，随机变量的取值就越分散；方差 $D(X)$ 越小，随机变量的取值就越集中在均值附近。

由于 $E(X)$ 是常数，故

$$
\begin{aligned}
E\{[X-E(X)]^2\} &= E\{X^2-2XE(X)+[E(X)]^2\}\\
&= E(X^2)-2E(X)E(X)+[E(X)]^2\\
&= E(X^2)-[E(X)]^2
\end{aligned}
$$

因此，计算方差的常用公式为

$$D(X)=E(X^2)-[E(X)]^2 \tag{4.20}$$

例 4.12 设甲、乙两家灯泡厂生产的灯泡的寿命(单位：h) X 和 Y 的分布律如表 4.7 所示。

表 4.7　X 和 Y 的分布律

X	900	1000	1100
p	0.1	0.8	0.1

(a)

Y	950	1000	1050
p	0.3	0.4	0.3

(b)

问：哪家工厂生产的灯泡质量较好？

解 由于

$$E(X)=900\times0.1+1000\times0.8+1100\times0.1=1000$$

$$E(Y)=950\times0.3+1000\times0.4+1050\times0.3=1000$$

而

$$D(X)=E[X-E(X)]^2=100^2\times0.1+0\times0.8+100^2\times0.1=2000$$

$$D(Y)=E[Y-E(Y)]^2=50^2\times0.3+0\times0.4+50^2\times0.3=1500$$

所以乙工厂生产的灯泡质量较好。

例 4.13 设连续型随机变量 X 的密度函数为

$$f(x)=\begin{cases} 2x, & x\in[0,1]\\ 0, & x\notin[0,1] \end{cases}$$

求 $D(X)$。

解　$D(X) = E(X^2) - [E(X)]^2$

$$= \int_{-\infty}^{\infty} x^2 f(x)\mathrm{d}x - \left[\int_{-\infty}^{\infty} xf(x)\mathrm{d}x\right]^2$$

$$= \int_0^1 x^2 \cdot 2x\mathrm{d}x - \left[\int_0^1 x \cdot 2x\mathrm{d}x\right]^2$$

$$= \frac{1}{2} - \left(\frac{2}{3}\right)^2 = \frac{1}{18}$$

例 4.14　设 X 为某加油站在一天开始时储存的油量，Y 为一天中卖出的油量(当然 $Y \leqslant X$)。设 (X, Y) 具有概率密度函数

$$f(x, y) = \begin{cases} 3x, & 0 \leqslant y < x \leqslant 1 \\ 0, & \text{其他} \end{cases}$$

这里 1 表明 1 个容积单位，求每日卖出的油量 Y 的数学期望与方差。

解　当 $y<0$ 或 $y>1$ 时，

$$f_Y(y) = \int_{-\infty}^{\infty} f(x, y)\mathrm{d}x = \int_{-\infty}^{\infty} 0\mathrm{d}x = 0$$

当 $0 \leqslant y \leqslant 1$ 时，

$$f_Y(y) = \int_{-\infty}^{\infty} f(x, y)\mathrm{d}x = \int_y^1 3x\mathrm{d}x = \frac{3}{2}(1 - y^2)$$

所以

$$f_Y(y) = \begin{cases} \dfrac{3}{2}(1 - y^2), & y \in [0,1] \\ 0, & y \notin [0,1] \end{cases}$$

$$E(Y) = \int_0^1 y \cdot \frac{3}{2}(1 - y^2)\mathrm{d}y = \frac{3}{8}$$

$$E(Y^2) = \int_0^1 y^2 \cdot \frac{3}{2}(1 - y^2)\mathrm{d}y = \frac{1}{5}$$

$$D(Y) = E(Y^2) - [E(Y)]^2 = \frac{1}{5} - \left(\frac{3}{8}\right)^2 = 0.0594$$

4.2.2　方差的性质

假设下面提到的方差都是存在的。

性质 4.5　设 c 是常数，则有 $D(c) = 0$。　　　　　　　　　　　　　　(4.21)

性质 4.6　设 c 是常数，则有 $D(cX) = c^2 D(X)$。　　　　　　　　　　　(4.22)

证明　$D(cX) = E\{[cX - E(cX)]^2\} = c^2 D(X)$。

性质 4.7　设 X、Y 是独立的随机变量，则有

$$D(X + Y) = D(X) + D(Y) \tag{4.23}$$

证明　$D(X + Y) = E\{[(X + Y) - E(X + Y)]^2\}$

$$= E\{[(X - E(X)) + (Y - E(Y))]^2\}$$

$$= D(X) + D(Y) + 2E\{[X - E(X)][Y - E(Y)]\} \tag{4.24}$$

由于 X 和 Y 是相互独立的随机变量，从而 $X-E(X)$ 和 $Y-E(Y)$ 是相互独立，有
$$E\{[X-E(X)][Y-E(Y)]\}=0$$
所以式(4.23)成立。

更一般地，若 $X_1,X_2,\cdots,X_n$ 是两两相互独立的，则有
$$D(X_1+X_2+\cdots+X_n)=D(X_1)+D(X_2)+\cdots+D(X_n) \tag{4.25}$$

例 4.15 设 (X,Y) 的概率密度函数为
$$f(x,y)=\begin{cases}1, & |y|\leqslant x,0\leqslant x\leqslant 1\\0, & 其他\end{cases}$$

求 $D(X)$ 及 $D(Y)$。

解 $D:|y|\leqslant x,\ 0\leqslant x\leqslant 1$。

$$E(X)=\iint\limits_D xf(x,y)\mathrm{d}x\mathrm{d}y=\int_0^1 x\mathrm{d}x\int_{-x}^x\mathrm{d}y=\int_0^1 2x^2\mathrm{d}x=\frac{2}{3}$$

$$E(Y)=\iint\limits_D yf(x,y)\mathrm{d}x\mathrm{d}y=\int_0^1\mathrm{d}x\int_{-x}^x y\mathrm{d}y=0$$

$$E(X^2)=\iint\limits_D x^2 f(x,y)\mathrm{d}x\mathrm{d}y=\int_0^1 x^2\mathrm{d}x\int_{-x}^x\mathrm{d}y=\int_0^1 2x^3\mathrm{d}x=\frac{1}{2}$$

$$E(Y^2)=\iint\limits_D y^2 f(x,y)\mathrm{d}x\mathrm{d}y=\int_0^1\mathrm{d}x\int_{-x}^x y^2\mathrm{d}y=\frac{2}{3}\int_0^1 x^3\mathrm{d}x=\frac{1}{6}$$

$$D(X)=\frac{1}{2}-\frac{4}{9}=\frac{1}{18},D(Y)=\frac{1}{6}-0=\frac{1}{6}$$

4.2.3 几种常用随机变量分布的方差

1. 两点分布

设 X 服从参数为 p 的两点分布，分布律如表 4.8 所示。

表 4.8 两点分布的分布律

X	0	1
P	$1-p$	p

则 $E(X)=p$，

$$D(X)=E(X^2)+E^2(X)=0^2\times(1-p)+1^2\times p-p^2=p(1-p)$$

2. 二项分布

设 $X\sim B(n,p)$。

由例 4.10 可得，随机变量 X 由 n 个服从两点分布的随机变量 $X_i(i=1,2,\cdots,n)$ 之和来表示，其中这 n 个随机变量 $X_i(i=1,2,\cdots,n)$ 是同分布且相互独立的。

由方差的性质 4.3 可得

$$D(X) = D(X_1 + X_2 + \cdots + X_n)$$
$$= D(X_1) + D(X_2) + \cdots + D(X_n)$$
$$= np(1-p)$$

3. 泊松分布

设 $X \sim P(\lambda)$，其中 $\lambda > 0$。其分布律为

$$P\{X = k\} = \frac{\lambda^k}{k!} \mathrm{e}^{-\lambda} \quad (k = 0,\ 1,\ \cdots)$$

$E(X) = \lambda$，得

$$E(X^2) = E[X(X-1) + X] = E[X(X-1)] + E(X)$$
$$= \sum_{k=0}^{\infty} k(k-1) \frac{\lambda^k \mathrm{e}^{-\lambda}}{k!} + \lambda = \sum_{k=0}^{\infty} \frac{\lambda^k \mathrm{e}^{-\lambda}}{(k-2)!} + \lambda$$
$$= \lambda^2 \sum_{k=2}^{\infty} \frac{\lambda^{k-2} \mathrm{e}^{-\lambda}}{(k-2)!} + \lambda = \lambda^2 \sum_{k=0}^{\infty} \frac{\lambda^k \mathrm{e}^{-\lambda}}{k!} + \lambda$$
$$= \lambda^2 + \lambda$$

所以方差为

$$D(X) = E(X^2) - [E(X)]^2 = \lambda$$

4. 均匀分布

设 $X \sim U(a,b)$ 均匀分布的概率密度为

$$f(x) = \begin{cases} \dfrac{1}{b-a}, & a < x < b \\ 0, & \text{其他} \end{cases}$$

$$E(X) = \frac{a+b}{2}$$

$$D(X) = E(X^2) - E^2(X) = \int_a^b \frac{x^2}{b-a} \mathrm{d}x - \left(\frac{b-a}{2}\right)^2 = \frac{(b-a)^2}{12}$$

5. 指数分布

设 X 服从参数为 λ 的指数分布，其概率密度函数为

$$f(x) = \begin{cases} \lambda \mathrm{e}^{-\lambda x}, & x > 0 \\ 0, & x \leqslant 0 \end{cases} \text{ 或 } f(x) = \begin{cases} \dfrac{1}{\theta} \mathrm{e}^{-x/\theta}, & x > 0 \\ 0, & x \leqslant 0 \end{cases}$$

$$E(X) = \frac{1}{\lambda} \text{ 或 } E(X) = \theta$$

$$E(X^2) = \int_{-\infty}^{+\infty} x^2 f(x) \mathrm{d}x = \int_0^{+\infty} x^2 \mathrm{e}^{-\lambda x} \mathrm{d}x$$
$$= \left(-x^2 - \frac{2x}{\lambda} - \frac{2}{\lambda^2}\right) \mathrm{e}^{-\lambda x} \bigg|_0^{+\infty} = \frac{2}{\lambda^2}$$

所以方差为

$$D(X) = E(X^2) - [E(X)]^2 = \frac{2}{\lambda^2} - \left(\frac{1}{\lambda}\right)^2 = \frac{1}{\lambda^2}$$

或
$$D(X) = \theta^2$$

6. 正态分布

设 $X \sim N(\mu, \sigma^2)$ 正态分布的概率密度为

$$f(x) = \frac{1}{\sqrt{2\pi}\sigma} e^{-\frac{(x-\mu)^2}{2\sigma^2}}, \quad E(X) = \mu$$

$$D(X) = E[X - E(X)]^2 = \int_{-\infty}^{+\infty} (x-\mu)^2 \frac{1}{\sqrt{2\pi}\sigma} e^{-\frac{(x-\mu)^2}{2\sigma^2}} \, \mathrm{d}x$$

$$\xrightarrow{t=(x-u)/\sigma} \int_{-\infty}^{\infty} \sigma^2 t^2 \frac{1}{\sqrt{2\pi}} e^{-\frac{t^2}{2}} \, \mathrm{d}t = \sigma^2$$

为了便于查找,现将几个常用随机变量的数学期望和方差汇集于表4.9中。

表4.9 几个常用随机变量的数学期望与方差

分 布	概率分布或概率密度	均 值	方 差
0,1 分布	$P\{X=k\} = p^k(1-p)^{1-k} \quad (k=0,1;\ 0<p<1)$	p	$p(1-p)$
二项分布	$P\{X=k\} = C_N^K p^k(1-p)^{n-k} \quad (k=0,1,\cdots,n;\ 0<p<1)$	np	$np(1-p)$
泊松分布	$P\{X=k\} = \frac{\lambda^k e^{-\lambda}}{k!} \quad (k=0,1,\cdots;\ \lambda>0)$	λ	λ
均匀分布	$f(x) = \begin{cases} \dfrac{1}{b-a}, & a \leqslant x \leqslant b \\ 0, & \text{其他} \end{cases}$	$\dfrac{a+b}{2}$	$\dfrac{(a-b)^2}{12}$
指数分布	$f(x) = \begin{cases} \lambda e^{-\lambda x} & x>0 \\ 0, & x \leqslant 0 \end{cases} \quad (\lambda>0)$	$\dfrac{1}{\lambda}$	$\dfrac{1}{\lambda^2}$
正态分布	$f(x) = \dfrac{1}{\sqrt{2\pi}\sigma} e^{-\frac{(x-\mu)^2}{2\sigma^2}} \ (-\infty < x < +\infty;\ \sigma>0)$	μ	σ^2

4.3 协方差与相关系数

对于二维随机变量 (X,Y),除了讨论 X 与 Y 的数学期望和方差外,还须讨论描述 X 与 Y 之间相互关系的数字特征,用以刻画 X 与 Y 之间的相关程度,其中最主要的就是下面要讨论的协方差和相关系数。本节讨论有关这方面的数字特征。

4.3.1 协方差

如果 X 与 Y 是相互独立的,则

$$E\{[X - E(X)][Y - E(Y)]\}$$
$$=E\{XY - XE(Y) - YE(X) + E(X)E(Y)\}$$
$$=EXY - E(X)E(Y) - E(Y)E(X) + E(X)E(Y)$$
$$=E(XY) - E(X)E(Y)=0$$

则意味着当 $E\{[X - E(X)][Y - E(Y)]\} \neq 0$ 时，X 与 Y 不是相互独立的，即 X 与 Y 存在着一定的相互关系。

定义 4.4　若 $E\{[X - E(X)][Y - E(Y)]\}$ 存在，则称它为随机变量 X 与 Y 的**协方差**，记为 $\text{Cov}(X,Y)$ 或 σ_{XY}，即

$$\text{Cov}(X,Y) = E\{[X - E(X)][Y - E(Y)]\} \tag{4.26}$$

特别是

$$\sigma_{XX} = E[X - E(X)]^2 = D(X)$$
$$\sigma_{YY} = E[Y - E(Y)]^2 = D(Y)$$

经常用公式

$$\text{Cov}(X,Y) = E(XY) - E(X)E(Y) \tag{4.27}$$

来计算协方差。

协方差可以帮助我们了解两个随机变量之间的关系。若 X 取值比较大(如 X 大于其数学期望 $E(X)$)，且 Y 取值也比较大时(也大于其数学期望 $E(Y)$)，有 $[X - E(X)][Y - E(Y)] > 0$；同时，X 取值比较小时(如 X 小于其数学期望 $E(X)$)，Y 取值也比较小时(也小于其数学期望 $E(Y)$)，这时也有 $[X - E(X)][Y - E(Y)] > 0$，这样就有协方差 $\text{Cov}(X,Y) > 0$。可见，正的协方差表示两个随机变量倾向于同时取较大值或同时取较小值；反过来，若 X 取值比较小时，Y 取值反而比较大，或 X 取值比较大时，Y 取值反而比较小，则必有 $\text{Cov}(X,Y) < 0$，于是，负的协方差反映了两个随机变量有相反方向的变化趋势。

协方差具有的性质如下。

(1) $\text{Cov}(X,Y) = \text{Cov}(Y,X)$。

(2) 设 a、b、c、d 是常数，则 $\text{Cov}(aX+b,cY+d)=ac\,\text{Cov}(X,Y)$。

(3) $\text{Cov}(X_1 + X_2,Y) = \text{Cov}(X_1,Y) + \text{Cov}(X_2,Y)$。

由式(4.24)可知，对任意 X、Y，有以下性质(4)，即

(4) $D(X + Y) = D(X) + D(Y) + 2\text{Cov}(X,Y)$。 $\tag{4.28}$

性质(4)可推广到 n 个随机变量的情形，即

$$D\left(\sum_{i=1}^n X_i\right) = \sum_{i=1}^n D(X_i) + 2\sum_{i<j}\sum \text{Cov}(X_i, X_j)$$

若 $X_1,X_2,\cdots,X_n$ 两两独立，则

$$D\left(\sum_{i=1}^n X_i\right) = \sum_{i=1}^n D(X_i)$$

4.3.2　相关系数

定义 4.5　设 $\text{Cov}(X,Y)$ 存在，且 $D(X)$ 和 $D(Y)$ 都不等于零，则称 $\dfrac{\text{Cov}(X,Y)}{\sqrt{D(X)}\sqrt{D(Y)}}$ 为随

机变量 X 与 Y 的相关系数(或标准协方差),记为 ρ_{XY},即

$$\rho_{XY} = \frac{\mathrm{Cov}(X,Y)}{\sqrt{D(X)}\sqrt{D(Y)}} \tag{4.29}$$

下面来推导 ρ_{XY} 的两条重要性质,并说明 ρ_{XY} 的含义。

考虑以 X 的线性函数 $a+bX$ 来近似表示 Y,以均方误差

$$e = E[(Y-(a+bX))^2]$$
$$= E(Y^2) + b^2 E(X^2) + a^2 - 2bE(XY) + 2abE(X) - 2aE(Y) \tag{4.30}$$

来衡量,以 $a+bX$ 来近似表示 Y 的好坏程度。e 的值越小,表示 $a+bX$ 与 Y 的近似程度越好。这样就取 a、b 使 e 取到最小。下面将 e 分别对 a、b 求偏导,并令其得零,得

$$\begin{cases} \dfrac{\partial e}{\partial a} = 2a + 2bE(X) - 2E(Y) = 0 \\[2mm] \dfrac{\partial e}{\partial b} = 2bE(X^2) - 2E(XY) + 2aE(X) = 0 \end{cases}$$

解得

$$b_0 = \frac{\mathrm{Cov}(X,Y)}{D(X)}$$

$$a_0 = E(Y) - b_0 E(X) = E(Y) - E(X)\frac{\mathrm{Cov}(X,Y)}{D(X)}$$

将 a_0、b_0 代入式(4.31)得

$$\min E[(Y-(a+bX))^2] = E[(Y-(a_0+b_0X))^2] = (1-\rho_{XY}^2)D(Y) \tag{4.31}$$

由式(4.31)可得到下述相关系数的性质。

若随机变量 X 与 Y 的相关系数 ρ_{XY} 存在,则:

(1) $|\rho_{XY}| \leqslant 1$。

(2) $|\rho_{XY}| = 1$ 的充分必要条件是 $P\{Y=aX+b\}=1$(a、b 是常数)。

(3) 随机变量 X 与 Y 独立,则 $\rho_{XY}=0$。

定义 4.6 若 $\rho_{XY}=0$,则称随机变量 X 与 Y 不相关。

假设随机变量 X、Y 的相关系数 ρ_{XY} 存在,当 X 和 Y 相互独立时,由数学期望的性质及式(4.27)知 $\mathrm{Cov}(X,Y)=0$,从而有 $\rho_{XY}=0$,即 X、Y 不相关,反之若 X、Y 不相关,X 和 Y 却不一定相互独立(见例 4.17)。这是因为 ρ_{XY} 刻画的是 X 与 Y 的线性相关程度,$|\rho_{XY}|$ 取值越接近于 1,X 与 Y 取值越接近线性关系。从"不相关"和"相互独立"的含义来看是明显的。这是因为不相关只是就线性关系而言的,而相互独立是就一般关系而言的。

例 4.16 设 (X,Y) 的分布律如表 4.10 所示。

表 4.10 例 4.16 用表

Y \ X	-2	-1	1	2	$P\{Y=i\}$
1	0	1/4	1/4	0	1/2
4	1/4	0	0	1/4	1/2
$P\{X=i\}$	1/4	1/4	1/4	1/4	1

易知，$E(X)=0$，$E(Y)=\dfrac{5}{2}$，$E(XY)=0$，于是 $\rho_{XY}=0$，X、Y 不相关。这表示 X、Y 不存在线性关系，但 $P\{X=-2,Y=1\}=0$，而 $P\{X=-2\}P\{Y=1\}\neq 0$，可知 X、Y 不是相互独立的。事实上，X 和 Y 具有关系 $Y=X^2$，Y 的值完全可由 X 的值所确定。

作为一个特例，若二维随机变量 (X,Y) 服从二维正态分布，那么 X 和 Y 相互独立的充分必要条件是 $\rho_{XY}=0$，即 X 和 Y 相互独立与不相关是等价的。见例 4.17。

例 4.17 已知 $X\sim N(1,9)$，$Y\sim N(0,16)$，它们的相关系数为 $\rho_{XY}=-\dfrac{1}{2}$，设 $Z=\dfrac{X}{3}+\dfrac{Y}{2}$，求 X 与 Z 的相关系数，且 X 与 Z 是否独立？为什么？

解 由已知可得

$$E(X)=1，\quad D(X)=9，\quad E(Y)=0，\quad D(Y)=16$$

$$
\begin{aligned}
\operatorname{Cov}(X,Z) &= \operatorname{Cov}\left(X,\dfrac{X}{3}+\dfrac{Y}{2}\right)\\
&=\dfrac{1}{3}\operatorname{Cov}(X,X)+\dfrac{1}{2}\operatorname{Cov}(X,Y)\\
&=\dfrac{1}{3}D(X)+\dfrac{1}{2}\rho_{XY}\sqrt{D(X)D(Y)}\\
&=3-3=0
\end{aligned}
$$

所以 X 与 Z 不相关，由于 X、Y 是正态分布，所以 Z 也是正态分布，而两正态随机变量相互独立与不相关是等价的，故 X 与 Z 是相互独立的。

例 4.18 设 (X,Y) 服从单位 $D=\{(x,y)\mid x^2+y^2\leq 1\}$ 上的均匀分布，求 ρ_{XY}。

解 由已知 (X,Y) 的概率密度函数为

$$f(x,y)=\begin{cases}1/\pi,&(x,y)\in D\\0,&(x,y)\notin D\end{cases}$$

$$
\begin{aligned}
E(X)&=\iint\limits_{x^2+y^2\leq 1}x/\pi\,\mathrm{d}x\mathrm{d}y\\
&=\pi^{-1}\int_{-1}^{1}\left(\int_{-\sqrt{1-y^2}}^{\sqrt{1-y^2}}x\mathrm{d}x\right)\mathrm{d}y=\int_{-1}^{1}0\mathrm{d}y=0
\end{aligned}
$$

同样，得 $E(Y)=0$，

$$
\begin{aligned}
E(XY)&=\iint\limits_{x^2+y^2\leq 1}(xy/\pi)\,\mathrm{d}x\mathrm{d}y\\
&=\pi^{-1}\int_{-1}^{1}y\left(\int_{-\sqrt{1-y^2}}^{\sqrt{1-y^2}}x\mathrm{d}x\right)\mathrm{d}y=\int_{-1}^{1}0\mathrm{d}y=0
\end{aligned}
$$

所以，$\operatorname{Cov}(X,Y)=E(XY)-E(X)E(Y)=0$。

此外，$D(X)>0$，$D(Y)>0$。

所以，$\rho_{XY}=0$，即 X 与 Y 不相关。

4.4 矩与协方差矩阵

4.4.1 矩

定义 4.7 设 X 是随机变量,若 $E(X^k)$ 存在$(k=1,2,\cdots)$,则称其为 X 的 k 阶原点矩;若 $E\{[X-E(X)]^k\}$ 存在$(k=1,2,\cdots)$,则称其为 X 的 k 阶中心矩。

易知 X 的数学期望 $E(X)$ 是 X 的一阶原点矩,方差 $D(X)$ 是 X 的二阶中心矩。在数理统计中高于 4 阶的矩应用较少。

定义 4.8 设 X 和 Y 是随机变量,若 $E(X^kY^m)$ 存在$(k,m=1,2,\cdots)$,则称其为 X 与 Y 的 $k+m$ 阶混合原点矩;若 $E\{[X-E(X)]^k[Y-E(Y)]^m\}$ 存在$(k,m=1,2,\cdots)$,则称其为 X 与 Y 的 $k+m$ 阶混合中心矩。

4.4.2 协方差矩阵

将随机向量 (X_1, X_2) 的 4 个二阶中心矩

$$\begin{cases} c_{11} = E\{[X_1 - E(X_1)]^2\} \\ c_{12} = E\{[X_1 - E(X_1)][X_2 - E(X_2)]\} \\ c_{21} = E\{[X_2 - E(X_2)][X_1 - E(X_1)]\} \\ c_{22} = E\{[X_2 - E(X_2)]^2\} \end{cases}$$

排成一个 2×2 矩阵 $\begin{bmatrix} c_{11} & c_{12} \\ c_{21} & c_{22} \end{bmatrix}$,则称此矩阵为 (X_1, X_2) 的方差与协方差矩阵,简称协方差阵。

类似地,也可定义 n 维随机向量 $(X_1, X_2, \cdots, X_n)$ 的协方差阵。

若随机向量的所有的二阶中心矩

$$c_{ij} = E\{[X_i - E(X_i)][X_j - E(X_j)]\} \quad (i, j = 1, 2, \cdots, n)$$

存在,则称矩阵

$$C = \begin{bmatrix} c_{11} & c_{12} & \cdots & c_{1n} \\ c_{21} & c_{22} & \cdots & c_{2n} \\ \vdots & \vdots & & \vdots \\ c_{n1} & c_{n2} & \cdots & c_{nn} \end{bmatrix}$$

为 $(X_1, X_2, \cdots, X_n)$ 的协方差矩阵。

显然,协方差矩阵是一个对称矩阵。

本节的最后介绍 n 维正态随机向量的概率密度。

定义 4.9 设 $X' = (X_1, X_2, \cdots, X_n)$ 是一个 n 维随机向量,若其概率密度

$$f(x_1, x_2, \cdots, x_n) = \frac{1}{(2\pi)^{n/2} |C|^{1/2}} \exp\left\{-\frac{1}{2}(X-\mu)^{\mathrm{T}} C^{-1}(X-\mu)\right\}$$

则称 X 服从 n 元正态分布。其中, C 是 $(X_1, X_2, \cdots, X_n)$ 的协方差阵, $|C|$ 是 C 的行列式, C^{-1}

表示 C 的逆矩阵，X 和 μ 是 n 维列向量，X^{T} 表示 X 的转置。

n 元正态分布有以下几条重要性质。

(1) $X=(X_1,X_2,\cdots,X_n)^{\mathrm{T}}$ 服从 n 元正态分布的充要条件是对一切不全为 0 的实数 $a_1,a_2,\cdots,a_n$，$a_1X_1+a_2X_2+\cdots+a_nX_n$ 服从正态分布。

(2) 若 $X=(X_1,X_2,\cdots,X_n)$ 服从 n 元正态分布，$Y_1,Y_2,\cdots,Y_k$ 是 $X_j\,(j=1,2,\cdots,n)$ 的线性组合，则 $(Y_1,Y_2,\cdots,Y_k)$ 服从 k 元正态分布。

这一性质称为正态变量的线性变换不变性。

(3) 设 $(X_1,X_2,\cdots,X_n)$ 服从 n 元正态分布，则 "$X_1,X_2,\cdots,X_n$ 相互独立" 等价于 "$X_1,X_2,\cdots,X_n$ 两两不相关"。

例 4.19　设随机变量 X 和 Y 相互独立，且 $X\sim N(1,2)$、$Y\sim N(0,1)$。求 $Z=2X-Y+3$ 的概率密度。

解　由 $X\sim N(1,2)$、$Y\sim N(0,1)$，且 X 与 Y 相互独立，知 $Z=2X-Y+3$ 服从正态分布，且

$$E(Z)=2E(X)-E(Y)+3=2-0+3=5$$
$$D(Z)=4D(X)+D(Y)=8+1=9$$

故，$Z\sim N(5,3^2)$。

Z 的概率密度为

$$f_Z(z)=\frac{1}{3\sqrt{2\pi}}\mathrm{e}^{-\frac{(z-5)^2}{18}}\quad(-\infty<z<\infty)$$

习　题　4

4.1　填空

(1) 设 $X_1,X_2,\cdots,X_n$ 是相互独立的随机变量，且服从同一参数为 λ 的泊松分布，则

$$E\left(\frac{1}{n}\sum_{i=1}^{n}X_i\right)=\underline{\qquad},\quad D\left(\frac{1}{n}\sum_{i=1}^{n}X_i\right)=\underline{\qquad}。$$

(2) 设随机变量 $X\sim N(\mu,\sigma^2)$，则 $E(X^2)=\underline{\qquad}$。

4.2　单项选择题

(1) 设随机变量 X 在区间 $(0,1)$ 内服从均匀分布，则 $E(2X)=($　　$)$。

A. 0　　　　　　　　B. $\dfrac{1}{2}$　　　　　　C. 1　　　　　　D. 2

(2) 设随机变量 X 与 Y 相互独立，且 $X\sim N(1,4)$、$Y\sim N(1,9)$，则 $D(2X-Y)=($　　$)$。

A. -1　　　　　　B. 1　　　　　C. 25　　　　　　D. 17

(3) 设随机变量 X 与 Y 相互独立，且 $X\sim B(1,P)$，Y 服从于两点分布，则 $E(XY)=($　　$)$。

A. np^2　　　　　　B. np　　　　　C. n^2p^2　　　　　D. p^2

4.3　将 3 个球随机地放到 5 个盒子中，求有球的盒子数的数学期望。

4.4　甲、乙两台机床生产同一种零件，在一天内生产的次品数分别为 X、Y。已知 X,Y 的概率分布如表 4.11 所示。

概率论与数理统计(理科类)(第2版)

表 4.11 X、Y 的概率分布律

X	0	1	2	3
p	0.4	0.3	0.2	0.1
Y	0	1	2	3
p	0.3	0.5	0.2	0

如果两台机床的产量相同，问：哪台机床生产的零件质量较好？

4.5 设连续型随机变量 X 的概率密度为

$$f(x) = \begin{cases} \dfrac{1}{4}x, & 0 < x < 2 \\ -\dfrac{1}{4}x + 1, & 2 \leqslant x \leqslant 4 \\ 0, & 其他 \end{cases}$$

求 $E(X)$。

4.6 设随机变量 X 的分布律如表 4.12 所示。

表 4.12 习题 4.6 用表

X	-2	0	2
p_k	0.4	0.3	0.3

求 $E(X)$、$E(X^2)$ 和 $E(3X^2 + 5)$。

4.7 设随机变量 X 的概率密度为

$$f(x) = \begin{cases} ax, & 0 < x < 2 \\ bx + c, & 2 \leqslant x \leqslant 4 \\ 0, & 其他 \end{cases}$$

又因为 $E(X) = 2$ $P\{1 < X < 3\} = \dfrac{3}{4}$，求常数 a、b、c 的值。

4.8 对于圆的直径作为近似测量，设其值均匀地分布在[4,5]内，求圆面积的数学期望。

4.9 设随机变量 X 的概率密度为

$$f(x) = \frac{1}{\pi(1 + x^2)} \quad (-\infty < x < \infty)$$

证明 $E(X)$ 不存在。

4.10 对习题 4.4 中的随机变量 X，计算 $E(X^2)$、$E(5X^2 + 4)$。

4.11 设随机变量 X 的概率密度为

$$f(x) = \begin{cases} e^{-x}, & x > 0 \\ 0, & x \leqslant 0 \end{cases}$$

分别求 $Y = 2X$ 的数学期望和 $Y = e^{-2X}$ 的数学期望。

4.12 设二维随机变量 (X, Y) 的概率密度为

$$f(x, y) = \begin{cases} 12y^2, & 0 \leqslant y \leqslant x \leqslant 1 \\ 0, & 其他 \end{cases}$$

求 $E(X)$、$E(Y)$、$E(XY)$ 和 $E(X^2+Y^2)$。

4.13　设连续型随机变量 X 的概率密度为

$$f(x)=\begin{cases}2(x-1),&1<x<2\\0,&\text{其他}\end{cases};\quad Y=\mathrm{e}^X$$

求 $E(Y)$。

4.14　飞机场送客汽车载有 20 位乘客，离开机场后共有 10 个车站可以下车，若某个车站无人下车，则该站不停车，设乘客在每个站下车的可能性相同且他们行动相互独立，X 表示停车次数。求 $E(X)$。

4.15　设圆的半径 $X\sim N(\mu,\sigma^2)$，求圆面积的数学期望及圆周长的数学期望和方差。

4.16　设离散型随机变量 X 的分布律如表 4.13 所示。

表 4.13　习题 4.16 用表

X	0	2	5
P_k	0.2	0.5	0.3

求 $D(X)$。

4.17　设连续型随机变量 X 的概率密度为

$$f(x)=\begin{cases}12(1-x)x^2,&0<x<1\\0,&\text{其他}\end{cases}$$

求 $D(X)$。

4.18　求习题 4.7 中随机变量 X 的方差。

4.19　从学校乘汽车到火车站的途中有 3 个交通岗，假设在各个交通岗遇到红灯的事件是相互独立的，并且概率都是 $\dfrac{2}{5}$，设 X 为途中遇到的红灯数，求 $E(X)$、$D(X)$。

4.20　设随机变量 $X\sim N(\mu,\sigma^2)$，定义随机变量 $Y=\begin{cases}-1,&X<\mu\\0,&X=\mu\\1,&X>\mu\end{cases}$，求 $D(Y)$。

4.21　5 家商店联营，它们每周售出的某种农产品的数量(以 kg 计)分别为 X_1、X_2、X_3、X_4、X_5。已知 $X_1\sim N(200,225)$、$X_2\sim N(240,240)$、$X_3\sim N(180,225)$、$X_4\sim N(260,265)$、$X_5\sim N(320,270)$，且 X_1、X_2、X_3、X_4、X_5 相互独立。

(1) 求 5 家商店每周的总销售量的均值与方差。

(2) 商店每周进一次货，为了使新的供货到达前商店不会脱销的概率大于 0.99，问：商店的仓库应至少储存多少 kg 该产品？

4.22　对于习题 4.21，若设 $Y=2X_1+X_2-3X_5$，求 Y 的数学期望与方差。

4.23　设离散型随机变量 X 服从参数为 λ 的泊松分布，求 $E[X(X-2)]$。

4.24　设二维随机变量 (X,Y) 的概率密度为

$$f(x,y)=\begin{cases}\dfrac{1+xy}{4},&-1<x<1;\ -1<y<1\\0,&\text{其他}\end{cases}$$

求 $D(X)$、$D(Y)$。

4.25 设随机变量 $X \sim N(0,4), Y \sim U(0,4)$，且 X 和 Y 相互独立，求 $D(X+Y)$ 和 $D(2X-3Y)$。

4.26 设二维离散型随机变量 X 与 Y 的联合分布律如表 4.14 所示。

表 4.14 习题 4.26 用表

X \ Y	0	1
0	0.1	0.1
1	0.8	0

求 $\mathrm{Cov}(X,Y)$、ρ_{XY}。

4.27 设二维随机变量 (X,Y) 的概率密度为

$$f(x,y)=\begin{cases} \dfrac{x+y}{8}, & 0<x<2; 0<y<2 \\ 0, & \text{其他} \end{cases}$$

求 ρ_{XY}。

4.28 设二维随机变量 (X,Y) 的概率密度为

$$f(x,y)=\begin{cases} \mathrm{e}^{-(x+y)}, & x>0; y>0 \\ 0, & \text{其他} \end{cases}$$

求 $\mathrm{Cov}(X,Y)$、ρ_{XY}。

4.29 设 $D(X)=25, D(Y)=36$，$\rho_{XY}=0.4$，求 ρ_{XY} 和 $D(X-Y)$。

4.30 设 $X \sim N(0.1), Y=X^3$，求 ρ_{XY}。

4.31 设 X 服从 $\left(-\dfrac{1}{2}, \dfrac{1}{2}\right)$ 上的均匀分布，$Y=\cos X$，求 ρ_{XY}。

4.32 设 X 和 Y 相互独立同分布，都服从参数为 λ 的泊松分布，试求 $U=2X+Y$ 和 $V=2X-Y$ 的相关系数。

第5章 极限定理

概率论与数理统计是研究随机现象统计规律性的学科。随机现象的统计规律性只有在相同条件下进行大量的重复试验才能呈现出来。所以,要从随机现象中去寻求统计规律,就应该对随机现象进行大量的观测。

研究随机现象的大量观测,常采用极限形式,由此导致了极限定理的研究。极限定理的内容很广泛,最重要的有两种,即"大数定律"和"中心极限定理"。

本章将简要介绍大数定律与中心极限定理。

5.1 大 数 定 律

在第 1 章中已经提到过事件发生的频率具有稳定性,以及随着试验次数的增加,事件发生的频率逐渐稳定于某个常数。在实践中,人们还认识到大量测量值的算术平均值也具有稳定性。这种稳定性就是本节所要讨论的大数定律的客观背景。

5.1.1 切比雪夫不等式

首先介绍一个重要的不等式——切比雪夫不等式。

定理 5.1 设随机变量 X 的期望 $E(X) = \mu$ 与方差 $D(X) = \sigma^2$ 均存在,则对于任意实数 $\varepsilon > 0$,总有

$$P\{|X - \mu| \geq \varepsilon\} \leq \frac{\sigma^2}{\varepsilon^2} \tag{5.1}$$

或

$$P\{|X - \mu| < \varepsilon\} \geq 1 - \frac{\sigma^2}{\varepsilon^2} \tag{5.2}$$

式(5.1)或式(5.2)称为切比雪夫不等式。

证明 只对 X 是连续型情况加以证明。设 X 的概率密度函数为 $f(x)$,则有

$$P\{\,|X-\mu|\geqslant\varepsilon\,\} = \int_{|x-\mu|\geqslant\varepsilon} f(x)\mathrm{d}x$$

$$= \int_{|x-\mu|\geqslant\varepsilon} \frac{(x-\mu)^2}{\varepsilon^2}\cdot f(x)\mathrm{d}x \leqslant \int_{-\infty}^{\infty} \frac{1}{\varepsilon^2}(x-\mu)^2 f(x)\,\mathrm{d}x$$

$$= \frac{1}{\varepsilon^2}\int_{-\infty}^{\infty}(x-\mu)^2 f(x)\,\mathrm{d}x = \frac{\sigma^2}{\varepsilon^2}$$

切比雪夫不等式说明，X 的方差越小，事件 $\{|X-\mu|<\varepsilon\}$ 发生的概率就越大，即 X 取的值越集中于它的数学期望附近。这进一步说明了方差的意义。

5.1.2　大数定律

首先引入随机变量序列相互独立的概念。

定义 5.1　设 $X_1, X_2, \cdots$ 是一随机变量序列，如果对任意的 $n>1$，X_1，X_2，$\cdots$，X_n 相互独立，则称 X_1，X_2，$\cdots$，X_n 相互独立。

下面介绍几个常见的大数定律。

定理 5.2(切比雪夫大数定律)　设随机变量序列 $X_1, X_2, \cdots$ 相互独立，且有相同的期望和方差，即期望 $E(X_i)=\mu$ 与方差 $D(X_i)=\sigma^2 (l=1,2,\cdots)$，则对任意的 $\varepsilon>0$，有

$$\lim_{n\to\infty} P\{\,|\overline{X}_n-\mu|<\varepsilon\,\}=1 \tag{5.3}$$

式中 $\overline{X}_n=\dfrac{1}{n}\sum_{k=1}^{n}X_k$。

证明　$E(\overline{X}_n)=\dfrac{1}{n}\sum_{k=1}^{n}E(X_k)=\mu$，

$$D(\overline{X}_n)=\frac{1}{n^2}\sum_{k=1}^{n}D(X_k)=\frac{\sigma^2}{n}$$

对 $\overline{X}_n$ 使用切比雪夫不等式，得

$$P\{\,|\overline{X}_n-\mu|<\varepsilon\,\}\geqslant 1-\frac{\sigma^2}{n}$$

令 $n\to\infty$，并注意到概率不大于 1，得式(5.3)。

该大数定律表明，无论正数 $\varepsilon>0$ 怎样小，只要 n 充分大，事件 $\{\overline{X}_n\in(\mu-\varepsilon,\ \mu+\varepsilon)\}$ 发生的概率均可任意地接近于 1。即当 n 充分大时，$\overline{X}_n$ 差不多不再是随机变量，取值接近于其数学期望 μ 的概率，即接近于 1。

在概率论中，将式(5.3)所表示的收敛性称为随机变量序列 $\overline{X}_1, \overline{X}_2, \cdots, \overline{X}_n, \cdots$，依概率收敛于 μ，记为 $\overline{X}_n \xrightarrow{P} \mu$。

下面再给出定理 5.2 的一种特例——伯努利大数定律。

定理 5.3 (伯努利大数定律)　设 μ_n 是 n 重伯努利试验中事件 A 发生的次数，p 是事件 A 在每次试验中发生的概率，则对于任意实数 $\varepsilon>0$，总有

$$\lim_{n\to\infty} p\left\{\left|\frac{\mu_n}{n}-p\right|<\varepsilon\right\}=1 \tag{5.4}$$

或

$$\lim_{n\to\infty}P\left\{\left|\frac{n_A}{n}-p\right|\geqslant\varepsilon\right\}=0 \qquad (5.5)$$

成立。

伯努利大数定律表明，事件发生的频率 $\frac{\mu_n}{n}$，当 n 逐渐增大时，趋近于事件发生的概率 p。这个定理以严格的数学形式表达了频率的稳定性。在实际应用中，当试验的次数很多时，便可以用事件发生的频率代替事件的概率。

下面给出独立同分布条件下的大数定律，它不要求随机变量的方差存在。

定理 5.4(辛钦大数定律)　设随机变量序列 $X_1,X_2,\cdots$ 独立同分布，有有限的数学期望 $E(X_i)=\mu(i=1,2,\cdots)$，则对任意 $\varepsilon>0$, 有

$$\lim_{n\to\infty}P\left\{\left|\frac{1}{n}\sum_{i=1}^{n}X_i-\mu\right|<\varepsilon\right\}=1$$

5.2　中心极限定理

在客观实际中有许多随机变量，它们是由大量的相互独立的随机因素的综合影响所形成的，而其中每一个别因素在总的影响中所起的作用都是微小的，这种随机变量往往近似地服从正态分布。

这种现象就是中心极限定理的客观背景。

中心极限定理是棣莫弗(De Moivre)在 18 世纪首先提出的，到现在内容已十分丰富。

这里只介绍其中两个最基本的结论。

(1) 当 n 无限增大时，独立同分布随机变量之和的极限分布是正态分布。

(2) 当 n 很大时，二项分布可用正态分布近似。

由于无穷个随机变量之和可能趋于 ∞，故不研究 n 个随机变量之和本身，而只考虑其标准化的随机变量，即

$$Z_n=\frac{\sum_{k=1}^{n}X_k-E\left(\sum_{k=1}^{n}X_k\right)}{\sqrt{\mathrm{Var}\left(\sum_{k=1}^{n}X_k\right)}}$$

的极限分布。

可以证明，当 $\{X_n\}$ 满足一定条件时，Z_n 的极限分布是标准正态分布。

概率论中，常把随机变量之和标准化后的分布收敛于正态分布的定理称为中心极限定理。

中心极限定理的几种简单情形如下。

下面给出独立同分布随机变量序列和的中心极限定理，称为列维-林德伯格(Levy-Lindberg)定理。

定理 5.5(列维-林德伯格定理)　设 $X_1,X_2,\cdots$ 是独立同分布随机变量序列，且 $E(X_1)=\mu$，$D(X_1)=\sigma^2$，对任意 $x\in(-\infty,\infty)$，均有

$$\lim_{n\to\infty} P\left\{\frac{\sum_{i=1}^{n} X_i - n\mu}{\sigma\sqrt{n}} \leqslant x\right\} = \int_{-\infty}^{x} \frac{1}{\sqrt{2\pi}} e^{-t^2/2} dt = \varPhi(x) \tag{5.6}$$

式中，$\varPhi(x)$ 是标准正态分布 $N(0,1)$ 的分布函数。

式(5.6)还有另一记法：

记 $\overline{X}_n = \frac{1}{n}\sum_{k=1}^{n} X_k$，有

$$\lim_{n\to\infty} P\left\{\frac{\overline{X}_n - \mu}{\sigma/\sqrt{n}} \leqslant x\right\} = \int_{-\infty}^{x} \frac{1}{\sqrt{2\pi}} e^{-t^2/2} dt \tag{5.7}$$

定理 5.6(棣莫佛-拉普拉斯定理)　设随机变量 Y_n 服从参数为 (n,p) 的二项分布 $(0<p<1)$，则对任意 $x \in (-\infty, \infty)$，均有

$$\lim_{n\to\infty} P\left\{\frac{Y_n - np}{\sqrt{np(1-p)}} \leqslant x\right\} = \int_{-\infty}^{x} \frac{1}{\sqrt{2\pi}} e^{-t^2/2} dt = \varPhi(x)$$

定理 5.6 表明，当 n 很大时，二项分布 Y_n 标准化后的分布近似于标准正态分布 $N(0,1)$。

例 5.1　设有 30 个电子器件 $D_1, D_2, \cdots, D_{30}$，它们的使用情况如下：D_i 损坏了 D_{i+1}（$i=1, 2, \cdots, 29$）立即使用，设电子器件 D_i 的寿命为服从参数 $\lambda = 0.1$ 的指数分布的随机变量，令 T 为 30 个电子器件使用的总时间，问：T 超过 350h 的概率是多少？

解　用 X_i 表示第 i 个器件的寿命，从而 $T = \sum_{i=1}^{30} X_i$。已知 $X_1, X_2, \cdots, X_{30}$ 相互独立，且服从参数为 $\lambda = 0.1$ 的指数分布，其均值 $E(X_i) = \frac{1}{\lambda} = 10$，方差 $D(X_i) = \frac{1}{\lambda^2} = 100$（$i = 1, 2, \cdots, 30$），于是有

$$E\left(\sum_{i=1}^{30} X_i\right) = 30 \times \frac{1}{\lambda} = 30 \times 10 = 300$$

$$\sqrt{D\left(\sum_{i=1}^{30} X_i\right)} = \sqrt{30 \times \frac{1}{\lambda^2}} = \sqrt{30 \times 100} = 54.77$$

则由中心极限定理得

$$P\left\{\sum_{i=1}^{30} X_i > 350\right\} = P\left\{\frac{\sum_{i=1}^{30} X_i - E\left(\sum_{i=1}^{30} X_i\right)}{\sqrt{D\left(\sum_{i=1}^{30} X_i\right)}} > \frac{350 - 300}{54.77}\right\}$$

$$\approx 1 - \varPhi\left(\frac{350 - 300}{54.77}\right) = 1 - \varPhi(0.913)$$

$$= 1 - 0.8186 = 0.1814$$

即 30 个电子器件使用的总时间 T 超过 350h 的概率是 0.1814。

例 5.2 设一批产品的强度服从期望为 14、方差为 4 的分布。每箱中装有这种产品 100 件。求：

(1) 每箱产品的平均强度超过 14.5 的概率。

(2) 每箱产品的平均强度超过期望 14 的概率。

解 $n=100$，设 X_i 是第 i 件产品的强度，则

$$E(X_i)=14 , \quad D(X_i)=2^2 (i=1,2,\cdots,100)。$$

每箱产品的平均强度为 $\dfrac{1}{n}\sum_{i=1}^{n}X_i$，记为 $\overline{X}_n$。根据定理 5.5，有

(1)
$$P\{\overline{X}_n>14.5\}=P\left\{\frac{\overline{X}_n-14}{4/100}>\frac{14.5-14}{4/100}\right\}$$
$$=P\left\{\frac{\overline{X}_n-14}{0.2}>2.5\right\}=1-P\left\{\frac{\overline{X}_n-14}{0.2}\leqslant 2.5\right\}$$
$$\approx 1-\Phi(2.5)=0.0062$$

(2)
$$P\{\overline{X}_n>14\}=P\left\{\frac{\overline{X}_n-14}{4/100}>\frac{14-14}{4/100}\right\}$$
$$=1-P\left\{\frac{\overline{X}_n-14}{0.2}\leqslant 0\right\}\approx 1-\Phi(0)=0.5$$

例 5.3 某单位内部有 260 部电话分机，每个分机有 4%的时间要与外线通话，可以认为每个电话分机用不同的外线是相互独立的。问：总机需备多少条外线才能有 95%的概率满足每个分机在用外线时不用等候？

解 令 $X_k=\begin{cases}1, & \text{第}k\text{个分机要用外线}\\0, & \text{第}k\text{个分机不要用外线}\end{cases}$ $(k=1,2,\cdots,260)$，$X_1,X_2,\cdots,X_{260}$ 是 260 个相互独立的随机变量，且 $E(X_i)=0.04$，$m=X_1+X_2+\cdots+X_{260}$ 表示同时使用外线的分机数，根据题意应确定最小的 x，使 $P\{m<x\}\geqslant 95\%$ 成立。由上面定理，得

$$P\{m<x\}=P\left\{\frac{m-260p}{\sqrt{260p(1-p)}}\leqslant\frac{x-260p}{\sqrt{260p(1-p)}}\right\}\approx\int_{-\infty}^{b}\frac{1}{\sqrt{2\pi}}e^{-\frac{t^2}{2}}dt$$

查得 $\Phi(1.65)=0.9505>0.95$，故取 $b=1.65$，于是

$$x=b\sqrt{260p(1-p)}+260p=1.65\times\sqrt{260\times0.04\times0.96}+260\times0.04\approx15.61$$

也就是说，至少需要 16 条外线才能有 95%的概率满足每个分机在用外线时不用等候。

例 5.4 某市保险公司开办一年人身保险业务。被保人每年需交付保费 160 元。若一年内发生重大人身事故，其本人或家属获赔付金 2 万元。已知该市人员一年内发生重大人身事故的概率为 0.005，现有 5000 人参加此项保险。求：保险公司一年内从此项业务所得到的总收益在 20 万～40 万元之间的概率。

解 令

$$X_i = \begin{cases} 1, & \text{第 } i \text{ 个投投保者一年内发生重大人身事故} \\ 0, & \text{第 } i \text{ 个投保者一年内未发生重大人身事故} \end{cases} \quad (i=1,2,\cdots,5000)$$

由 $X_i \sim B(1,p)$，$p=0.005$，$X_1,X_2,\cdots,X_{5000}$ 相互独立，得

$P\{20\text{ 万元} \leq \text{总收益} \leq 40\text{ 万元}\}$

$= P\{20\text{ 万元} \leq (0.016\text{ 万元}\times\text{参保人数}-2\text{ 万元}\times\text{一年内发生重大人身事故人数}) \leq 40\text{ 万元}\}$

$= P\{20 \leq 0.016\times5000-2(X_1+X_2+\cdots+X_{5000}) \leq 40\}$

$$= P\left\{20 \leq 80-2\sum_{i=1}^{5000} X_i \leq 40\right\}$$

$$= P\left\{-60 \leq -2\sum_{i=1}^{5000} X_i \leq -40\right\} = P\left\{20 \leq \sum_{i=1}^{5000} X_i \leq 30\right\}$$

$$= P\left\{\frac{20-np}{\sqrt{np(1-p)}} \leq \frac{\sum_{i=1}^{n} X_i -np}{\sqrt{np(1-p)}} \leq \frac{3-np}{\sqrt{np(1-p)}}\right\}$$

$$= P\left\{\frac{-5}{\sqrt{25\times0.995}} \leq \frac{\sum_{i=1}^{n} X_i -25}{\sqrt{25\times0.995}} \leq \frac{5}{\sqrt{25\times0.995}}\right\}$$

$$\approx \Phi(1.0025)-\Phi(-1.0025) = 2\Phi(1.0025)-1 = 0.6839$$

习 题 5

5.1 设随机变量 X 数学期望 $E(X)=\mu$，方差 $D(X)=\sigma^2$，则由切比雪夫不等式，$P\{|X-\mu| \geq 3\sigma\}$ 的取值将不大于多少？

5.2 设一总体的标准差 $\sigma=2$，而 $\overline{X}$ 是容量为 100 的样本均值，试用中心极限定理求出一个界限 ε，使得 $|\overline{X}-\mu| \leq \varepsilon$ 的概率近似地为 0.90，其中 μ 是总体的均值。

5.3 设各零件的重量都是随机变量，它们相互独立，且服从相同的分布，其数学期望为 0.5kg，均方差为 0.1kg。问：5000 只零件的总重量超过 2510kg 的概率是多少？

5.4 设随机变量 X 的数学期望 $E(X)=10$，方差 $D(X)=0.04$。试估计 $P\{9.2<X<11\}$ 的大小。

5.5 用机器包装味精，每袋净重为随机变量，期望值为 100g，标准差为 10g，一箱内装 200 袋味精。求一箱味精净重大于 20500g 的概率。

5.6 设电路供电网中有 10000 盏灯，夜间每一盏灯开着的概率为 0.7，假设各灯的开关彼此独立，计算同时开着的灯数在 6800～7200 之间的概率。

第6章 样本与统计量

6.1 总体与样本

6.1.1 总体与个体

在一个统计问题中,把研究对象的全体称为总体,构成总体的每个成员称为个体。对多数实际问题,总体中的个体是一些实在的人或物。比如,要研究某大学的学生身高情况,则该大学的全体学生构成问题的总体,而每一个学生即是一个个体。事实上,每个学生有许多特征:性别、年龄、身高、体重、民族、籍贯等。而在该问题中,关心的只是该校学生的身高如何,对其他特征暂不予以考虑。这样,每个学生(个体)所具有的数量指标值——身高就是个体,而将所有身高全体看成总体。这样一来,若抛开实际背景,总体就是一些数,这些数有大有小,有的出现的机会多,有的出现的机会少,因此用一个概率分布去描述和归纳总体是恰当的。从这个意义上看,总体就是一个分布,而其数量指标就是服从这个分布的随机变量。以后说"从总体中抽样"与"从某分布中抽样"是同一个意思。

例6.1 考察某厂的产品质量,将其产品只分为合格品与不合格品,并以 0 记合格品,以 1 记不合格品,则

总体={该厂生产的全部合格品与不合格品}={由 0 或 1 组成的一些数}。

若以 p 表示这堆数中 1 的比例(不合格品率),则该总体可由一个二点分布表示,如图 6.1 所示。

X	0	1
P	$1-p$	p

图 6.1 二点分布图示

不同的 p 反映了总体间的差异。例如,两个生产同类产品工厂的产品总体分布如图 6.2 所示。

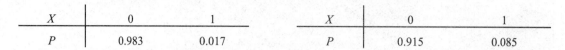

X	0	1
P	0.983	0.017

X	0	1
P	0.915	0.085

图6.2　两个工厂同类产品总体分布图示

可以看到，第一个工厂的产品质量优于第二个工厂。

实际中，分布中的不合格品率是未知的，如何对之进行估计是统计学要研究的问题。

6.1.2　样本

从总体中抽取若干个个体的过程称为抽样。抽样结果得到 X 的一组试验数据(观测值)，称为样本；样本中所含个体的数量，称为样本容量。

例 6.2　啤酒厂生产的瓶装啤酒规定净含量为 640g，由于随机性，事实上不可能使得所有的啤酒净含量均为 640g，现从某厂生产的啤酒中随机抽取 10 瓶测定其净含量，得到如下结果：

641　　635　　640　　637　　642　　638　　645　　643　　639　　640

这是一个容量为 10 的样本的观测值。对应的总体为该厂生产的瓶装啤酒的净含量。

从总体中抽取样本，一般总是假设满足下述两个条件。

(1) **随机性**。为了使样本具有充分的代表性，抽样必须是随机的，应使总体中的每一个个体都有同等的机会被抽取到，通常可以用编号抽签的方法或利用随机数表来实现。

(2) **独立性**。各次抽样必须是相互独立的，即每次抽样的结果既不影响其他各次抽样的结果，也不受其他各次抽样结果的影响。

这种随机的、独立的抽样方法称为简单随机抽样，由此得到的样本称为简单随机样本。

例如，从总体中进行放回抽样，显然是简单随机抽样，得到的样本就是简单随机样本。

从有限总体(即其中只含有有限多个个体的总体)中进行不放回抽样，虽然不是简单随机抽样，但是若总体容量 N 很大而样本容量 n 较小 $\left(\dfrac{n}{N}\leqslant 10\%\right)$，则可以近似地看作是放回抽样，因而也就可以近似地看作是简单随机抽样，得到的样本可以近似地看作是简单随机样本。

今后，凡是提到抽样与样本，都是指简单随机抽样与简单随机样本。

从总体中抽取容量为 n 的样本，就是对代表总体的随机变量随机地、独立地进行 n 次试验(观测)，每次试验的结果可以看作是一个随机变量，n 次试验的结果就是 n 个随机变量 $X_1,X_2,\cdots,X_n$。

这些随机变量相互独立，并且与总体服从相同的分布。设得到的样本观测值分别是 $x_1,x_2,\cdots,x_n$，则可以认为抽样的结果是 n 个相互独立的事件，即

$$X_1=x_1,X_2=x_2,\cdots,X_n=x_n$$

发生了。

设总体 X 具有分布函数 $F(x)$，$X_1,X_2,\cdots,X_n$ 为取自该总体的容量为 n 的样本，则样本联合分布函数为

$$F(x_1, x_2, \cdots, x_n) = \prod_{i=1}^{n} F(x_i) = F(x_1)F(x_2)\cdots F(x_n)$$

(1) 当总体 X 是离散型随机变量，若记其分布律为 $P\{X = x\} = p(x)$，则样本 $(X_1, X_2, \cdots, X_n)$ 的分布律为

$$p^*(x_1, x_2, \cdots, x_n) = p(x_1)p(x_2)\cdots p(x_n)$$

(2) 当总体 X 是连续型随机变量，且具有概率密度函数 $f(x)$ 时，样本 $(X_1, X_2, \cdots, X_n)$ 的联合概率密度为

$$f^*(x_1, x_2, \cdots, x_n) = f(x_1)f(x_2)\cdots f(x_n)$$

显然，通常所说的样本分布是指多维随机变量 $(x_1, x_2, \cdots, x_n)$ 的联合分布。

例 6.3　为估计一物件的重量 μ，用一架天平重复测量 n 次，得样本 $X_1, X_2, \cdots, X_n$，由于是独立重复测量，$X_1, X_2, \cdots, X_n$ 是简单随机样本。总体的分布即 X_1 的分布（$X_1, X_2, \cdots, X_n$ 分布相同）。假定 X_1 服从正态分布（X_1 等于物件重量 μ），即 X_1 的概率密度为

$$f(x) = \frac{1}{(\sqrt{2\pi}\sigma)} e^{-\frac{(x-\mu)^2}{2\sigma^2}}$$

这样，样本的联合概率密度函数为

$$f(x_1, x_2, \cdots, x_n) = \prod_{i=1}^{n} f(x_i) = \frac{1}{(\sqrt{2\pi}\sigma)^n} \exp\left[-\frac{1}{2\sigma^2}\sum_{i=1}^{n}(x_i - \mu)^2\right]$$

这个函数概括了样本 $X_1, X_2, \cdots, X_n$ 中所包含的总体 $N(\mu, \sigma^2)$ 的全部信息。这里正态分布由它的均值 μ 和方差 σ^2 完全确定，因此，联合概率密度函数 $f(x_1, x_2, \cdots, x_n)$ 也概括了样本 $X_1, X_2, \cdots, X_n$ 中所包含的均值 μ 和方差 σ^2 的全部信息，它是作进一步统计推断的基础和出发点。

6.2　统计量及其分布

6.2.1　统计量与抽样分布

样本来自总体，样本的观测值中含有总体各方面的信息，但这些信息较为分散，有时显得杂乱无章。为将这些分散在样本中有关总体的信息集中起来以反映总体的各种特征，需要对样本进行加工。最常用的加工方法是构造样本的函数，不同的函数反映总体的不同特征。

定义 6.1　设 $X_1, X_2, \cdots, X_n$ 为取自某总体的样本，若样本函数 $T = T(X_1, X_2, \cdots, X_n)$ 中不含有任何未知参数，则称 T 为统计量。统计量的分布称为抽样分布。

按照这一定义，若 $X_1, X_2, \cdots, X_n$ 为样本，则 $\sum_{i=1}^{n} X_i$、$\sum_{i=1}^{n} X_i^2$ 都是统计量，而当 μ、σ^2 未知时，$\sum_{i=1}^{n}(X_i - \mu)^2$、$\dfrac{X_i}{\sigma}$ 等均不是统计量。

6.2.2　样本均值及其抽样分布

定义 6.2　设 $X_1, X_2, \cdots, X_n$ 为取自某总体的样本，其算术平均值称为样本均值，一般用 $\overline{X}$ 表示，即

$$\overline{X} = \frac{X_1 + X_2 + \cdots + X_n}{n} = \frac{1}{n}\sum_{i=1}^{n}X_i$$

例 6.4　某单位收集到 20 名青年人某月的娱乐支出费用数据如下。

| 79 | 84 | 84 | 88 | 92 | 93 | 94 | 97 | 98 | 99 |
| 100 | 101 | 101 | 102 | 102 | 108 | 110 | 113 | 118 | 125 |

则该月这 20 名青年的平均娱乐支出为

$$\overline{X} = \frac{X_1 + X_2 + \cdots + X_n}{n} = \frac{1}{20}(79 + 84 + \cdots + 125) = 99.4$$

对于样本均值 $\overline{X}$ 的抽样分布，有下面的定理。

定理 6.1　设 $X_1, X_2, \cdots, X_n$ 是来自某个总体 X 的样本，$\overline{X} = \frac{1}{n}\sum_{i=1}^{n}X_i$ 为样本均值。

(1) 若总体 X 分布为 $N(\mu, \sigma^2)$，则 $\overline{X}$ 的分布为 $N\left(\mu, \dfrac{\sigma^2}{n}\right)$。

(2) 若总体 X 分布未知(或不是正态分布)，且 $E(X) = \mu$，$D(X) = \sigma^2$，则当样本容量 n 较大时，$\overline{X} = \dfrac{1}{n}\sum_{i=1}^{n}X_i$ 的渐近分布为 $N\left(\mu, \dfrac{\sigma^2}{n}\right)$。这里的渐近分布是指当 n 较大时的近似分布。

证明　(1) 由于 $\overline{X}$ 为独立正态变量线性组合，故 $\overline{X}$ 仍服从正态分布。另外，

$$E(\overline{X}) = \frac{1}{n}\sum_{i=1}^{n}E(X_i) = \frac{1}{n}n\mu = \mu$$

$$D(\overline{X}) = \frac{1}{n^2}\sum_{i=1}^{n}D(X_i) = \frac{n\sigma^2}{n^2} = \frac{\sigma^2}{n}$$

故

$$\overline{X} \sim N\left(\mu, \frac{\sigma^2}{n}\right)$$

(2) 易知 $\overline{X} = \dfrac{1}{n}\sum_{i=1}^{n}X_i$ 为独立、同分布的随机变量之和，且

$$E(\overline{X}) = \mu, \quad D(\overline{X}) = \frac{\sigma^2}{n}$$

由中心极限定理，得

$$\lim_{x \to \infty} p\left\{\frac{\overline{X} - \mu}{\sigma / \sqrt{n}} \leqslant x\right\} = \Phi(x)$$

其中，$\Phi(x)$ 为标准正态分布。这表明 n 较大时 $\overline{X}$ 的渐近分布为 $\overline{X} = \dfrac{1}{n}\sum_{i=1}^{n}X_i$。

6.2.3　样本方差与样本标准差

定义 6.3　设 $X_1, X_2, \cdots, X_n$ 为取自某总体的样本，则它关于样本均值 $\overline{X}$ 的平均偏差平方和

$$S^2 = \frac{1}{n-1} \sum_{i=1}^{n} (X_i - \overline{X})^2$$

称为样本方差，其算术平方根 $S = \sqrt{S^2}$ 称为样本标准差。相对样本方差而言，样本标准差通常更有实际意义，因为它与样本均值具有相同的度量单位。

在上面的定义中，n 为样本容量，$\sum_{i=1}^{n}(X_i - \overline{X})^2$ 称为偏差平方和。

它有下面不同的表达式，即

$$\sum_{i=1}^{n}(X_i - \overline{X})^2 = \sum_{i=1}^{n} X_i^2 - \frac{1}{n}\left(\sum_{i=1}^{n} X_i\right)^2 = \sum_{i=1}^{n} X_i^2 - n\overline{X}^2$$

事实上，有

$$\sum_{i=1}^{n}(X_i - \overline{X})^2 = \sum_{i=1}^{n}(X_i^2 - 2\overline{X}X_i + \overline{X}^2) = \sum_{i=1}^{n} X_i^2 - 2x\sum_{i=1}^{n} X_i + n\overline{X}^2$$

$$= \sum_{i=1}^{n} X_i^2 - 2\overline{X}n\left(\frac{1}{n}\sum_{i=1}^{n} X_i\right) + n\overline{X}^2 = \sum_{i=1}^{n} X_i^2 - n\overline{X}^2$$

偏差平方和的这 3 个表达式都可用来计算样本方差。

例 6.5　求例 6.4 中的样本方差与样本校准差。

方法一：在例 6.4 中，已经算得 $\overline{X} = 99.4$，其样本方差与样本标准差为

$$S^2 = \frac{1}{20}[(79-99.4)^2 + (84-99.4)^2 + \cdots + (125-99.4)^2] = 133.9368$$

$$S = \sqrt{133.9368} = 11.5731$$

方法二：$S^2 = \frac{1}{n-1}\sum_{i=1}^{n} x_i^2 - n\overline{x}^2 = \frac{1}{20-1}[(79^2 + 84^2 + \cdots + 125^2) - 20 \times 99.4^2] = 133.9368$

所以 $S = 11.5731$。

通常用第二种方法计算 S^2 更方便。

下面的定理给出样本均值的数学期望和方差以及样本方差的数学期望，它不依赖于总体的分布形式。这些结果在后面的讨论中是有用的。

定理 6.2　设总体 X 具有二阶矩，即

$$E(\overline{X}) = \mu; \quad D(\overline{X}) = \frac{\sigma^2}{n} < +\infty$$

$X_1, X_2, \cdots, X_n$ 为从该总体得到的样本，$\overline{X}$ 和 S^2 分别是样本均值和样本方差，则

$$E(\overline{X}) = \mu; \quad D(\overline{X}) = \frac{\sigma^2}{n} \tag{6.1}$$

$$E(S^2) = \sigma^2 \tag{6.2}$$

此定理表明，样本均值的均值与总体均值相同，而样本均值的方差是总体方差的 $\dfrac{1}{n}$。

证明 由于

(1) $E(\overline{X}) = \dfrac{1}{n}E\left(\displaystyle\sum_{i=1}^{n}X_i\right) = \dfrac{n\mu}{n} = \mu$。

(2) $D(\overline{X}) = \dfrac{1}{n^2}D\left(\displaystyle\sum_{i=1}^{n}X_i\right) = \dfrac{n\sigma^2}{n^2} = \dfrac{\sigma^2}{n}$。

故式(6.1)成立。

下面证明式(6.2)，注意到

$$\sum_{i=1}^{n}(X_i - \overline{X})^2 = \sum_{i=1}^{n}X_i^2 - n\overline{X}^2$$

而

$$E(X_i)^2 = (E(X_i))^2 + D(X_i) = \mu^2 + \sigma^2$$

$$E(\overline{X}^2) = (E(\overline{X}))^2 + D(\overline{X}) = \mu^2 + \frac{\sigma^2}{n}$$

于是

$$E\left(\sum_{i=1}^{n}(X_i - \overline{X})^2\right) = n(\mu^2 + \sigma^2) - n\left(\mu^2 + \frac{\sigma^2}{n}\right) = (n-1)\sigma^2$$

两边各除以 $n-1$，即得式(6.2)。

值得注意的是，本定理的结论与总体服从什么分布无关。

6.2.4 样本矩及其函数

样本均值和样本方差的更一般的推广是样本矩，这是一类常见的统计量。

定义 6.4 设 $X_1, X_2, \cdots, X_n$ 是样本，则统计量

$$A_k = \frac{1}{n}\sum_{i=1}^{n}X_i^k = \frac{1}{n}(X_1^k + X_2^k + \cdots + X_n^k)$$

称为样本 k 阶原点矩。特别地，样本一阶原点矩就是样本均值。统计量

$$B_k = \frac{1}{n}\sum_{i=1}^{n}(X_i - \overline{X})^k \tag{6.3}$$

称为样本 k 阶中心矩。常见的是 $k=2$，此时称为二阶样本中心矩。

6.2.5 正态总体的抽样分布

有很多统计推断是基于正态总体假设的，以标准正态变量为基石而构造的 3 个著名统计量(其抽样分布分别为 χ^2 分布、t 分布和 F 分布)在实践中有着广泛的应用。这是因为这 3 个统计量不仅有明确的背景，而且其抽样分布的密度函数有"明确的表达式"，它们被称为统计中的"三大抽样分布"。

1. χ^2 分布

定义 6.5　设 $X_1, X_2, \cdots, X_n$ 独立同分布于标准正态分布 $N(0,1)$，则 $\chi^2 = X_1^2 + X_2^2 + \cdots + X_n^2$ 的分布称为自由度为 n 的 χ^2 分布，记为 $\chi^2 \sim \chi^2(n)$。

$\chi^2 \sim \chi^2(n)$ 分布的密度函数如图 6.3 所示。

当随机变量 $\chi^2 \sim \chi^2(n)$，对给定的 $\alpha(0 < \alpha < 1)$，称满足 $p\{\chi^2 > \chi_\alpha^2(n)\} = \alpha$ 的点 $\chi^2(n)$ 是自由度为 n 的开方分布的 α 分位数。分位数 $\chi^2(n)$ 可以从附表 3 中查到。它的几何意义如图 6.4 所示。

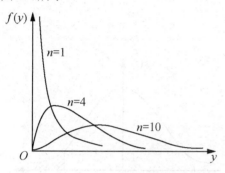

图 6.3　$\chi^2 \sim \chi^2(n)$ 分布的密度函数

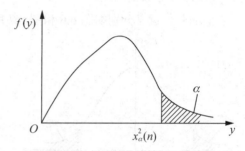

图 6.4　$\chi^2 \sim \chi^2(n)$ 分布的分位点

例如，$n = 10$，$\alpha = 0.05$，那么从 χ^2 分布附表 3 中查得 $\chi^2(10) = 18.307$。

$p\{\chi^2 > \chi_{0.05}^2(10)\} = p\{\chi^2 > 18.307\} = 0.05$。

注意：当 $\chi^2 \sim \chi^2(n)$ 时，n 是自由度，不是容量。

χ^2 分布具有以下性质。

(1) 若 $\chi_1^2 \sim \chi^2(n_1)$，$\chi_2^2 \sim \chi^2(n_2)$，且两随机变量相互独立，则 $\chi_1^2 + \chi_2^2 \sim \chi^2(n_1 + n_2)$。

(2) $E(\chi^2) = n, D(\chi^2) = 2n$。

下面给出有关 χ^2 分布的重要结论。

定理 6.3　设 $X_1, X_2, \cdots, X_n$ 是来自于总体 $X \sim N(\mu, \sigma^2)$ 的一个样本，则：

(1) 样本均值 $\overline{X}$ 与样本方差 S^2 相互独立。

(2) $\dfrac{(n-1)S^2}{\sigma^2} = \dfrac{\sum\limits_{i=1}^{n}(X_i - \overline{X})^2}{\sigma^2} \sim \chi^2(n-1)$　　(6.4)

2. t 分布

定义 6.6　设随机变量 X_1 与 X_2 独立，且 $X_1 \sim N(0,1)$，$X_2 \sim \chi^2(n)$，则称 $t = \dfrac{X_1}{\sqrt{X_2/n}}$ 的分布为自由度为 n 的 t 的分布，记为 $t \sim t(n)$。

t 分布密度函数的图像是一个关于纵轴对称的分布，如图 6.5 所示，与标准正态分布的密度函数形态类

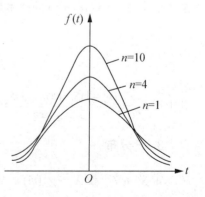

图 6.5　t 分布密度函数

似，只是峰比标准正态分布低一些，尾部的概率比标准正态分布大一些。

当 n 较大时，t 分布近似于标准正态分布。t 分布的上 α 分位点的定义如下。

对于给定的正数 $\alpha(0 < \alpha < 1)$，称满足条件

$$P\{t > t_\alpha(n)\} = \int_{t_\alpha(n)}^{+\infty} f(y)\mathrm{d}y = \alpha \tag{6.5}$$

的点 $t_\alpha(n)$ 为 t 分布的上 α 分位点。

t 分布的双侧 α 分位点的定义，即对于给定的正数 $\alpha(0 < \alpha < 1)$，称满足条件

$$P\left\{|t| > t_{\alpha/2}(n)\right\} = \alpha \tag{6.6}$$

的点 $t_{\alpha/2}(n)$ 为 t 分布的双侧 α 分位点。

它们的几何意义分别如图 6.6 和图 6.7 所示。

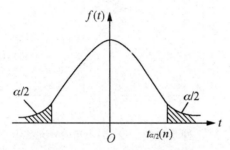

图 6.6　t 分布的几何意义(一)

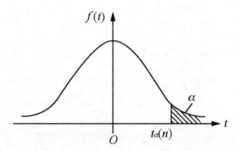

图 6.7　t 分布的几何意义(二)

t 分布具有以下性质。

(1) $t_{1-\alpha}(n) = -t_\alpha(n)$。 $\tag{6.7}$

(2) 当 $n > 45$ 时，$t_\alpha(n) \sim Z_\alpha(n)$，其中 $Z_\alpha(n)$ 是 $N(0,1)$ 的上 α 分位点。

给出关于 t 分布的两个重要结论。

定理 6.4　设 $X_1, X_2, \cdots, X_n$ 是来自于总体 $X \sim N(\mu, \sigma^2)$ 的一个样本，则

$$T = \frac{\overline{X} - \mu}{S/\sqrt{n}} \sim t(n-1) \tag{6.8}$$

其中，$\overline{X}$ 和 S 为样本均值和样本标准差。

定理 6.5　设 $\overline{X}$、S_1^2 为总体 $X \sim N(\mu_1, \sigma_1^2)$ 的样本均值和样本方差，容量为 n_1；$\overline{Y}$、S_2^2 为总体 $Y \sim N(\mu_2, \sigma_2^2)$ 的样本均值和样本方差，容量为 n_2，则

$$\frac{(\overline{X} - \overline{Y}) - (\mu_1 - \mu_2)}{S_\mathrm{W}\sqrt{\dfrac{1}{n_1} + \dfrac{1}{n_2}}} \sim t(n_1 + n_2 - 2) \tag{6.9}$$

其中：$S_\mathrm{W}^2 = \dfrac{(n_1 - 1)S_1^2 + (n_2 - 1)S_2^2}{n_1 + n_2 - 2}$。

3. F 分布

定义 6.7　设 $X_1 \sim \chi^2(m)$、$X_2 \sim \chi^2(n)$，X_1 与 X_2 相互独立，则称 $F = \dfrac{X_1/m}{X_2/n}$ 的分布是自由度为 m 与 n 的 F 分布，记为 $F \sim F(m,n)$，其中 m 称为分子自由度，n 称为分母自由度。

自由度为 m 与 n 的 F 分布的密度函数的图像是一个只取非负值的偏态分布。F 分布密度为

$$f(y) = \begin{cases} \dfrac{\varGamma[(m+n)/2]}{\varGamma(m/2)\,\varGamma(n/2)} \left(\dfrac{m}{n}\right)^{\frac{m}{2}} (y)^{\frac{m}{2}-1} \left(1+\dfrac{m}{n}y\right)^{-\frac{m+n}{2}}, & y \geqslant 0 \\ 0, & y < 0 \end{cases} \tag{6.10}$$

它的几何图形如图 6.8 所示。

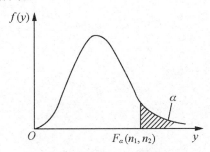

图 6.8 F 分布的几何意义

F 分布的上 α 分位点：当随机变量 $F \sim F(m,n)$ 时，对给定的 $\alpha(0 < \alpha < 1)$，称满足 $p\{F > F(m,n)\} = \alpha$ 的数 $F(m,n)$ 是自由度为 m 与 n 的 F 分布的 α 分位数。

当 $F \sim F(m,n)$ 时，有下面性质(不证)，即

$$p\left\{ F \leqslant \frac{1}{F_\alpha(n,m)} \right\} = 1 - \alpha$$

这说明

$$F_\alpha(n,m) = \frac{1}{F_{1-\alpha}(m,n)} \Rightarrow F_{1-\alpha}(m,n) = \frac{1}{F_\alpha(n,m)} \tag{6.11}$$

对于小的 α，分位为 $F_\alpha(n,m)$ 可以从附表 5 中查到，而分位数 $F_{1-\alpha}(n,m)$ 则可通过式 (6.11) 得到。

例 6.6 若取 $m = 10$，则 $n = 5$，$\alpha = 0.05$，那么从附表 5 上 $(m = n_1, n = n_2)$ 查得

$$F_{0.05}(10,5) = 4.74$$

利用式(6.11)可得到

$$F_{0.95}(10,5) = \frac{1}{F_{0.05}(5,10)} = \frac{1}{3.33} = 0.3$$

给出 F 分布的一个重要结论。

定理 6.6 设 S_1^2 为总体 $X \sim N(\mu_1, \sigma_1^2)$ 的样本方差，容量为 n_1；S_2^2 为总体 $Y \sim N(\mu_2, \sigma_2^2)$ 的样本方差，容量为 n_2，且 X 与 Y 相互独立，则统计量

$$F = \frac{S_1^2 / \sigma_1^2}{S_2^2 / \sigma_2^2} \sim F(n_1 - 1, n_2 - 1)$$

4. 正态总体的样本均值和样本方差的抽样分布

来自一般正态总体的样本均值 σ^2 和样本方差 S^2 的抽样分布是应用最广泛的抽样分布，下面加以介绍。

定理 **6.7** 设 $X_1, X_2, \cdots, X_n$ 是来自正态总体 $N(\mu, \sigma^2)$ 的样本，其样本均值和样本方差分别为

$$\overline{X} = \frac{1}{n}\sum_{i=1}^{n} X_i \text{ 和 } S^2 = \frac{1}{n-1}\sum_{i=1}^{n}(X_i - \overline{X})^2$$

则有

(1) $\overline{X} \sim N\left(\mu, \dfrac{\sigma^2}{n}\right)$。

(2) $\dfrac{(n-1)s^2}{\sigma^2} \sim \chi^2(n-1)$。

(3) $\overline{X}$ 与 S^2 相互独立。

(4) $\dfrac{\overline{X} - \mu}{S/\sqrt{n}} \sim t(n-1)$。

习 题 6

6.1 在总体 $N(52, 6.32)$ 中随机抽一容量为 36 的样本，求样本均值 $\overline{X}$ 落在 $50.8 \sim 53.8$ 之间的概率。

6.2 在总体 $N(12, 4)$ 中随机抽一容量为 5 的样本 X_1, X_2, X_3, X_4, X_5。

(1) 求样本均值与总体平均值之差的绝对值大于 1 的概率。

(2) 求概率 $p\{\max(X_1, X_2, X_3, X_4, X_5) > 15\}$。

(3) 求概率 $p\{\max(X_1, X_2, X_3, X_4, X_5) > 10\}$。

6.3 用测温仪对一物体的温度测量 5 次，其结果为(℃)1250、1265、1245、1260、1275，求统计量 $\overline{X}$、S^2 和 S 的观察值 $\overline{x}$、S^2 和 S。

6.4 设 $X_1, X_2, \cdots, X_n$ 是来自泊松分布 $p(\lambda)$ 的一个样本，$\overline{X}, S^2$ 分别为样本均值和样本方差，求 $E(\overline{X})$、$D(\overline{X})$、$E(S^2)$。

6.5 设 $X_1, X_2, \cdots, X_{10}$ 为 $N(0, 0.32)$ 的一个样本，求 $P\left\{\sum_{i=1}^{10} X_i^2 > 1.44\right\}$。

6.6 设总体 $X \sim b(1, p)$，$X_1, X_2, \cdots, X_n$ 是来自 X 的样本。

(1) 求 $(X_1, X_2, \cdots, X_n)$ 的分布律。

(2) 求 $\sum_{i=1}^{n} X_i$ 的分布律。

(3) 求 $E(\overline{X})$、$D(\overline{X})$、$E(S^2)$。

6.7 设总体 $X \sim N(\mu, \sigma^2)$，$X_1, X_2, \cdots, X_{10}$ 是来自 X 的样本。

(1) 写出 $X_1, X_2, \cdots, X_{10}$ 的联合概率密度。

(2) 写出 $\overline{X}$ 的概率密度。

6.8 设 $x_1, x_2, \cdots, x_{25}$ 相互独立且都服从 $N(3, 102)$ 分布，求 $P(0 < \overline{x} < 6,\ 57.70 < S^2 < 151.73)$。

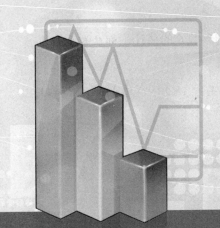

第7章 参数估计

从本章开始介绍统计推断。统计推断就是利用样本资料信息对总体作推断，由于信息的有限性、样本的随机性，作出的推断不可能绝对准确，这种不确定性可用概率大小来衡量。

例如，某批产品的次品率是个未知数，可以从中抽取 100 件，如有 5 件次品，则这 100 件产品的次品率为 0.05，可以用样品的次品率作为整批产品次品率的估计。

又如，某地成年人的身高，可随机抽取 m 个成年人，这 m 个成年人的平均身高可作为该地成年人平均身高的估计。

参数通常指总体分布中的特征值 μ 和 σ^2 及各种分布中的参数，如二点分布 $B(1,p)$ 中的 p、泊松分布 $p(\lambda)$ 中的 λ、正态分布 $N(\mu,\sigma^2)$ 中的 μ 和 σ^2 等，习惯用 θ 表示参数，通常参数 θ 是未知的。

参数估计的形式有两类，设 $X_1,X_2,\cdots,X_n$ 是来自总体的样本。用一个统计量 $\hat{\theta}=\hat{\theta}(x_1,x_2,\cdots,x_n)$ 的取值作为参数 θ 的估计值，则 $\hat{\theta}$ 称为 θ 的点估计(量)，就是参数 θ 的点估计，如果对参数 θ 需要对估计作出可靠性判断，就要对这一可靠性给出可靠性区间或置信区间，称为区间估计。

下面首先介绍点估计。

7.1 参数的点估计

引例 某地水稻面积为 10000 亩，随机抽取 4 块稻田，亩产分别为 300、350、400、450，求该地平均亩产量及总产量的估计。

设平均亩产量 μ，样本均值 $\bar{X}=375$，平均亩产量估计 $\hat{\mu}=\bar{X}=375$，总产量的估计 $10000\hat{\mu}$。

由于样本的随机性，$\hat{\mu}$ 的具体值不同，就存在一个估计"好坏"的标准，即要求保证估计量有较大的概率取值在被估计参数的附近，而且估计量的方差尽量小。

点估计 设总体 X 的分布函数为 $F(x;\theta)$，其中 θ 是一个未知的数或一个向量。若总

体样本 $X_1, X_2, \cdots, X_n$ 构造一个统计量 $\hat{\theta}(X_1, X_2, \cdots, X_n)$，作为参数 θ 的估计，称 $\hat{\theta}$ 为 θ 的估计量，记作 $\hat{\theta}$，即 $\hat{\theta} = \hat{\theta}(X_1, X_2, \cdots, X_n)$，它是一个随机变量。

$(x_1, x_2, \cdots, x_n)$ 是样本 $X_1, X_2, \cdots, X_n$ 的一个观测值，将 $(x_1, x_2, \cdots, x_n)$ 代入 $\hat{\theta}(X_1, X_2, \cdots, X_n)$ 中得到 $\hat{\theta}$ 的具体数值，称为 θ 的估计值。

同一个未知参数可用不同的方法求得其估计量。

点估计的步骤如下。

(1) 构造统计量以此作为 θ 的估计量。

(2) 评价估计量的好坏。

7.1.1 矩法估计

用下面公式表示 $\hat{\theta}$ 的方法叫矩法，即

$$\hat{E}(X) = \overline{X} \qquad \hat{D}(X) = S_n^2 \qquad \hat{P} = f_n(A)$$

$$S_n^2 = \frac{1}{n}\sum_{i=1}^{n}(X_i - \overline{X})^2$$

例 7.1 对某型号的 20 辆汽车记录每 5L 汽油的行驶里程(km)，观测数据如下：

29.8 27.6 28.3 27.9 30.1 28.7 29.9 28.0 27.9 28.7
28.4 27.2 29.5 28.5 28.0 30.0 29.1 29.8 29.6 26.9

这是一个容量为 20 的样本观测值，对应总体是该型号汽车每 5L 汽油的行驶里程，其分布形式尚不清楚，可用矩法估计其均值、方差，本例中经计算有

$$\overline{X} = 28.695, \qquad S_n^2 = 0.9185$$

由此给出总体均值、方差的估计分别为

$$\hat{E}(X) = \overline{X} = 28.695, \qquad \hat{D}(X) = S_n^2 = 0.9185$$

矩法估计的统计思想十分简单、明确，众人都能接受，使用场合很广。

例 7.2 求总体均值 μ、方差 σ^2 的矩估计。

解 $\hat{\mu}_1 = \frac{1}{n}\sum_{i=1}^{n}X_i$，$\mu_1 = EX$；$\hat{\mu}_2 = \frac{1}{n}\sum_{i=1}^{n}X_i^2$，$\mu_2 = EX^2$

所以

$$\hat{\mu} = \frac{1}{n}\sum_{i=1}^{n}X_i = \overline{X}, \quad \hat{\sigma}^2 = \frac{1}{n}\sum_{i=1}^{n}(X_i - \overline{X})^2 = S_n^2$$

即矩法估计中总体均值的估计量为样本均值，总体方差的估计量为样本方差。

例 7.3 两点分布 $X = \begin{cases} 1, & \text{若} A \text{发生} \\ 0, & \text{若} A \text{不发生} \end{cases}$，设 $P(A) = p$，求 p 的矩估计。

解 $$\hat{\mu}_1 = \frac{1}{n}\sum_{i=1}^{n}X_i, \quad \mu_1 = EX = p$$

所以

$$\text{概率 } \hat{p} = \overline{X} = \frac{\mu_n}{n}(\text{频率})$$

例 7.4 总体 $X \sim U[0, \theta]$，求 θ 的矩估计。

解

$$\mu = EX = \frac{\theta}{2}$$

$$\hat{\mu} = \frac{1}{n}\sum_{i=1}^{n} X_i = \overline{X}$$

所以

$$\hat{\theta} = 2\overline{X}$$

例 7.5 设 $X_1, X_2, \cdots, X_n$ 是来自服从区间 $(0, \theta)$ 上的均匀分布 $u(0, \theta)$ 的样本，$\theta > 0$ 为未知参数。求 θ 的矩估计 $\hat{\theta}$。

解 易知总体 X 的均值为

$$EX = \frac{a+b}{2} = \frac{1}{2}(0+\theta) = \frac{1}{2}\theta$$

则

$$\theta = 2EX$$

由矩法 θ 的矩估计为

$$\hat{\theta} = 2\hat{E}X = 2\overline{X}$$

比如，若样本值为 0.1、0.7、0.2、1、1.9、1.3、1.8，则 $\hat{\theta}$ 的估计值为

$$\hat{\theta} = 2 \times \frac{1}{7}(0.1 + 0.7 + 0.2 + 1 + 1.9 + 1.3 + 1.8) = 2$$

例 7.6 在一批产品中取样 n 件，发现其中有 m 件次品，试用此样本求该批产品的次品率 p 的矩估计。

解 因为 $\hat{P} = f_n(A)$

所以

$$\hat{p} = \frac{m}{n}$$

例如，抽样总数 $n = 100$，其中次品 $m = 5$，则

$$\hat{p} = \frac{m}{n} = \frac{5}{100} = 0.05$$

例 7.7 电话总机在 1min 间隔内接到呼唤次数 $X \sim p(\lambda)$。观察 1min 接到呼唤次数共 40 次，结果如表 7.1 所示。

表 7.1 例 7.7 用表

接到呼唤次数	0	1	2	3	4	5
观察次数	5	10	12	8	3	2

求未知参数 λ 的矩估计 $\hat{\lambda}$。

解 (1) 因为 $X \sim P(\lambda)$，所以 $E(X) = \lambda$。

由矩法 $\hat{E}(X) = \overline{X}$，所以 $\hat{\lambda} = \overline{X}$。

(2) 计算 $\overline{X} = \frac{1}{40}(0 \times 5 + 1 \times 10 + 2 \times 12 + 3 \times 8 + 4 \times 3 + 5 \times 2) = 2$

所以 $\hat{\lambda} = 2$。

7.1.2　极大似然估计

为了叙述极大似然原理的直观想法，先看例 7.8。

例 7.8　设有外表完全相同的两个箱子，甲箱中有 99 个白球和 1 个黑球，乙箱中有 99 个黑球和 1 个白球，现随机抽取一箱，并从中随机抽取一球，结果取得白球。问这球是从哪一个箱子中抽取出的？

解　不管是哪一个箱子，从箱子中任取一球都有两个可能的结果：A 表示取出白球，B 表示取出黑球，如果取出的是甲箱，则 A 发生的概率为 0.99，而如果取出的是乙箱，则 A 发生的概率为 0.01，现在一次试验中结果 A 发生了，人们的第一印象就是"此白球（A）最像从甲箱取出的"，或者说，应该认为试验条件对事件 A 出现有利，从而可以推断这球是从甲箱中取出的，这个推断很符合人们的经验事实，这里"最像"就是"极大似然"之意。

本例中假设的数据很极端，一般来说，可以这样设想，在两个箱子中各有 100 个球，甲箱中白球的比例是 p_1，乙箱中白球的比例是 p_2，已知 $p_1 > p_2$，现随机抽取一个箱子并从中抽取一球，假定取到的是白球，如果要在两个箱子中进行选择，由于甲箱中白球的比例高于乙箱，根据极大似然原理，应该推断该球来自甲箱。

下面分别给出离散型随机变量和连续型随机变量的极大似然估计求未知参数的估计的步骤。

(1) 离散型随机变量。

第一步，从总体 X 取出样本 $X_1, X_2, \cdots, X_n$。

第二步，构造似然函数，即
$$L(x_1, x_2, \cdots, x_n, \theta) = p(X = x_1)p(X = x_2)\cdots p(X = x_n)$$

第三步，计算 $\ln L(x_1, x_2, \cdots, x_n, \theta)$ 并化简。

第四步，当 $\theta = \theta_0$ 时，$\ln L(x_1, x_2, \cdots, x_n, \theta)$ 取最大值，则取 $\hat{\theta} = \theta_0$。

常用方法是微积分求最值的方法。

(2) 连续型随机变量。

若 $X \sim f(X, \theta)$：

第一步，从总体 X 取出样本 $X_1, X_2, \cdots, X_n$。

第二步，构造似然函数，即
$$L(x_1, x_2, \cdots, x_n, \theta) = f(x_1, \theta)f(x_2, \theta)\cdots f(x_n, \theta)$$

第三步，计算 $\ln L(x_1, x_2, \cdots, x_n, \theta)$ 并化简。

第四步，当 $\theta = \theta_0$ 时，$\ln L(x_1, x_2, \cdots, x_n, \theta)$ 取最大值，则取 $\hat{\theta} = \theta_0$。

常用方法是微积分求最值的方法。

例 7.9　设总体 $X \sim B(1, p)$，即
$$X = \begin{cases} 1, & \text{若 } A \text{ 发生} \\ 0, & \text{若 } A \text{ 不发生} \end{cases}$$

设 $p(A) = p$，从总体 X 中抽样 $X_1, X_2, \cdots, X_n$，用极大似然法求 $\hat{p}$。

解　当 $X \sim B(1, p)$ 时，应有

$$p(X = x_i) = p^{x_i}(1-p)^{1-x_i}$$

所以

$$p(X = 1) = p, \quad p(X = 0) = 1 - p$$

第一步，构造似然函数，即

$$L(x_1, x_2, \cdots, x_n, p) = p(X = x_1)p(X = x_2)\cdots p(X = x_n)$$
$$= [p^{x_1}(1-p)^{1-x_1}][p^{x_2}(1-p)^{1-x_2}]\cdots[p^{x_n}(1-p)^{1-x_n}]$$
$$= p^{(x_1+x_2+\cdots+x_n)}(1-p)^{n-(x_1+x_2+\cdots+x_n)}$$

第二步，计算 $\ln L(x_1, x_2, \cdots, x_n, p)$ 并化简，即

$$\ln L(x_1, x_2, \cdots, x_n, p) = (x_1 + x_2 + \cdots + x_n)\ln p + [n - (x_1 + x_2 + \cdots + x_n)]\ln(1-p)$$

第三步，求 $\dfrac{\mathrm{d}}{\mathrm{d}p}\ln L(x_1, x_2, \cdots, x_n, p)$，即

$$\frac{\mathrm{d}}{\mathrm{d}p}\ln L(x_1, x_2, \cdots, x_n, p) = \frac{x_1 + x_2 + \cdots + x_n}{p} - \frac{n - (x_1 + x_2 + \cdots + x_n)}{1-p}$$

所以驻点为 $\dfrac{x_1 + x_2 + \cdots + x_n}{p} - \dfrac{n - (x_1 + x_2 + \cdots + x_n)}{1-p} = 0$

化简为 $(x_1 + x_2 + \cdots + x_n)(1-p) = p[n - (x_1 + x_2 + \cdots + x_n)]$。

所以 $(x_1 + x_2 + \cdots + x_n) = np$。

故驻点 $p = \dfrac{1}{n}(x_1 + x_2 + \cdots + x_n) = \bar{x}$。

因为只有一个驻点，所以 $p = \bar{x}$ 是最大点。

故取 $p = \bar{x}$。

若抽样 n 次 A 发生 m 次，则在 $x_1, x_2, \cdots, x_n$ 中有 m 个 1，其余为 0。

所以 $\hat{p} = \dfrac{m}{n}$。

例 7.10　设总体 X 服从泊松分布 $p(\lambda)$，求 λ 的极大似然估计。

解　因为 $X \sim P(\lambda)$，所以 $p(X = k) = \dfrac{\lambda^k}{k!}\mathrm{e}^{-\lambda}$，从总体 X 中取样本 $X_1, X_2, \cdots, X_n$。所以

$$L(\lambda) = \prod_{i=1}^{n} p(x_i; \lambda) = \prod_{i=1}^{n} p(X = x_i) = \prod_{i=1}^{n}\frac{\lambda^{k_i}}{x_i!}\mathrm{e}^{-\lambda} = \frac{\lambda^{\sum k_i}}{x_1!x_2!\cdots x_n!}\mathrm{e}^{-n\lambda}$$

$$\ln L(\lambda) = \left(\sum x_i\right)\ln(\lambda) - n\lambda - \ln(x_1!x_2!\cdots x_n!)$$

$$\frac{\mathrm{d}\ln L(\lambda)}{\mathrm{d}\lambda} = \frac{\sum x_i}{\lambda} - n = 0$$

所以驻点

$$\lambda = \frac{1}{n}\sum_{i=1}^{n} x_i = \bar{x}$$

解得 λ 的极大似然估计

$$\hat{\lambda} = \frac{1}{n}\sum_{i=1}^{n} x_i = \bar{x}$$

易知 λ 的矩估计亦为 $\bar{x}$。

7.2 点估计的评价标准

现在已经看到，点估计有各种不同的求法，估计量是随机变量，同一个未知参数可能有若干种不同的估计，不同的观测结果就会得到不同的参数估计值，因而一个好的估计应在多次重复试验中体现出其优良性。

数理统计中给出了众多的估计量评价标准，对同一估计量使用不同的评价标准可能会得到完全不同的结论，因此，在评价某一个估计好坏时首先要说明是在哪一个标准下，否则所论好坏毫无意义。

7.2.1 无偏性

一个好的估计量，其不同的估计值应在未知参数真值的附近，由此引出无偏性标准。

定义 7.1 设 $\hat{\theta}$ 为 θ 的一个估计量，若 $E\hat{\theta} = \theta$，则称 $\hat{\theta}$ 为 θ 的无偏估计量。

意义：若多次相互独立地重复用无偏估计量 $\hat{\theta}$ 进行实际估计，所得估计值的算术平均值与 θ 的真值基本相同。

在科学技术中，称 $E\hat{\theta} - \theta$ 为用 $\hat{\theta}$ 估计 θ 时产生的系统偏差，$E\hat{\theta} = \theta$ 的实际意义是指估计量没有系统偏差，只有随机偏差。

例 7.11 $\hat{\mu} = \dfrac{1}{n}\sum_{i=1}^{n} X_i = \bar{X}$，$E\hat{\mu} = \mu$

$$\hat{\sigma}^2 = \frac{1}{n}\sum_{i=1}^{n}(X_i - \bar{X})^2 = S_n^2, \quad E\hat{\sigma}^2 = \frac{n-1}{n}\sigma^2$$

可修改 S_n^2 为 $S^2 = \dfrac{1}{n-1}\sum_{i=1}^{n}(X_i - \bar{X})^2$，$ES^2 = \sigma^2$。

例 7.12 设总体 X 服从二点分布，$X = \begin{cases} 1, & \text{若}A\text{发生} \\ 0, & \text{若}A\text{不发生} \end{cases}$，设 $p(A) = p$，$0 < p < 1$，p 为未知参数，$X_1, X_2, \cdots, X_n$ 是样本，则 $\dfrac{1}{n}\sum_{i=1}^{n}(1 - X_i)$ 是 $1 - p$ 的无偏估计。

例 7.13 设总体 X 服从区间 $[-\theta, \theta]$ 上的均匀分布，其中 $\theta > 0$ 为未知参数，$X_1, X_2, \cdots, X_n$ 为样本，则 $\hat{\theta}^2 = \dfrac{3}{n}\sum_{i=1}^{n}X_i^2$ 是 θ^2 的无偏估计。

$\hat{\theta}$ 为 θ 的一个估计量，$g(\theta)$ 为 θ 的一个实值函数，通常用 $g(\hat{\theta})$ 作为 $g(\theta)$ 的估计，但 $\hat{\theta}$ 是 θ 的无偏估计，$g(\hat{\theta})$ 不一定是 $g(\theta)$ 的无偏估计。

例如，样本标准差 S 不是总体标准差 σ 的无偏估计。

7.2.2 有效性

定义 7.2 设 $\hat{\theta}_1 = \hat{\theta}_1(x_1, x_2, \cdots, x_n)$ 和 $\hat{\theta}_2 = \hat{\theta}_2(x_1, x_2, \cdots, x_n)$ 是未知参数 θ 的两个无偏估计量。若 $D(\hat{\theta}_1) = D(\hat{\theta}_2)$，则称 $\hat{\theta}_1$ 比 $\hat{\theta}_2$ 有效。

例 7.14　设 $X_1, X_2, \cdots, X_n$ 是总体的一个样本，试证：

(1)　$\hat{\mu}_1 = \dfrac{1}{5}x_1 + \dfrac{3}{10}x_2 + \dfrac{1}{2}x_3$。

(2)　$\hat{\mu}_2 = \dfrac{1}{3}x_1 + \dfrac{1}{4}x_2 + \dfrac{5}{12}x_3$。

(3)　$\hat{\mu}_3 = \dfrac{1}{3}x_1 + \dfrac{3}{4}x_2 - \dfrac{1}{12}x_3$。

都是总体均值 μ 的无偏估计，并比较哪一个最有效。

证明　因为 $E(x_i) = \mu \; (i = 1, 2, \cdots, n)$，所以

$$E(\hat{\mu}_1) = \frac{1}{5}E(x_1) + \frac{3}{10}E(x_2) + \frac{1}{2}E(x_3) = \left(\frac{1}{5} + \frac{3}{10} + \frac{1}{2}\right)\mu = \mu$$

同理，$E(\hat{\mu}_2) = \mu$，$E(\hat{\mu}_3) = \mu$，即 $\hat{\mu}_1$、$\hat{\mu}_2$、$\hat{\mu}_3$ 都是总体均值 μ 的无偏估计。又因为

$$D(\hat{\mu}_1) = \frac{1}{25}D(x_1) + \frac{9}{100}D(x_2) + \frac{1}{4}D(x_3) = \frac{38}{100}D(X) = \frac{19}{50}D(X)$$

同理

$$D(\hat{\mu}_2) = \frac{50}{144}D(X) = \frac{25}{72}D(X)$$

$$D(\hat{\mu}_3) = \frac{98}{144}D(X) = \frac{49}{72}D(X)$$

由于 $D(\hat{\mu}_2) < D(\hat{\mu}_1)$，$D(\hat{\mu}_2) < D(\hat{\mu}_3)$，故 $\hat{\mu}_2$ 最有效。

7.2.3　一致性

一个好的估计量应是无偏的，且是具有较小方差的，同时当样本容量无限增大时，估计量能在某种意义上无限接近于未知参数的真值。由此引入一致性(相合性)标准。

定义 7.3　设 $\hat{\theta}_n(X_1, X_2, \cdots, X_n)$ 为未知参数 θ 的估计量，若对任意的 $\varepsilon > 0$，均有 $\lim\limits_{n \to \infty} P(|\hat{\theta}_n - \theta| < \varepsilon) = 1$，则称 $\hat{\theta}$ 为参数 θ 的一致估计量。

例 7.15　设 $X_1, X_2, \cdots, X_n$ 是取自总体 $X \sim N(\mu, \sigma^2)$ 的样本，试证

$$S^2 = \frac{1}{n-1}\sum_{i=1}^{n}(x_i - \bar{x})^2$$

是 σ^2 的一致估计量。

证明　由于 $\dfrac{(n-1)S^2}{\sigma^2} \sim \chi^2(n-1)$，所以有

$$E(S^2) = \sigma^2, \quad D(S^2) = \frac{\sigma^4}{(n-1)^2}2(n-1) = \frac{2\sigma^4}{n-1}$$

根据切比雪夫不等式，有

$$P(|S^2 - \sigma^2| < \varepsilon) \geqslant 1 - \frac{D(S^2)}{\varepsilon^2} = 1 - \frac{2\sigma^4}{(n-1)\varepsilon^2}$$

即得

$$\lim_{x \to \infty} P(|S^2 - \sigma^2| < \varepsilon) = 1$$

所以 S^2 是 σ^2 的一致(相合)估计量。

7.3 参数的区间估计

用点估计去估计总体的参数,即使是无偏且有效的,也会由于样本的随机性,使得从一个样本 $X_1, X_2, \cdots, X_n$ 算得的估计值不一定是被估计的参数的真实值,而且估计值的可靠性并不知道,这是一个重大的问题,因此,必须解决根据估计量的分布,在一定可靠性的程度下指出被估计的总体参数的取值范围,这正是本节要介绍的参数的区间估计问题。

7.3.1 置信区间的概念

为了引入置信区间的概念,请看下面的引例。

引例 设某种绝缘子抗扭强度 X,服从正态分布 $N(\mu, \sigma^2)$,其中,μ 未知、σ^2 已知 ($\sigma = 45\,\text{kg·m}$),试对总体均值 μ 做区间估计。

对于区间估计,要选择一个合适的统计量,若在该总体取一个容量为 n 的样本 $X_1, X_2, \cdots, X_n$,样本均值为 $\overline{X}$,μ 的点估计即 $\overline{X}$,然而要给出 μ 的一个区间估计,以体现出估计的误差,我们知道 $\overline{X} \sim N\left(\mu, \dfrac{\sigma^2}{n}\right)$。在区间估计问题中,要选取一个合适的估计函数。这时,可取 $U = \dfrac{\overline{X} - \mu}{\sigma}\sqrt{n}$,它是 $\overline{X}$ 的标准化随机变量,且具备下面两个特点。

(1) U 中包含所要估计的未知参数 μ(其中 σ 已知)。

(2) U 的分布为 $N(0,1)$,它与未知参数 μ 无关。

因为 $U \sim N(0,1)$,因而有

$$p\left\{|u| > u_{\frac{\alpha}{2}}\right\} = \alpha \qquad (0 < \alpha < 1)$$

根据 $U \sim N(0,1)$ 的概率密度 $\varphi(x)$ 的对称性(见图 7.1),可得,当 $\alpha = 0.05$ 时,$1 - \alpha = 0.95$,$u_{\frac{\alpha}{2}} = 1.96$,将不等式 $|u| \leqslant u_{\frac{\alpha}{2}}$ 转化为

$$-u_{\frac{\alpha}{2}} \leqslant u \leqslant u_{\frac{\alpha}{2}}$$

亦即

$$\overline{x} - u_{\frac{\alpha}{2}}\frac{\sigma}{\sqrt{n}} \leqslant \mu \leqslant \overline{x} + u_{\frac{\alpha}{2}}\frac{\sigma}{\sqrt{n}}$$

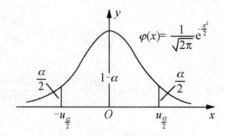

图 7.1 概率密度 $\varphi(x)$ 的对称性

因此有

$$p\left\{\bar{x}-u_{\frac{\alpha}{2}}\frac{\sigma}{\sqrt{n}}\leqslant\mu\leqslant\bar{x}+u_{\frac{\alpha}{2}}\frac{\sigma}{\sqrt{n}}\right\}=1-\alpha$$

当 α=0.05 时，$u_{\frac{\alpha}{2}}=u_{0.025}=1.96$

$$p\left\{\bar{x}-1.96\frac{\sigma}{\sqrt{n}}\leqslant\mu\leqslant\bar{x}+1.96\frac{\sigma}{\sqrt{n}}\right\}=0.95$$

说明未知参数 μ 包含在区间

$$\left[\bar{x}-1.96\frac{\sigma}{\sqrt{n}},\bar{x}+1.96\frac{\sigma}{\sqrt{n}}\right]$$

中的概率是 95%，这里不仅给出了 μ 的区间估计，还给出了这一区间估计的置信度(或置信概率)。事实上，当置信度为 $1-\alpha$ 时，区间估计为

$$\left[\bar{x}-u_{\frac{\alpha}{2}}\frac{\sigma}{\sqrt{n}},\bar{x}+u_{\frac{\alpha}{2}}\frac{\sigma}{\sqrt{n}}\right]$$

在引例中，若 $\bar{x}=160,\sigma=40,n=16$，则有

$$\bar{x}-1.96\frac{\sigma}{\sqrt{n}}=160-1.96\times\frac{40}{\sqrt{16}}=140.4$$

$$\bar{x}+1.96\frac{\sigma}{\sqrt{n}}=160+1.96\times\frac{40}{\sqrt{16}}=179.6$$

$$p(140.4<\mu<179.6)=0.95$$

说明该绝缘子抗扭强度 X 的期望 μ 在 (140.4,179.6) 内的可靠度为 0.95。

下面引出置信区间的概念。

定义 7.4　设 θ 为总体的未知参数，即

$$\hat{\theta}_1=\hat{\theta}(x_1,x_2,\cdots,x_n)，\quad\hat{\theta}_2=\hat{\theta}(x_1,x_2,\cdots,x_n)$$

是由样本 $X_1,X_2,\cdots,X_n$ 定出的两个统计量，若对于给定的概率 $1-\alpha(0<\alpha<1)$，有

$$p\{\hat{\theta}_1\leqslant\theta\leqslant\hat{\theta}_2\}=1-\alpha$$

则随机区间 $[\hat{\theta}_1,\hat{\theta}_2]$ 称为参数 θ 的置信度为 $1-\alpha$ 的置信区间，$\hat{\theta}_1$ 称为置信下限，$\hat{\theta}_2$ 称为置信上限。

置信区间的意义可作以下解释：θ 包含在随机区间 $[\hat{\theta}_1,\hat{\theta}_2]$ 中的概率为 $100(1-\alpha)\%$；或者说，随机区间 $[\hat{\theta}_1,\hat{\theta}_2]$ 以 $100(1-\alpha)\%$ 的概率包含 θ。粗略地说，当 $\alpha=0.05$ 时，在 100 次的抽样中，大约有 95 次 θ 包含在 $[\hat{\theta}_1,\hat{\theta}_2]$ 中，而其余 5 次可能不在该区间中。

α 常取的数值为 0.05、0.01，此时置信度 $1-\alpha$ 分别为 0.95、0.99。

置信区间的长度可视为区间估计的精度，下面分析置信度与精度的关系。

(1) 当置信度 $1-\alpha$ 增大，又有样本容量 n 固定时，置信区间长度增大，即区间估计精度降低。

(2) 设置信度 $1-\alpha$ 固定。当样本容量 n 增大时，置信区间减小 $\bigg($ 如引例中，置信区间

长度为 $2u_{\frac{\alpha}{2}}\dfrac{\sigma}{\sqrt{n}}\bigg)$，区间估计精度提高。

7.3.2　单个正态总体参数的置信区间

正态总体 $N(\mu,\sigma^2)$ 是最常见的分布，本小节讨论它的两个参数的置信区间。

1. σ 已知时 μ 的置信区间

设总体 X 服从正态分布 $N(\mu,\sigma^2)$，其中 σ^2 已知，而 μ 未知，求 μ 的置信度 $1-\alpha$ 的置信区间。

这一问题实际上已在引例的讨论中解决了，得到

$$p\left\{\bar{x}-u_{\frac{\alpha}{2}}\frac{\sigma}{\sqrt{n}}\leqslant\mu\leqslant\bar{x}+u_{\frac{\alpha}{2}}\frac{\sigma}{\sqrt{n}}\right\}=1-\alpha$$

所以 μ 的置信度 $1-\alpha$ 的置信区间为

$$\left[\bar{x}-u_{\frac{\alpha}{2}}\frac{\sigma}{\sqrt{n}},\bar{x}+u_{\frac{\alpha}{2}}\frac{\sigma}{\sqrt{n}}\right]$$

例 7.16　某车间生产滚珠，从长期实践中知道，滚珠直径 X 服从正态分布。从某天生产的产品里随机抽取 6 个，测得直径为(单位：mm)：14.6,15.1,14.9,14.8,15.2,15.1。
若总体方差 $\sigma^2=0.06$，求总体均值 μ 的置信区间($\alpha=0.05$，$\alpha=0.01$)。

解　$\bar{x}=14.95$，$\alpha=0.05$ 时，置信度为 95% 的置信区间为

$$\left[\bar{x}-1.96\frac{\sigma}{\sqrt{n}},\bar{x}+1.96\frac{\sigma}{\sqrt{n}}\right]$$

$$=\left[14.95-1.96\frac{\sqrt{0.06}}{\sqrt{6}},14.95+1.96\frac{\sqrt{0.06}}{\sqrt{6}}\right]\approx[14.75,15.15]$$

$\alpha=0.01$ 时，置信度为 99% 的置信区间为

$$\left[\bar{x}-2.576\frac{\sigma}{\sqrt{n}},\bar{x}+2.576\frac{\sigma}{\sqrt{n}}\right]\approx[14.69,15.21]$$

由此例可知，在样本容量 n 固定时，当置信度 $1-\alpha$ 较大时，置信区间长度较大；当置信度 $1-\alpha$ 较小时，置信区间较小。

例 7.17　用天平称量某物体的质量 9 次，得平均值为 $\bar{x}=15.4\text{g}$，已知天平称量结果为正态分布，其标准差为 $\sigma=0.1\text{g}$，试求该物体质量的 0.95 置信区间。

解　此处 $1-\alpha=0.95$，$\alpha=0.05$，查表知 $u_{\frac{\alpha}{2}}=u_{0.025}=1.96$，于是该物体质量 μ 的 0.95 的置信区间为

$$\bar{x}\pm u_{\frac{\alpha}{2}}\frac{\sigma}{\sqrt{n}}=15.4\pm1.96\times\frac{0.1}{\sqrt{9}}=15.4\pm0.0653$$

从而该物体质量的 0.95 置信区间为(15.3347,15.4653)。

例 7.18　设总体为正态分布 $N(\mu,1)$，为得到 μ 的置信水平为 0.95 的置信区间长度不超过 1.2，样本容量应为多大？

解　由题设条件知，μ 的 0.95 置信区间为 $\left(\bar{x}-\dfrac{u_{\frac{\alpha}{2}}}{\sqrt{n}},\bar{x}+\dfrac{u_{\frac{\alpha}{2}}}{\sqrt{n}}\right)$，其区间长度为 $2\dfrac{u_{\frac{\alpha}{2}}}{\sqrt{n}}$，

它仅依赖于样本容量 n 而与样本具体取值无关。现要求

$$2\frac{u_{\frac{\alpha}{2}}}{\sqrt{n}}\le 1.2$$

即有 $n\ge\left(\dfrac{2}{1.2}\right)^2 u_{\frac{\alpha}{2}}^2$。现 $1-\alpha=0.95$，故 $u_{\frac{\alpha}{2}}=1.96$，从而 $n\ge\left(\dfrac{5}{3}\right)^2\times 1.96^2=10.67\approx 11$。即样本容量至少为 11 时才能使得 μ 的置信水平为 0.95 的置信区间长度不超过 1.2。

2. σ 未知时 μ 的置信区间

这时可用 t 统计量，因为

$$\frac{\bar{X}-\mu}{S/\sqrt{n}}\sim t(n-1)$$

于是，对于给定的置信度 $1-\alpha$，由 t 分布得

$$p\left\{-t_{\frac{\alpha}{2}}(n-1)<\frac{\bar{X}-\mu}{S/\sqrt{n}}<t_{\frac{\alpha}{2}}(n-1)\right\}=1-\alpha$$

成立(见图 7.2)。即有 $p\left\{\bar{X}-t_{\frac{\alpha}{2}}(n-1)S/\sqrt{n}<\mu<\bar{X}+t_{\frac{\alpha}{2}}(n-1)S/\sqrt{n}\right\}=1-\alpha$ 成立。故由上式求得 μ 的 $1-\alpha$ 置信区间为

$$\left(\bar{X}-t_{\frac{\alpha}{2}}(n-1)S/\sqrt{n},\bar{X}-t_{\frac{\alpha}{2}}(n-1)S/\sqrt{n}\right)$$

其中 $S^2=\dfrac{1}{n-1}\sum_{i=1}^{n}(X_i-\bar{X})^2$ 是 σ^2 的无偏估计。

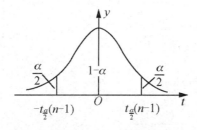

图 7.2　$t(n-1)$ 分布密度

例 7.19　假设轮胎的寿命服从正态分布。为估计某种轮胎的平均寿命，现随机抽 12 只轮胎试用，测得它们的寿命(单位：万 km)如下：

4.67　4.84　4.32　4.86　4.60　5.02　5.20　4.60　4.58　4.71　4.36　4.73

试求平均寿命的 0.95 置信区间。

解 此处正态总体标准差未知，可使用 t 分布求均值的置信区间。本例中经计算有 $\overline{X} = 4.7092, S^2 = 0.0615$。取 $\alpha = 0.05$，查表知 $t_{0.025}(11) = 2.201$，于是平均寿命 0.95 的置信区间为(单位：万 km)

$$\left(4.7092 - 2.2010 \times \frac{\sqrt{0.0615}}{\sqrt{12}}, 4.7092 + 2.2010 \times \frac{\sqrt{0.0615}}{\sqrt{12}} \right) = (4.5516, 4.8668)$$

3. σ^2 的置信区间

此时虽然也可以就 μ 是否已知分两种情况讨论 σ^2 的置信区间，但在实际问题中 σ^2 未知时 μ 已知的情况是极为罕见的，所以只在 μ 未知的条件下讨论 σ^2 的置信区间。

设 $X_1, X_2, \cdots, X_n$ 为来自总体 X 的样本，样本方差 S^2 可作为 σ^2 的点估计。由

$$\frac{(n-1)S^2}{\sigma^2} \sim \chi^2(n-1)$$

χ^2 中包含未知参数 σ^2，又因为它的分布与 σ^2 无关，以 χ^2 作为估计函数，可用于 σ^2 的区间估计。由于 χ^2 分布是偏态分布，寻找平均长度最短区间很难实现，一般都改为寻找等尾置信区间：把 α 平分为两部分，在 χ^2 分布两侧各截面积为 $\frac{\alpha}{2}$ 的部分，即采用 χ^2 的两个分位数为

$$\chi^2_{\frac{\alpha}{2}}(n-1) \text{ 和 } \chi^2_{1-\frac{\alpha}{2}}(n-1)$$

于是，对于给定的置信度 $1-\alpha$，由 χ^2 分布得

$$p\left\{ \chi^2_{1-\frac{\alpha}{2}}(n-1) < \frac{(n-1)S^2}{\sigma^2} \sim \chi^2(n-1) < \chi^2_{\frac{\alpha}{2}}(n-1) \right\} = 1-\alpha$$

成立(见图 7.3)。即有

$$p\left(\frac{(n-1)S^2}{\chi^2_{\frac{\alpha}{2}}(n-1)} < \sigma^2 < \frac{(n-1)S^2}{\chi^2_{1-\frac{\alpha}{2}}(n-1)} \right) = 1-\alpha$$

成立。故由上式求得方差 σ^2 的 $1-\alpha$ 置信区间为

$$\left(\frac{(n-1)S^2}{\chi^2_{\frac{\alpha}{2}}(n-1)}, \frac{(n-1)S^2}{\chi^2_{1-\frac{\alpha}{2}}(n-1)} \right)$$

而均方差 σ 的 $1-\alpha$ 置信区间为

$$\left(S\sqrt{\frac{(n-1)}{\chi^2_{\frac{\alpha}{2}}(n-1)}}, S\sqrt{\frac{(n-1)}{\chi^2_{1-\frac{\alpha}{2}}(n-1)}} \right)$$

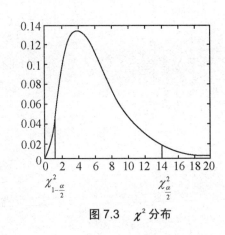

图 7.3 χ^2 分布

例 7.20 某厂生产的零件长度 X 服从正态分布。现从该厂生产的零件中抽取 16 件，测得其长度为(单位：mm)

| 12.15 | 12.12 | 12.01 | 12.28 | 12.08 | 12.16 | 12.03 | 12.01 |

| 12.06 | 12.13 | 12.07 | 12.11 | 12.08 | 12.01 | 12.03 | 12.06 |

试求长度 X 的总体均值 μ 与均方差 σ 的 0.95 置信区间。

解 由题意得 $n=16$, $1-\alpha=0.95$ $\left(\text{即}\dfrac{\alpha}{2}=0.025\right)$, 这里 $\alpha=0.95$, 查 t 分布表得

$$t_{\frac{\alpha}{2}}(n-1)=t_{0.025}(15)=2.1315 \qquad \overline{x}=\frac{1}{16}\sum_{i=1}^{16}x_i=12.087$$

$$s^2=\frac{1}{n-1}\sum_{i=1}^{n}(x_i-\overline{x})^2=\frac{1}{16-1}\sum_{i=1}^{16}(x_i-\overline{x})^2=0.00507$$

$$s=0.00712$$

代入 μ 的 $1-\alpha$ 置信区间为

$$\left(\overline{X}-t_{\frac{\alpha}{2}}(n-1)S/\sqrt{n},\overline{X}-t_{\frac{\alpha}{2}}(n-1)S/\sqrt{n}\right)=(12.049,12.125)$$

再由 χ^2 分布表查得

$$\chi^2_{\frac{\alpha}{2}}(n-1)=\chi^2_{0.025}(15)=27.488$$

$$\chi^2_{1-\frac{\alpha}{2}}(n-1)=\chi^2_{0.975}(15)=6.262$$

于是将

$$\frac{(n-1)S^2}{\chi^2_{\frac{\alpha}{2}}(n-1)}=\frac{15\times0.00507}{27.488}=0.0028$$

$$\frac{(n-1)S^2}{\chi^2_{1-\frac{\alpha}{2}}(n-1)}=\frac{15\times0.00507}{6.262}=0.0121$$

代入均方差 σ 的 $1-\alpha$ 置信区间为 $(0.0529,0.1100)$。

习 题 7

7.1 随机地取 8 只活塞环，测得它们的直径为(以 mm 计)

74.001　74.005　74.003　74.001　74.000　73.998　74.006　74.002

求总体均值 μ 及方差 σ^2 的矩估计，并求样本方差 S^2。

7.2 设 $X_1,X_2,\cdots,X_n$ 为准总体的一个样本。求下列各总体的密度函数或分布律中的未知参数的矩估计量。

(1) $f(x)=\begin{cases}\theta c^{\theta}x^{-(\theta+1)}, & x>c \\ 0, & \text{其他}\end{cases}$ 　　其中 $c>0$ 为已知，$\theta>1$, θ 为未知参数。

(2) $f(x)=\begin{cases}\sqrt{\theta}x^{\sqrt{\theta}-1}, & 0\leqslant x\leqslant 1 \\ 0, & \text{其他}\end{cases}$ 　　其中 $\theta>0$, θ 为未知参数。

(3) $P(X=x)=\dbinom{m}{x}p^x(1-p)^{m-x},x=0,1,\cdots,m$; $\quad 0<p<1,p$ 为未知参数。

7.3 求上题中各未知参数的极大似然估计值和估计量。

7.4 设 $X_1, X_2, \cdots, X_n$ 是来自参数为 λ 的泊松分布总体的一个样本，试求 λ 的极大似然估计量及矩估计量。

7.5 一地质学家研究密歇根湖地区的岩石成分，随机地自该地区取 100 个样品，每个样品有 10 块石子，记录了每个样品中属石灰石的石子数。假设这 100 次观察相互独立，并由过去的经验知，它们都服从参数为 $n=10$，P 的二项分布。P 是该地区一块石子是石灰石的概率。求 P 的极大似然估计值。该地质学家所得的数据如表 7.2 所示。

表 7.2 习题 7.5 用表

样品中属石灰石的石子数	0	1	2	3	4	5	6	7	8	9	10
观察到石灰石的样品个数	0	1	6	7	23	26	21	12	3	1	0

7.6 总体 X 具有分布律，如图 7.4 所示。

X	1	2	3
P_k	θ^2	$2\theta(1-\theta)$	$(1-\theta)^2$

图 7.4 习题 7.6 用图

图 7.4 中 $\theta(0<\theta<1)$ 为未知参数。已知取得了样本值 $x_1=1$，$x_2=2$，$x_3=1$，试求 θ 的矩估计值和最大似然估计值。

7.7 设总体 $X \sim N(\mu, \sigma^2)$，$X_1, X_2, \cdots, X_n$ 是来自 X 的一个样本。试确定常数 c 使 $c\sum_{i=1}^{n-1}(X_{i+1}-X_i)^2$ 为 σ^2 的无偏估计。

7.8 设 X_1、X_2、X_3、X_4 是来自均值为 θ 的指数分布总体的样本，其中 θ 未知，设有估计量

$$T_1 = \frac{1}{6}(X_1 + X_2) + \frac{1}{3}(X_3 + X_4)$$

$$T_2 = \frac{1}{5}(X_1 + 2X_2 + 3X_3 + 4X_4)$$

$$T_3 = \frac{1}{4}(X_1 + X_2 + X_3 + X_4)$$

(1) 指出 T_1、T_2、T_3 哪几个是 θ 的无偏估计量。

(2) 在上述 θ 的无偏估计中指出哪一个较为有效。

7.9 设某种清漆的 9 个样品，其干燥时间(以小时计)分别为 6.0、5.7、5.8、6.5、7.0、6.3、5.6、6.1、5.0。设干燥时间总体服从正态分布 $N \sim (\mu, \sigma^2)$，求 μ 的置信度为 0.95 的置信区间。(1)若由以往经验知 $\sigma=0.6$(h)；(2)若 σ 为未知。

7.10 随机地取某种炮弹 9 发做试验，得炮弹口速度的样本标准差为 $S=11$(m/s)。设炮口速度服从正态分布。求这种炮弹的炮口速度的标准差 σ 的置信度为 0.95 的置信区间。

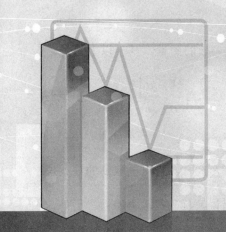

第8章 假设检验

假设检验是统计推断的另一种形式。在数理统计中，把关于总体参数或总体分布函数具有某种指定特征的假设称为统计假设，假设检验就是利用样本来推断所提出的假设是否成立。

本章分为 4 节，在本章首先引入假设检验的一些基本概念。由于在实际应用中，正态总体是最重要的研究对象，因此此在 8.2 节和 8.3 节中讨论其均值和方差的假设检验问题。在实际应用中，往往并不是一开始就能确定总体的分布形式，因此 8.4 节讨论了总体分布的拟合检验。

8.1 假设检验的基本概念

首先通过例子来说明假设检验的基本思想，并给出假设检验的基本概念。

例 8.1 某厂生产一批输出电流为 10A 的恒流器，根据以往的生产情况，可认为其输出值服从正态分布，标准差 $\sigma = 0.1$。现随机抽取 10 个恒流器，测得它们的输出值为 9.9、10.1、9.7、10、9.9、10.2、9.8、10.3、9.8、10.1。

问：可否认为这批恒流器的平均输出值为 10A？

首先分析如何求解该题。

设 X 为这批恒流器的输出值，于是 $X \sim N(\mu, 0.1^2)$。所要解决的问题是根据样本值推断是 $\mu = 10$ 还是 $\mu \neq 10$。设 $\mu_0 = 10$，为此，提出假设：

$$H_0: \mu = \mu_0 \qquad H_1: \mu \neq \mu_0 \tag{8.1}$$

现在要通过样本值来检验假设 $H_0: \mu = \mu_0 = 10$ 是否成立。即接受假设 H_0 还是拒绝假设 H_0，也叫作对假设 H_0 进行检验。

在数理统计中，把 "$H_0: \mu = \mu_0$" 称为 "原假设" 或 "零假设"，而把 "$H_1: \mu \neq \mu_0$" 称为 "对立假设" 或 "备择假设"。

由于样本均值 $\bar{X}$ 是 μ 的无偏估计，当 H_0 成立即 H_0 为真时，$|\bar{X} - \mu_0|$ 应该比较小，若 H_0 不真，则 $|\bar{X} - \mu_0|$ 应该比较大。所以可用 $|\bar{X} - \mu_0|$ 的大小来检验 H_0 是否为真。又因为

$\dfrac{\overline{X}-\mu_0}{\sigma/\sqrt{n}}\sim N(0,1)$，对 $\left|\overline{X}-\mu_0\right|$ 大小的衡量转化为对 $\dfrac{\left|\overline{X}-\mu_0\right|}{\sigma/\sqrt{n}}$ 大小的衡量。基于以上想法，

可适当选定一正数 k，当 $\dfrac{\left|\overline{X}-\mu_0\right|}{\sigma/\sqrt{n}}<k$，就接受假设 H_0；反之，当 $\dfrac{\left|\overline{X}-\mu_0\right|}{\sigma/\sqrt{n}}\geqslant k$，就拒绝假

设 H_0。这时称统计量 $\dfrac{\overline{X}-\mu_0}{\sigma/\sqrt{n}}$ 为检验统计量。

　　由于按上述想法作出推断的依据是一个统计量，当 H_0 为真时，有可能取到的观察值

使 $\dfrac{\left|\overline{X}-\mu_0\right|}{\sigma/\sqrt{n}}\geqslant k$，从而作出拒绝 H_0 的决策，这是"弃真"错误，称为第 I 类错误。另外，

当 H_0 不真时，也有可能取到的观察值使 $\dfrac{\left|\overline{X}-\mu_0\right|}{\sigma/\sqrt{n}}<k$，从而作出接受 H_0 的决策，这是

"取伪"错误，称为第 II 类错误。由于检验统计量是随机的，所以，无论如何选取 k，总是以一定的概率犯以上两类错误。显然，希望犯以上两类错误的概率都小。但在样本容量给定的情况下，若减少犯一类错误的概率，则犯另一类错误的概率往往增大。应用中，总是控制犯第 I 类错误的概率，即事先给定一个 $\alpha\in(0,1)$，使犯第 I 类错误的概率不超过 α，即

$$P\{当H_0为真时拒绝H_0\}\leqslant\alpha \tag{8.2}$$

　　而不考虑犯第 II 类错误的概率，这种检验称为显著性检验。本书只介绍显著性检验。把 α 称为该检验的显著性水平，简称水平。通常 α 取 0.1、0.05、0.01、0.005 等值。

　　当 H_0 为真时，即样本来自 $N(\mu_0,\sigma^2)$，此时拒绝 H_0 即 $\dfrac{\overline{X}-\mu_0}{\sigma/\sqrt{n}}=\left|\dfrac{\overline{X}-\mu_0}{\sigma/\sqrt{n}}\right|\geqslant k$。用

$P_{H_0}\{\bullet\}$ 表示当 H_0 为真时事件 $\{\bullet\}$ 的概率，则有

$$P\{当H_0为真时拒绝H_0\}=P_{H_0}\left\{\left|\dfrac{\overline{X}-\mu_0}{\sigma/\sqrt{n}}\right|\geqslant k\right\}\leqslant\alpha \tag{8.3}$$

　　又因只允许犯第 I 类错误的概率最大为 α，令式(8.3)右端取等号，即得

$$P_{H_0}\left\{\left|\dfrac{\overline{X}-\mu_0}{\sigma/\sqrt{n}}\right|\geqslant k\right\}=\alpha \tag{8.4}$$

　　由式(8.4)就能确定 k。因当 H_0 为真时，$Z=\dfrac{\overline{X}-\mu_0}{\sigma/\sqrt{n}}\sim N(0,1)$，由标准正态分布分位点的定义，得

$$k=z_{\alpha/2}$$

因此，若 $Z=\dfrac{\overline{X}-\mu_0}{\sigma/\sqrt{n}}$ 满足

$$|Z|=\left|\dfrac{\overline{X}-\mu_0}{\sigma/\sqrt{n}}\right|\geqslant k=z_{\alpha/2} \tag{8.5}$$

则拒绝 H_0。

而若

$$|Z| = \left| \frac{\bar{X} - \mu_0}{\sigma / \sqrt{n}} \right| < k = z_{\alpha/2} \qquad (8.6)$$

就接受 H_0。

区域

$$\left\{ |Z| = \left| \frac{\bar{X} - \mu_0}{\sigma / \sqrt{n}} \right| \geqslant z_{\alpha/2} \right\} \qquad (8.7)$$

也即区域 $\left| \dfrac{\bar{X} - \mu_0}{\sigma / \sqrt{n}} \right| \geqslant k = z_{\alpha/2}$，称为该假设检验的拒绝域。

经过上述的讨论后，取水平 $\alpha = 0.05$。现在来求解例 8.1。

解　按题意需检验假设

$$H_0 : \mu = \mu_0 = 10 , \quad H_1 : \mu \neq \mu_0$$

其拒绝域为

$$\left| \frac{\bar{X} - \mu_0}{\sigma / \sqrt{n}} \right| \geqslant z_{\alpha/2}$$

又因为 $\alpha = 0.05$，则 $z_{\alpha/2} = z_{0.025} = 1.96$，经计算 $\left| \dfrac{\bar{X} - \mu_0}{\sigma / \sqrt{n}} \right| = 0.6325 \leqslant 1.96$，所以，接受

原假设 $H_0 : \mu = \mu_0 = 10$，即认为这批恒流器的平均输出值为 10 A。

在式(8.1)中的备择假设 $H_1 : \mu \neq \mu_0$，表示 μ 可能大于 μ_0，也可能小于 μ_0。这种备择假设称为双边备择假设，如式(8.1)的假设检验称为双边假设。

在实际中，有时只关注某一指标的平均值是否变化，即总体的均值是否变化。例如，生产某一产品采用了新材料以提高产品的寿命。这时，总体的均值应该随之增大，如果能判断采用了新材料后总体的均值较以前的大，则采用新材料生产产品。此时，需要检验假设

$$H_0 : \mu \leqslant \mu_0 \qquad H_1 : \mu > \mu_0 \qquad (8.8)$$

又如，采用新工艺来缩短产品的生产时间。这时，总体的均值应该随之减少，如果能判断采用了新工艺后总体的均值较以前的小，则采用新工艺生产产品。此时，需要检验假设

$$H_0 : \mu \geqslant \mu_0 \qquad H_1 : \mu < \mu_0 \qquad (8.9)$$

如式(8.8)的假设检验中，备择假设 $H_1 : \mu > \mu_0$，表示 $\mu > \mu_0$。这种假设检验称为右边检验；而如式(8.9)的假设检验称为左边假设，统称为单边检验。

下面来讨论假设检验问题式(8.8)的拒绝域，设 $X \sim N(\mu, \sigma^2)$，其中 σ^2 已知，$X_1, X_2, \cdots, X_n$ 来自总体的样本，由于样本均值 $\bar{X}$ 是 μ 的无偏估计，在 $H_1 : \mu > \mu_0$ 真时，$\bar{X}$ 往往偏大 $\bar{X}$。因此，拒绝域为

$$\bar{X} \geqslant k$$

下面就来确定常数 k。

又如，$\mu \leqslant \mu_0$，$\dfrac{\bar{X} - \mu}{\sigma / \sqrt{n}} \geqslant \dfrac{k - \mu_0}{\sigma / \sqrt{n}}$ 时，事件 $\left\{ \dfrac{\bar{X} - \mu_0}{\sigma / \sqrt{n}} \geqslant \dfrac{k - \mu_0}{\sigma / \sqrt{n}} \right\} \subset \left\{ \dfrac{\bar{X} - \mu}{\sigma / \sqrt{n}} \geqslant \dfrac{k - \mu_0}{\sigma / \sqrt{n}} \right\}$，

因此：

$$P\{当为H_0真时拒绝H_0\} = P_{H_0}\left\{\overline{X} \geqslant k\right\}$$

$$= P_{H_0}\left\{\frac{\overline{X} - \mu_0}{\sigma/\sqrt{n}} \geqslant \frac{k - \mu_0}{\sigma/\sqrt{n}}\right\}$$

$$\leqslant P\left\{\frac{\overline{X} - \mu}{\sigma/\sqrt{n}} \geqslant \frac{k - \mu_0}{\sigma/\sqrt{n}}\right\}$$

故，只需令

$$P\left\{\frac{\overline{X} - \mu}{\sigma/\sqrt{n}} \geqslant \frac{k - \mu_0}{\sigma/\sqrt{n}}\right\} = \alpha \tag{8.10}$$

由于 $\dfrac{\overline{X} - \mu}{\sigma/\sqrt{n}} \sim N(0,1)$，由式(8.10)得 $\dfrac{k - \mu_0}{\sigma/\sqrt{n}} = z_\alpha$，即 $k = \mu_0 + \dfrac{\sigma}{\sqrt{n}} z_\alpha$。即得到右边检验式(8.8)的拒绝域

$$\overline{X} \geqslant \mu_0 + \frac{\sigma}{\sqrt{n}} z_\alpha$$

即

$$\frac{\overline{X} - \mu_0}{\sigma/\sqrt{n}} \geqslant z_\alpha \tag{8.11}$$

类似地，得到左边检验式(8.9)的拒绝域

$$\frac{\overline{X} - \mu_0}{\sigma/\sqrt{n}} \leqslant -z_\alpha \tag{8.12}$$

在这里看到假设检验的拒绝域是根据备择假设来确定的，因此，把单边假设检验的原假设 H_0 中的不等号换为等号，拒绝域不变。

例 8.2 某种元件的平均使用寿命要求大于 1000h，现从一批这种元件中随机抽取 25 件，测得其寿命的平均值为 950h。已知这种元件的寿命服从 $\sigma = 100$h 的正态分布。显著性水平 $\alpha = 0.05$，问：这批元件是否合格？

解 设 X 为这批元件的寿命，μ 为其均值。于是 $X \sim N(\mu, 100^2)$。设 $\mu_0 = 1000$，则由题意可知，要检验假设

$$H_0: \mu \leqslant \mu_0 \qquad H_1: \mu > \mu_0$$

其拒绝域为 $\left|\dfrac{\overline{X} - \mu_0}{\sigma/\sqrt{n}}\right| \geqslant z_{\alpha/2}$

又因为 $\alpha = 0.05$，则 $z_{\alpha/2} = z_{0.025} = 1.96$

经计算 $\left|\dfrac{\overline{X} - \mu_0}{\sigma/\sqrt{n}}\right| = 0.1 \leqslant 1.96$，所以接受原假设 $H_0: \mu \leqslant \mu_0$，即认为这批元件的平均寿命不大于 1000h，即这批元件不合格。

综上所述，可知解决参数的假设检验问题的过程如下。

(1) 根据实际问题的要求，提出原假设 H_0 和备择假设 H_1。

(2) 确定检验统计量及拒绝域的形式。

(3) 按给定的水平 α 及样本容量 n，根据 $P\{当H_0为真时拒绝H_0\} \leqslant \alpha$ 求出拒绝域。

(4) 按样本值计算出检验统计量的值，作出决策。

8.2 正态总体均值的假设检验

8.2.1 单个正态总体均值 μ 的假设检验

在 8.1 节已经讨论了总体 $X \sim N(\mu, \sigma^2)$，σ^2 已知时，总体均值 μ 的检验，在这类检验问题中，是用统计量 $Z = \dfrac{\overline{X} - \mu_0}{\sigma / \sqrt{n}}$ 来确定拒绝域的。因此，这种检验法常称为 Z 检验。现把这类假设检验问题的拒绝域列于表 8.1 中。

表 8.1　σ^2 已知单个正态总体均值检验的拒绝域

检验统计量 $Z = \dfrac{\overline{X} - \mu_0}{\sigma / \sqrt{n}}$

原假设 H_0	备择假设 H_1	H_0 拒绝域
$\mu = \mu_0$	$\mu \neq \mu_0$	$\lvert Z \rvert \geqslant Z_{\alpha/2}$
$\mu \leqslant \mu_0$	$\mu > \mu_0$	$Z \geqslant Z_\alpha$
$\mu \geqslant \mu_0$	$\mu < \mu_0$	$Z \leqslant -Z_\alpha$

当 σ^2 未知时，设总体 $X \sim N(\mu, \sigma^2)$，在水平 α 下，讨论假设检验问题：$H_0: \mu = \mu_0$，$H_1: \mu \neq \mu_0$。

设 $X_1, X_2, \cdots, X_n$ 来自总体 $N(\mu, \sigma^2)$，σ^2 未知。由于样本方差 S^2 是 σ^2 的无偏估计，用 S^2 代替 σ^2，据定理 6.4 有

$$t = \frac{\overline{X} - \mu_0}{S / \sqrt{n}} \sim t(n-1)$$

以其作为检验统计量，用与表 8.1 类似的方法可得表 8.2 结果。

表 8.2　σ^2 未知单个正态总体均值检验的拒绝域

检验统计量 $t = \dfrac{\overline{X} - \mu_0}{S / \sqrt{n}}$

原假设 H_0	备择假设 H_1	H_0 拒绝域
$\mu = \mu_0$	$\mu \neq \mu_0$	$\lvert t \rvert \geqslant t_{\alpha/2}(n-1)$
$\mu \leqslant \mu_0$	$\mu > \mu_0$	$t > t_\alpha(n-1)$
$\mu \geqslant \mu_0$	$\mu < \mu_0$	$t < -t_\alpha(n-1)$

上述检验所用的统计量服从 t 分布，故一般将上述检验称为 t 检验。

例 8.3 某标准件厂按原加工工艺生产的一种螺栓，其抗剪力服从均值 15kg 的正态分布。现从采用新工艺加工的这种螺栓中随机抽取 30 件，测得它们抗剪力样本均值 $\overline{X} = 15.7$kg，样本标准差 $S = 0.5$kg。取显著性水平 $\alpha = 0.01$，能否认为采用新工艺提高了抗剪力？

解 设 X 为螺栓的抗剪力，μ 为其均值。于是 $X \sim N(\mu, \sigma^2)$。设 $\mu_0 = 15$，则由题意

可知，检验假设

$$H_0: \mu \leqslant \mu_0 \qquad H_1: \mu > \mu_0$$

其拒绝域为

$$t = \frac{\bar{X} - \mu_0}{S/\sqrt{n}} \geqslant t_\alpha(n-1)$$

又因为 $\alpha = 0.01$，则 $t_\alpha(n-1) = t_{0.01}(29) = 2.4620$。

经计算，$t = \dfrac{\bar{X} - \mu_0}{S/\sqrt{n}} = 7.5392 \geqslant 2.4620$，所以，拒绝原假设 $H_0: \mu \leqslant \mu_0$，接受 $H_1: \mu > \mu_0$ 即认为采用新工艺提高了抗剪力。

8.2.2 两个正态总体均值的比较

在实际应用中，经常会遇到两个正态总体均值比较的问题。例如，某种产品的使用寿命服从正态分布，要比较甲、乙两厂生产的这种产品的使用寿命，就把两厂产品的使用寿命分别看成两个正态总体，即要比较两个正态总体的均值。

$X_1, X_2, \cdots, X_m$ 来自总体 $X \sim N(\mu_1, \sigma_1^2)$，$Y_1, Y_2, \cdots, Y_n$ 来自总体 $Y \sim N(\mu_2, \sigma_2^2)$。且总体 X 与 Y 相互独立。来检验假设

$$H_0: \mu_1 = \mu_2 \qquad H_1: \mu_1 \neq \mu_2$$

上述假设等同于假设

$$H_0: \mu_1 - \mu_2 = 0 \qquad H_1: \mu_1 - \mu_2 \neq 0$$

当 σ_1^2 和 σ_2^2 已知时，样本均值分别为 $\bar{X}$ 和 $\bar{Y}$，则

$$\frac{(\bar{X} - \bar{Y}) - (\mu_1 - \mu_2)}{\sqrt{\dfrac{\sigma_1^2}{m} + \dfrac{\sigma_2^2}{n}}} \sim N(0,1)$$

当 $H_0: \mu_1 - \mu_2 = 0$ 为真时

$$Z = \frac{\bar{X} - \bar{Y}}{\sqrt{\dfrac{\sigma_1^2}{m} + \dfrac{\sigma_2^2}{n}}} \sim N(0,1)$$

现取上式中的 Z 为检验统计量，由于 $\bar{X}$ 和 $\bar{Y}$ 分别是 μ_1 和 μ_2 的无偏估计，因此 $\bar{X} - \bar{Y}$ 是 $\mu_1 - \mu_2 (= 0)$ 的无偏估计。当 $H_0: \mu_1 - \mu_2 = 0$ 为真时，$|\bar{X} - \bar{Y}|$ 应较小，$H_1: \mu_1 - \mu_2 \neq 0$ 为真时，$|\bar{X} - \bar{Y}|$ 应较大。所以，在给定显著性水平 α，得拒绝域为

$$\frac{|\bar{X} - \bar{Y}|}{\sqrt{\dfrac{\sigma_1^2}{m} + \dfrac{\sigma_2^2}{n}}} \geqslant Z_{\alpha/2} \tag{8.13}$$

类似地，可得单边检验的拒绝域，如表 8.3 所示。

表 8.3 两个正态总体均值检验的拒绝域

检验统计量 $Z = (\bar{X} - \bar{Y}) \Big/ \sqrt{\dfrac{\sigma_1^2}{m} + \dfrac{\sigma_2^2}{n}}$

原假设 H_0	备择假设 H_1	H_0 拒绝域
$\mu_1 = \mu_2$	$\mu_1 \neq \mu_2$	$\|Z\| \geq Z_{\alpha/2}$
$\mu_1 \leq \mu_2$	$\mu_1 > \mu_2$	$Z \geq Z_\alpha$
$\mu_1 \geq \mu_2$	$\mu_1 < \mu_2$	$Z \leq -Z_\alpha$

当 σ_1^2 和 σ_2^2 未知时，假设 $\sigma_1^2 = \sigma_2^2 = \sigma^2$，$\sigma^2$ 未知。S_1^2 和 S_2^2 分别是总体 X 和 Y 的样本方差。当 $H_0: \mu_1 - \mu_2 = 0$ 为真时，根据定理 6.5，有

$$t = \frac{\bar{X} - \bar{Y}}{S_W \sqrt{\dfrac{1}{m} + \dfrac{1}{n}}} \sim t(m+n-2)$$

其中，$S_W^2 = \dfrac{(m-1)S_1^2 + (n-1)S_2^2}{m+n-2}$。 （8.14）

现取式(8.14)中的 t 为检验统计量，可得 t 检验拒绝域如表 8.4 所示。

表 8.4 t 检验拒绝域

检验统计量 $t = (\bar{X} - \bar{Y}) \Big/ S_W \sqrt{\dfrac{\sigma_1^2}{m} + \dfrac{\sigma_2^2}{n}}$

原假设 H_0	备择假设 H_1	H_0 拒绝域
$\mu_1 = \mu_2$	$\mu_1 \neq \mu_2$	$\|t\| \geq t_{\alpha/2}(m+n-2)$
$\mu_1 \leq \mu_2$	$\mu_1 > \mu_2$	$t \geq t_{\alpha/2}(m+n-2)$
$\mu_1 \geq \mu_2$	$\mu_1 < \mu_2$	$t \geq -t_{\alpha/2}(m+n-2)$

例 8.4 为比较甲、乙两品牌某一相同功率的节能灯使用寿命，现随机购买了该功率甲品牌的 10 只，乙品牌的 8 只。测试它们的使用寿命，得以下结果。

甲：1005，1050，980，950，1100，975，1029，985，920，1100。

乙：980，1120，960，990，1150，1080，1085，945。

设甲品牌的节能灯的寿命 $X \sim N(\mu_1, \sigma_1^2)$，乙品牌的节能灯的寿命 $Y \sim N(\mu_2, \sigma_2^2)$，且 $\sigma_1^2 = \sigma_2^2 = \sigma^2$ 给定显著性水平 $\alpha = 0.05$。问：这两个品牌的节能灯的使用寿命是否有差异？

解 按题意需检验假设 $H_0: \mu_1 = \mu_2$　　$H_1: \mu_1 \neq \mu_2$

检验统计量为

$$t = \frac{\bar{X} - \bar{Y}}{S_W \sqrt{\dfrac{1}{m} + \dfrac{1}{n}}}$$

拒绝域为

$$|t| \geq t_{\alpha/2}(m+n-2)$$

又因为 $m = 10, n = 8, \alpha = 0.05$，故 $t_{\alpha/2}(m+n-2) = t_{0.025}(16) = 2.1199$。

经计算，$|t| = 0.2240 < 2.1199$，所以接受 $H_0: \mu_1 = \mu_2$，即认为这两个品牌的节能灯的

使用寿命无显著差异。

8.2.3　成对数据的假设检验

上面介绍了两个正态总体均值比较的问题中，假设了来自两个正态总体的样本是相互独立的。但在实际应用中，这两个样本是来自同一总体的重复测量。例如，为了比较 A、B 两种测量铁矿石含量方法是否有明显差异，现取 n 个不同铁矿的矿石，用 A 方法测得含铁量为 $X_1, X_2, \cdots, X_n$，用 B 方法测得含铁量为 $Y_1, Y_2, \cdots, Y_n$，这里 (X_i, Y_i) 是对第 i 铁矿的矿石采用 A、B 两种测量方法测得的含铁量，它们不是独立的。另外，$X_1, X_2, \cdots, X_n$ 是 n 个不同铁矿的矿石，由于铁矿石存在差异，$X_1, X_2, \cdots, X_n$ 不能看成来自同一个总体的样本。

样本 $Y_1, Y_2, \cdots, Y_n$ 也一样。这样的数据称为成对数据。对于这样的数据上面讨论的方法就不适用了。但是，(X_i, Y_i) 是对第 i 铁矿的矿石采用 A、B 两种测量方法测得的含铁量，所以 $X_i - Y_i$ 就消除了不同铁矿之间的差异，仅保留了 A、B 两种测量方法的差异。这样就可以把 $D_i = X_i - Y_i\ (i = 1, 2, \cdots, n)$ 看成来自正态总体 $N(\mu, \sigma^2)$ 的样本，A、B 两种测量方法是否有差异，就归结为检验假设，即

$$H_0: \mu = 0 \qquad H_1: \mu \neq 0$$

由于 $D_1, D_2, \cdots, D_n$ 是来自正态总体 $N(\mu, \sigma^2)$ 的样本，于是问题就变成了 8.2.1 小节中 $\mu_0 = 0$ 的情形，记为

$$\overline{D} = \frac{1}{n} \sum_{i=1}^{n} D_i \ ; \quad S_D^2 = \frac{1}{n-1} \sum_{i=1}^{n} (D_i - \overline{D})^2 \tag{8.15}$$

则以 $t = \dfrac{\overline{D}}{S_D / \sqrt{n}}$ 为检验统计量，根据表 8.2，得拒绝域为

$$|t| \geqslant t_{\alpha/2}(n-1)$$

上述的检验方法称为成对数据的 t 检验。

例 8.5　为检验某厂家生产的汽油添加剂是否有节油效果，选取了 8 辆汽车，对于每辆分别使用了不含添加剂的汽油和含添加剂的汽油，在这两种情况下测得百公里油耗(单位：L)如下：

汽车编号	1	2	3	4	5	6	7	8
不含添加剂	9.55	7.80	8.75	13.8	11.2	8.25	9.6	10.2
含添加剂	9.56	7.90	8.73	13.7	11.3	8.20	9.5	10.3

问：这种汽油添加剂是否有节油效果？取 $\alpha = 0.05$。

解　这个问题是成对数据的检验，故使用成对数据的 t 检验，检验统计量为 $t = \dfrac{\overline{D}}{S_D / \sqrt{n}}$，拒绝域为 $|t| \geqslant t_{\alpha/2}(n-1)$，记为

$$D_i = X_i - Y_i \qquad (i = 1, 2, \cdots, 8)$$

则 $D_i \sim N(\mu, \sigma^2)\ (i = 1, 2, \cdots, 8)$。按题意需检验假设

$$H_0: \mu = 0 \qquad H_1: \mu \neq 0$$

经计算得 $\bar{D}$ ，S_D^2 的观察值 $\bar{d} = -0.005$ ， $s_D = 0.2947$ ，故统计量的观察值为 $t = -0.1629$ 。

又如， $n = 8, \alpha = 0.05$ ， $t_{\alpha/2}(n-1) = t_{0.025}(7) = 2.3648 > |t|$ ，所以接受原假设，即认为这种汽油添加剂无显著的节油效果。

8.3 正态总体方差的假设检验

在实际中，还会应用到方差的检验问题。例如，自动加工设备生产的产品规格是服从正态分布的，其方差的大小反映了加工过程的稳定性。因此，需要知道方差是否在一个规定的界限内。在这一节中，讨论一个正态总体方差的 χ^2 检验和两个正态总体方差比的 F 检验。

8.3.1 单个正态总体方差的检验

设 $X \sim N(\mu, \sigma^2)$ ，其中 μ, σ^2 未知。$X_1, X_2, \cdots, X_n$ 来自总体 X 的样本。给定显著性水平 α 。检验假设

$$H_0 : \sigma^2 = \sigma_0^2 \qquad H_1 : \sigma^2 \neq \sigma_0^2$$

其中 σ_0^2 是已知的常数。

由于样本方差 S^2 是 σ^2 的无偏估计。当 $H_0 : \sigma^2 = \sigma_0^2$ 成立时， S^2/σ^2 应接近于 1。又根据定理 6.3，有

$$\chi^2 = \frac{(n-1)S^2}{\sigma_0^2} \sim \chi^2(n-1)$$

现取上式中的 χ^2 为检验统计量，当 H_0 为真时， χ^2 接近于 $n-1$ ；当 H_1 为真时， χ^2 应该偏离 $n-1$ 。故拒绝域的形式为

$$\frac{(n-1)S^2}{\sigma_0^2} \leqslant k_1 \text{ 或 } \frac{(n-1)S^2}{\sigma_0^2} \geqslant k_2$$

对于给定的显著性水平 α ，确定 k_1 和 k_2 ，使得

$$P\{\text{当} H_0 \text{为真时拒绝} H_0\} = P_{H_0}\left\{\left(\frac{(n-1)S^2}{\sigma_0^2} \leqslant k_1\right) \bigcup \left(\frac{(n-1)S^2}{\sigma_0^2} \geqslant k_2\right)\right\} = \alpha$$

为简单计，一般取

$$P_{H_0}\left\{\frac{(n-1)S^2}{\sigma_0^2} \leqslant k_1\right\} = \frac{\alpha}{2} ， \quad P_{H_0}\left\{\frac{(n-1)S^2}{\sigma_0^2} \geqslant k_2\right\} = \frac{\alpha}{2}$$

可得

$$k_1 = \chi_{1-\alpha/2}^2(n-1), \quad k_2 = \chi_{\alpha/2}^2(n-1)$$

于是得拒绝域

$$\chi^2 = \frac{(n-1)S^2}{\sigma_0^2} \leqslant \chi_{1-\alpha/2}^2(n-1) \text{ 或 } \chi^2 = \frac{(n-1)S^2}{\sigma_0^2} \geqslant \chi_{\alpha/2}^2(n-1) \tag{8.16}$$

如果要检验右边假设

$$H_0: \sigma^2 \leqslant \sigma_0^2 \qquad H_1: \sigma^2 > \sigma_0^2$$

取 $\chi^2 = \dfrac{(n-1)S^2}{\sigma_0^2}$ 为检验统计量，则当 H_0 为真时，χ^2 接近于 $n-1$；当 H_1 为真时，χ^2 应该倾向于大于 $n-1$。故拒绝域的形式为

$$\frac{(n-1)S^2}{\sigma_0^2} \geqslant k$$

又当 $\sigma^2 \leqslant \sigma_0^2$ 时，$\dfrac{(n-1)S^2}{\sigma_0^2} \leqslant \dfrac{(n-1)S^2}{\sigma^2}$，所以

$$P\{当 H_0 为真时拒绝 H_0\} = P_{H_0}\left\{\frac{(n-1)S^2}{\sigma_0^2} \geqslant k\right\} \leqslant P_{H_0}\left\{\frac{(n-1)S^2}{\sigma^2} \geqslant k\right\}$$

要使 $P\{当 H_0 为真时拒绝 H_0\} \leqslant \alpha$，只要令 $P_{H_0}\left\{\dfrac{(n-1)S^2}{\sigma^2} \geqslant k\right\} = \alpha$。因此，得 $k = \chi_\alpha^2(n-1)$。故右边检验的拒绝域为

$$\chi^2 = \frac{(n-1)S^2}{\sigma_0^2} \geqslant \chi_\alpha^2(n-1) \tag{8.17}$$

类似地，可得左边检验的拒绝域。单个正态总体方差 σ^2 的假设检验的拒绝域列于表 8.5 中。

表 8.5　单个正态总体方差 σ^2 的假设检验拒绝域

检验统计量 $\chi^2 = \dfrac{(n-1)S^2}{\sigma_0^2}$

原假设 H_0	备择假设 H_1	H_0 拒绝域
$\sigma^2 = \sigma_0^2$	$\sigma^2 \neq \sigma_0^2$	$\chi^2 \leqslant \chi_{1-\alpha/2}^2(n-1)$ 或 $\chi^2 \geqslant \chi_{\alpha/2}^2(n-1)$
$\sigma^2 \leqslant \sigma_0^2$	$\sigma^2 > \sigma_0^2$	$\chi^2 \geqslant \chi_\alpha^2(n-1)$
$\sigma^2 \geqslant \sigma_0^2$	$\sigma^2 < \sigma_0^2$	$\chi^2 \leqslant \chi_{1-\alpha}^2(n-1)$

以上的检验所用的统计量 $\chi^2 \sim \chi^2(n-1)$，一般将它们称为 χ^2 检验。

例 8.6　某药厂生产一种瓶装的药品，要求标准差 $\sigma \leqslant 0.02g$，现从自动灌装机灌装的产品中随机抽取了 20 瓶，测量后知样本的标准差 $S = 0.03g$。已知灌装量服从正态分布，在显著性水平 $\alpha = 0.05$ 下，问：该灌装机是否正常？

解　设 $\sigma_0 = 0.02$，按题意需检验假设

$$H_0: \sigma^2 \leqslant \sigma_0^2 \qquad H_1: \sigma^2 > \sigma_0^2$$

检验统计量为 $\chi^2 = \dfrac{(n-1)S^2}{\sigma_0^2}$，其拒绝域为 $\chi^2 \geqslant \chi_\alpha^2(n-1)$。

又因为 $n = 20, \alpha = 0.05$，$\chi_\alpha^2(n-1) = \chi_{0.05}^2(19) = 30.143$

经计算，χ^2 的观察值 $\chi^2 = \dfrac{(n-1)s^2}{\sigma_0^2} = 42.75 > 30.143$。故拒绝原假设 $H_0: \sigma^2 \leqslant \sigma_0^2$，即灌装机不正常。

8.3.2 两个正态总体方差的检验

设总体 $X \sim N(\mu_1, \sigma_1^2)$，$Y \sim N(\mu_2, \sigma_2^2)$，$\sigma_1^2$、$\sigma_2^2$ 未知。且 $X_1, X_2, \cdots, X_m$ 与 $Y_1, Y_2, \cdots, Y_n$ 是分别来自总体 X 和 Y 的样本，两样本独立。给定显著性水平 α，要检验假设

$$H_0 : \sigma_1^2 = \sigma_2^2 \qquad H_1 : \sigma_1^2 \neq \sigma_2^2$$

由于当 $H_0 : \sigma^2 = \sigma_0^2$ 成立时，$\sigma_1^2 / \sigma_2^2 = 1$。设样本 $X_1, X_2, \cdots, X_m$ 与 $Y_1, Y_2, \cdots, Y_n$ 样本方差分别为 S_1^2、S_2^2。由于 S_1^2、S_2^2 分别是 σ_1^2、σ_2^2 的无偏估计，S_1^2 / S_2^2 应接近于 1，即 S_1^2 / S_2^2 不应过分小于 1 或过分大于 1。所以，拒绝域的形式为

$$\frac{S_1^2}{S_2^2} \leqslant k_1 \ \text{或} \ \frac{S_1^2}{S_2^2} \geqslant k_2$$

取 $F = \dfrac{S_1^2}{S_2^2}$ 为检验统计量。又因为

$$\frac{(m-1)S_1^2}{\sigma_2^2} \sim \chi^2(m-1) \ ; \quad \frac{(n-1)S^2}{\sigma_2^2} \sim \chi^2(n-1)$$

且它们相互独立，于是

$$\frac{S_1^2 / \sigma_1^2}{S_2^2 / \sigma_2^2} \sim F(m-1, n-1)$$

因而，当 $H_0 : \sigma^2 = \sigma_0^2$ 为真时，$F = \dfrac{S_1^2}{S_2^2} \sim F(m-1, n-1)$。

对于给定的显著性水平 α，确定 k_1 和 k_2，使得

$$P\{\text{当} H_0 \text{为真时拒绝} H_0\} = P_{H_0} \left\{ \left(\frac{S_1^2}{S_2^2} \leqslant k_1 \right) \bigcup \left(\frac{S_1^2}{S_2^2} \geqslant k_2 \right) \right\} = \alpha$$

为简单计，一般取

$$P_{H_0} \left\{ \frac{S_1^2}{S_2^2} \leqslant k_1 \right\} = \frac{\alpha}{2} \ , \quad P_{H_0} \left\{ \frac{S_1^2}{S_2^2} \geqslant k_2 \right\} = \frac{\alpha}{2}$$

得

$$k_1 = F_{1-\alpha/2}(m-1, n-1) \ , \quad k_2 = F_{\alpha/2}(m-1, n-1)$$

于是得拒绝域为

$$F = \frac{S_1^2}{S_2^2} \leqslant F_{1-\alpha/2}(m-1, n-1) \ \text{或} \ F = \frac{S_1^2}{S_2^2} \geqslant F_{\alpha/2}(m-1, n-1) \tag{8.18}$$

类似地，可得两个正态总体方差单边检验的拒绝域。拒绝域如表 8.6 所列。

表 8.6　两个正态总体方差检验的拒绝域检验统计量 $F = S_1^2/S_2^2$

原假设 H_0	备择假设 H_1	H_0 拒绝域
$\sigma_1^2 = \sigma_2^2$	$\sigma_1^2 \neq \sigma_2^2$	$F \leqslant F_{1-\alpha/2}(m-1, n-1)$ 或 $F \geqslant F_{\alpha/2}(m-1, n-1)$
$\sigma_1^2 \leqslant \sigma_2^2$	$\sigma_1^2 > \sigma_2^2$	$F \geqslant F_{\alpha}(m-1, n-1)$
$\sigma_1^2 \geqslant \sigma_2^2$	$\sigma_1^2 < \sigma_2^2$	$F \leqslant F_{1-\alpha}(m-1, n-1)$

例 8.7　给定在显著性水平 $\alpha = 0.05$，试对例 8.4 中的数据检验假设

$$H_0 : \sigma_1^2 = \sigma_2^2 \qquad H_1 : \sigma_1^2 \neq \sigma_2^2$$

解　设样本方差分别为 S_1^2、S_2^2，检验统计量为 $F = S_1^2/S_2^2$，拒绝域为 $F \leqslant F_{1-\alpha/2}(m-1, n-1)$ 或 $F \geqslant F_{\alpha/2}(m-1, n-1)$。

又因为 $m = 10, n = 8, \alpha = 0.05$，故 $F_{\alpha/2}(m-1, n-1) = F_{0.025}(9,7) = 4.97$

$$F_{1-\alpha/2}(m-1, n-1) = F_{0.975}(9,7) = \frac{1}{F_{0.025}(7,9)} = \frac{1}{4.20} = 0.238$$

经计算，$F = S_1^2/S_2^2$ 的观察值 $S_1^2/S_2^2 = 0.5616$，没有落在拒绝域内，所以接受 $H_0 : \sigma_1^2 = \sigma_2^2$，即认为总体的方差相等。

在 8.2.2 小节中，当方差未知、两正态总体均值的假设检验时，假定了 $\sigma_1^2 = \sigma_2^2$，如果没有这个假定就不能使用 t 检验。在应用中，若没有 $\sigma_1^2 = \sigma_2^2$ 这一假定时，应先检验这一假定成立，然后再做总体均值的检验。在实际应用中，只要有理由认为 σ_1^2 和 σ_2^2 相差不太大，式(8.14)近似成立。相应地，t 检验还是可行的。

8.4　分布的拟合检验

前 3 节介绍的各种检验方法，都是在总体分布已知的前提下进行的。但在实际问题中，往往并不知道总体是服从什么分布的，这时就需要利用样本来检验总体服从某一特定的分布。本节介绍的 χ^2 拟合检验法就是用来解决这类问题的一种方法。

设 $F(x, \theta)$ 是一已知分布的分布函数，$\theta = (\theta_1, \theta_2, \cdots, \theta_r)$。样本 $X_1, X_2, \cdots, X_n$ 来自总体 X，总体 X 的分布未知。现在要检验

$$H_0 : \text{总体 } X \text{ 的分布函数为 } F(x, \theta) \tag{8.19}$$

其对立假设为总体 X 的分布函数不是 $F(x, \theta)$，可以不必写出。有时也用分布律或概率密度代替 $F(x, \theta)$。构造拟合检验的思想和步骤如下。

(1) 把在 H_0 下 X 可能取值的全体 Ω 划分成 k 不相交的子集 $A_1, A_2, \cdots, A_k$。为具有一般性，令 $\Omega = (-\infty, +\infty)$，并把 $(-\infty, +\infty)$ 划分为 k 个区间，即

$$-\infty = a_0 < a_1 < a_2 < \cdots < a_{k-1} < a_k = +\infty$$

记 $I_i = (a_{i-1}, a_i)(i = 1, 2, \cdots, k)$。

(2) 计算每个区间的实际频数。设 $X_1, X_2, \cdots, X_n$ 中有 f_i 个落在区间 I_i 上，f_i 称为实际频数。

(3) 计算每个区间的理论频数。如果 H_0 为真，即总体 X 的分布函数是 $F(x,\theta)$，则在区间 I_i 上有理论概率

$$p_i(\theta) = F(a_i,\theta) - F(a_{i-1},\theta) \quad (i=1,2,\cdots,k) \tag{8.20}$$

现样本大小为 n，$X_1,X_2,\cdots,X_n$ 落在区间 I_i 上的应该有 $np_i(\theta)$ 个，$np_i(\theta)$ 称为理论频数。

(4) 构造检验统计量。如果 H_0 为真，且试验的次数较多，即样本容量 n 较大时，理论频数 $p_i(\theta)$ 与实际频数 f_i 的差异不应太大，故 $[f_i - np_i(\theta)]^2$ 也不应太大。因此，理论频数 $p_i(\theta)$ 与实际频数 f_i 的平方和 $\sum_{i=1}^{n}[f_i - np_i(\theta)]^2$ 的大小就度量了样本与假设的总体分布的拟合程度。现可取

$$\chi^2 = \sum_{i=1}^{n} \frac{[f_i - np_i(\theta)]^2}{np_i(\theta)} \tag{8.21}$$

为检验统计量。这里对每一项用 $np_i(\theta)$ 去除，其作用是缩小理论频数 $np_i(\theta)$ 较大的项在和式中的影响力，同时也使得统计量 χ^2 有一个理想的极限分布。

如果 $F(x,\theta)$ 中的参数 θ 未知，可用总体的分布函数为 $F(x,\theta)$ 时，θ 的极大似然估计 $\hat{\theta}$ 近似代替，$p_i(\theta)$ 用 $p_i(\hat{\theta})$ 代替。此时，取

$$\chi^2 = \sum_{i=1}^{n} \frac{\left[f_i - np_i(\hat{\theta})\right]^2}{np_i(\hat{\theta})} \tag{8.22}$$

把上述的检验统计量 χ^2 称为拟合优度 χ^2 统计量，简称 χ^2 统计量。可以证明，若 H_0 为真，当样本容量 $n \to \infty$ 时，有

$$\chi^2 \to \chi^2(k-r-1) \tag{8.23}$$

这里 k 是划分区间的个数；r 是被估计的参数的个数。

(5) 给定检验的显著性水平 α，则假设 H_0 的检验拒绝域为

$$\chi^2 \geqslant \chi^2_\alpha(k-r-1) \tag{8.24}$$

上述的检验方法称为 χ^2 拟合检验法，也称 χ^2 检验。

χ^2 拟合检验是基于式(8.23)得到的，是在样本容量 $n \to \infty$ 时 χ^2 统计量的极限分布。所以在实际应用时，要求 n 较大，且 $np_i(\theta)$ 或 $p_i(\hat{\theta})$ 不能太小，根据经验，一般认为 $n \geqslant 50$，并且 $np_i(\theta) \geqslant 5$ 或 $np_i(\hat{\theta}) \geqslant 5$。如果对 $(-\infty,+\infty)$ 的初始划分不满足后一个条件时，则需要将相邻的区间合并，以满足这个要求。

例 8.8 某地区在一年内出生的新生儿共有 2726 人。其中男婴有 1440 人，女婴有 1286 人。在显著性水平 $\alpha = 0.05$ 下，能否认为男婴和女婴的出生率相等。

解 $X = \begin{cases} 0, & \text{新生儿是女婴} \\ 1, & \text{新生儿是男婴} \end{cases}$，则 X 的分布律为

$$P\{X=0\} = 1-p; \quad P\{X=1\} = p$$

若男婴和女婴的出生率相等，则 $p=0.5$。因此问题是检验假设 $H_0: p=0.5$。

(1) 将 $(-\infty,+\infty)$ 分成两个区间：$I_1 = \left(-\infty,\dfrac{1}{2}\right], I_2 = \left[\dfrac{1}{2},+\infty\right)$。

(2) 每个区间的实际频数：$f_1 = 1440$，$f_2 = 1286$。

(3) 每个区间的理论频数。因为两个区间的理论概率都为 $p_i = 0.5(i = 1, 2)$，所以，两个区间的理论频数都为 $np_i = 1363(i = 1, 2)$。

(4) 计算 χ^2 统计量。

$$\chi^2 = \frac{(1571 - 1398.5)^2 + (1286 - 1398.5)^2}{1398.5} \approx 8.67$$

又因为 $k = 2, r = 2, \alpha = 0.05$ 且 $\chi_\alpha^2(k - r - 1) = \chi_{0.05}^2(1) = 3.841 < 30.327$。所以拒绝原假设，即认为男婴和女婴的出生率有显著差异。

例 8.9 表 8.7 所列的数据记录了某市一年内各天接到的火警次数。

表 8.7　例 8.9 用表

一天接火警的次数	0	1	2	3	4	≥5	
天数	150	104	75	21	3	0	计 365 天

在显著性水平 $\alpha = 0.005$ 下试检验假设 H_0：一天内接到火警的次数 X 服从泊松分布。

解　按题意需检验假设 $H_0 : X \sim \pi(\lambda)$

由于 λ 未知，在 $H_0 : X \sim \pi(\lambda)$ 下，λ 的极大似然估计为

$$\hat{\lambda} = \bar{x} = \frac{0 \times 150 + 1 \times 104 + 2 \times 75 + 3 \times 21 + 4 \times 3}{365} = 0.90$$

(1) 将 $(-\infty, +\infty)$ 分成几个区间：$I_1 = (-\infty, 0]$，$I_2 = (0, 1]$，$I_3 = (1, 2]$，$I_4 = (2, 3]$，$I_5 = (3, +\infty)$。

(2) 每个区间的实际频数：$f_1 = 150$，$f_2 = 104$，$f_3 = 75$，$f_4 = 21$，$f_5 = 3$。

(3) 每个区间的理论频数：在 $H_0 : X \sim \pi(\lambda)$ 下，

$$P\{X = i\} = \frac{\hat{\lambda}^i e^{-\hat{\lambda}}}{i!} = \frac{0.9^i e^{-0.9}}{i!} \quad (i = 0, 1, 2, \cdots)$$

计算得各区间的理论概率分别为 $\hat{p}_1 = 0.4066$，$\hat{p}_2 = 0.3659$，$\hat{p}_3 = 0.1647$，$\hat{p}_4 = 0.0494$，$\hat{p}_5 = 0.0134$。

(4) 计算 χ^2 统计量：为计算简洁，将所需计算列于表 8.8 中。

表 8.8　所需计算

I_i	f_i	$\hat{p}_i$	$n\hat{p}_i$	$f_i - n\hat{p}_i$
I_1	150	0.4046	147.68	2.32
I_2	104	0.3659	133.55	−29.55
I_3	75	0.1647	60.12	14.88
I_4	21	0.0494	18.03 ⎫ 22.92	1.08
I_5	3	0.0134	4.89 ⎭	

在表 8.8 中看到 $n\hat{p}_5 = 4.89 < 5$，故将 I_4、I_5 合并。计算后得 $\chi^2 = 10.70$。

又因为

$$k = 4, r = 1, \alpha = 0.001$$

$$\chi_\alpha^2(k-r-1)=\chi_{0.001}^2(2)=10.597>10.70$$

所以接受原假设，一天内接到火警的次数 X 服从泊松分布。

以上讨论的检验方法可以统称为临界值法，把拒绝域的边界称为临界值。在现代计算机统计软件中，一般并不给出检验的拒绝域或临界值，而是给出检验 p 值。介绍一下检验 p 值的概念和相关结论。

在总体 $X\sim N(\mu,\sigma^2)$，σ^2 已知时，检验假设 $H_0:\mu=\mu_0$ 时，按 $P_{H_0}\left\{\left|\dfrac{\bar X-\mu_0}{\sigma/\sqrt n}\right|\ge k\right\}=\alpha$ 确定出拒绝域 $|Z|\ge Z_{\alpha/2}$，$k=Z_{\alpha/2}$ 即为检验的临界值。在得到样本的观察值后，可计算出检验统计量 Z 的值 z，将式(8.4)的 $k=Z_{\alpha/2}$ 用统计量 Z 的值 z 代替。所得的概率为

$$p=P_{H_0}\left\{\left|\dfrac{\bar X-\mu_0}{\sigma/\sqrt n}\right|\ge z\right\}$$

这个概率值 p 就是由检验统计量的观察值得出的原假设被拒绝的最小显著性水平。称其为该检验的检验 p 值。因此，对于任意给定的显著性水平 α，就有：

(1) 若 p 值 $\le\alpha$，则在显著性水平 α 拒绝原假设 H_0。

(2) 若 p 值 $>\alpha$，则在显著性水平 α 接受原假设 H_0。

关于检验 p 值的计算不再讨论，这种利用 p 值确定是否接受 H_0 的方法称为 p 值法。

习　题　8

8.1　某品牌的桶装食用油标定质量为 5kg，商品检验部门从市场上随机抽取 10 桶，测得它们的质量(单位：kg)分布为 5.01、4.95、5.00、5.05、5.05、4.97、4.95、5.05、5.01、4.98。假设每桶油的实际质量服从正态分布。试在显著性水平 $\alpha=0.05$ 下，检验该品牌的桶装食用油质量是否为 5kg?

8.2　设某厂生产的一种元件的寿命 $X\sim N(\mu,1296)$，当平均寿命不小于 1500h 为合格。现从生产的一批元件中随机抽取 25 件，测得其寿命均值 $\bar x=1478$h。在显著性水平 $\alpha=0.05$ 下，能否认为这批元件合格？

8.3　某工厂装配车间的新员工，需经过一定时间的培训才能达到最佳效率。今提出了一种新的培训方法，为比较新老培训方法的效果，随机选出新员工 18 人，分成两组，每组 9 人，分别按新老方法培训。培训结束后，每个人都装配了一个相同部件，所用时间如表 8.9 所示。

表 8.9　习题 8.3 用表

按新方法培训	31	35	25	29	31	27	32	40	34
按老方法培训	28	32	37	35	41	35	43	34	35

设两样本相互独立，且依次来自正态总体 $N(\mu_1,\sigma^2)$、$N(\mu_2,\sigma^2)$。其中 μ_1、μ_2、σ^2 均未知。在显著性水平 $\alpha=0.05$ 下，能否认为新方法培训的员工显著地缩短了装配时间？

8.4　甲、乙两厂生产的同一品种食品的含水率分别为 $X\sim N(\mu_1,\sigma^2)$、$Y\sim N(\mu_2,\sigma^2)$。现从甲、乙两厂的产品中各取若干，含水率测试结果如下：

甲厂(%)：20.8，23.7，24.3，17.4，21.3。

乙厂(%)：18.2，20.2，16.7，16.9。

在显著性水平 $\alpha = 0.05$ 下，检验假设"含水率无差异"。

8.5 为了比较 A、B 两种测量铁矿石含铁量的方法是否有明显差异，现取了 12 个不同铁矿的矿石标本，A、B 两种测量方法测得含铁量(%)如表 8.10 所示。

表 8.10 习题 8.5 用表

标本号	1	2	3	4	5	6	7	8	9	10
方法 A	38.25	31.68	26.24	41.29	44.81	46.37	35.42	38.41	46.71	42.68
方法 B	38.27	31.71	26.22	41.33	44.80	46.39	35.46	38.39	46.76	42.72

在显著性水平 $\alpha = 0.05$ 下，问：这两种测定方法是否有显著差异？

8.6 某种导线的要求电阻标准差不超过 $0.005\,\Omega$，现从生产的一批导线中随机抽取 9 根，测量后算得样本差 $s = 0.07\,\Omega$。设导线的电阻值服从正态分布，在显著性水平 $\alpha = 0.05$ 下，这批导线是否符合要求？

8.7 为比较两个学校同一年级学生的数学成绩，随机抽取 A 校的 9 名学生，得分数的平均值 $\bar{x} = 81.38$，方差 $s_1^2 = 60.67$。随机抽取 B 校的 15 名学生，得分数的平均值 $\bar{x} = 8178.61$，方差 $s_2^2 = 60.76$。设样本均来自正态总体，在显著性水平 $\alpha = 0.05$ 下，问：这两个学校该年级的数学成绩是否有显著的差异？

8.8 孟得尔在遗传问题的研究中，用开紫花的豌豆和开白花的豌豆做杂交试验，两代之后，开紫花的有 705 株，开白花的有 224 株。在显著性水平 $\alpha = 0.05$ 下，检验它们的比例是否为 3:1？

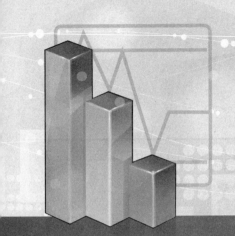

第9章　方差分析与回归分析

在实际中，常常要研究一些变量之间的关系，如人的体重与身高、商品的销售量与其价格等。为了解这些关系，往往通过试验、调查等对相关的变量进行观测，收集数据，并对这些数据加以分析，从而认识它们之间的关系。回归分析和方差分析就是解决这类问题的有效工具，它们是统计学的重要分支。

本章只介绍方差分析模型和一元线性回归分析模型。

9.1　单因子试验的方差分析

在试验中，根据试验目的用来衡量试验结果的量，称为试验指标，也称为响应变量，是一个可观测的随机变量。影响试验指标的可以控制的条件称为试验因素或因子，一般用 $A, B, C, \cdots$ 表示。为了考察因子 A 对试验指标的影响，一般将它控制在 k 个不同的状态，每一个状态称为该因子的一个水平，将 A 的 k 水平记为 $A_1, A_2, \cdots, A_k$。由于在同一个水平下试验的条件是相同的，可以把同一水平下的响应变量作为一个总体，从而通过重复观测得到该总体的一个样本。如果试验中只有一个因子在改变的试验称为单因子试验，如果有一个以上的因子在改变的试验称为多因子试验。单因子试验是最简单的试验，在本章中只讨论单因子试验的方差分析。

单因子试验中只有一个因子，不妨记为 A，设因子 A 有 k 个水平。在第 i 水平上进行了 $n_i (n_i \geqslant 2)$ 次试验，得到样本 $X_{i1}, X_{i2}, \cdots, X_{in}$，以 x_{ij} 记在第 i 水平下第 j 观察值。因此试验的观测数据有表 9.1 所示的形式。

假定水平 $A_i (i = 1, 2, \cdots, k)$ 下的样本 $X_{i1}, X_{i2}, \cdots, X_{in}$ 来自总体 $N(\mu_i, \sigma^2)$，μ_i, σ^2 未知，且不同水平 A_i 的样本之间独立。

又因 $X_{ij} \sim N(\mu_i, \sigma^2)$，所以 $X_{ij} - \mu_i \sim N(0, \sigma^2)$。记 $\varepsilon_{ij} = X_{ij} - \mu_i$，故 ε_{ij} 可看成随机误差。则有

$$
\left.\begin{array}{l}
X_{ij} = \mu_i + \varepsilon_{ij} \\
\varepsilon_{ij} \sim N(0,\sigma^2); \ 各\,\varepsilon_{ij}独立 \\
i = 1,2,\cdots,k; \ \ j = 1,2,\cdots,n_i
\end{array}\right\} \tag{9.1}
$$

表9.1 单因子试验数据的形式

因子水平	观　察　值
A_1	$X_{11} \quad X_{12} \cdots X_{1n_1}$
A_2	$X_{21} \quad X_{22} \cdots X_{2n_2}$
$\vdots$	$\vdots \quad\ \vdots \quad\ \ \vdots$
A_k	$X_{k1} \quad X_{k2} \cdots X_{kn_k}$

式中 μ_i,σ^2 未知。模型式(9.1)称为单因子试验方差分析的数学模型。

现在的首要任务是对于模型式(9.1)检验假设，即

$$
H_0: \mu_1 = \mu_2 = \cdots \mu_k \qquad H_1: \mu_1,\mu_2,\cdots,\mu_k \ 不全相等 \tag{9.2}
$$

记 $n = \sum_{i=1}^{k} n_i$，则全部样本的均值为

$$
\bar{X} = \frac{1}{n}\sum_{i=1}^{k}\sum_{j=1}^{n_i} X_{ij} \tag{9.3}
$$

则总偏差的平方和为

$$
\mathrm{SST} = \sum_{i=1}^{k}\sum_{j=1}^{n_i}(X_{ij} - \bar{X})^2 \tag{9.4}
$$

SST 反映全部数据之间的差异。又记在水平 A_i 的样本均值为 $\bar{X}_{i\bullet}$，则

$$
\bar{X}_{i\bullet} = \frac{1}{n_i}\sum_{i=1}^{n} X_{ij} \tag{9.5}
$$

则SST 就能分解成两个平方项之和，即

$$
\mathrm{SST} = \mathrm{SSE} + \mathrm{SSA} \tag{9.6}
$$

式中：

$$
\mathrm{SSE} = \sum_{i=1}^{k}\sum_{j=1}^{n_i}(X_{ij} - \bar{X}_{i\bullet})^2 \tag{9.7}
$$

$$
\mathrm{SSA} = \sum_{i=1}^{k}\sum_{j=1}^{n_i}(\bar{X}_{i\bullet} = \bar{X})^2 = \sum_{i=1}^{k} n_i(\bar{X}_{i\bullet} - \bar{X})^2 \tag{9.8}
$$

SSE 中各项 $(X_{ij} - \bar{X}_{i\bullet})^2$ 表示在水平 A_i 下，样本观测值与样本均值的差异，是由随机误差所产生的，SSE 称为误差平方和。SSA 的各项 $n_i(\bar{X}_{i\bullet} - \bar{X})^2$ 表示在水平 A_i 下，样本观测值与样本总平均值的差异，是由水平 A_i 即堆积误差所产生的，称为效应平方和。可以证明出假设检验式(9.2)的检验统计量为

$$
F = \frac{\mathrm{SSA}/(k-1)}{\mathrm{SSE}/(n-k)} = \frac{(n-k)\mathrm{SSA}}{(k-1)\mathrm{SSE}} \sim F(k-1, n-k) \tag{9.9}
$$

在给定显著性水平 α 下，拒绝域为

$$F = \frac{(n-k)\mathrm{SSA}}{(k-1)\mathrm{SSE}} \geqslant F_\alpha(k-1, n-k) \tag{9.10}$$

且 $\hat{\mu}_i = \bar{X}_{i\bullet} (i=1,2,\cdots,k), \hat{\mu} = \bar{X}$ 分别是 $\mu_i (i=1,2,\cdots,k)$ ， $\mu = \frac{1}{n} \sum\limits_{i=1}^{k} n_i \mu_i$ 的无偏估计，

$\hat{\sigma}^2 = \dfrac{\mathrm{SSE}}{n-k}$ 是 σ^2 的无偏估计。

实际应用时，常用的方差分析表如表 9.2 所示。

表 9.2　单因子试验的方差分析表

方　差　源	平 方 和	自 由 度	均　　方	F
因子	SSA	$k-1$	$\mathrm{SSA}/(k-1)$	$\dfrac{(n-k)\mathrm{SSA}}{(k-1)\mathrm{SSE}}$
误差	SSE	$n-k$	$\mathrm{SSE}/(n-k)$	
总和	SST	$n-1$		

实际计算时可以用以下公式计算 SSA 、 SST 、 SSE ，即

$$T_{i\bullet} = \sum_{i=1}^{n_i} X_{ij} \quad (i=1,2,\cdots,k) \tag{9.11}$$

$$T_{\bullet\bullet} = \sum_{i=1}^{k} \sum_{j=1}^{n_i} X_{ij} \tag{9.12}$$

则有

$$\mathrm{SST} = \sum_{i=1}^{k} \sum_{j=1}^{n_i} X_{ij}^2 - \frac{T_{\bullet\bullet}^2}{n} \tag{9.13}$$

$$\mathrm{SSA} = \sum_{i=1}^{k} \frac{T_{i\bullet}^2}{n_i} - \frac{T_{\bullet\bullet}^2}{n} \tag{9.14}$$

$$\mathrm{SSE} = \mathrm{SST} - \mathrm{SSA} \tag{9.15}$$

例 9.1　一试验用来比较 4 种不同药物对解除外科手术后疼痛的延缓时间(h)，结果如表 9.3 所示。

表 9.3　例 9.1 用表

药　　品	时间长度/h			
A	8	6	4	2
B	6	6	4	4
C	8	10	10	10
D	12	4	4	2

试在显著性水平 $\alpha = 0.05$ 下，检验各种药物对解除外科手术后疼痛的延缓时间有无显著差异。

解　对原数据表略做改变以便计算，如表 9.4 所示。

表 9.4　将表 9.3 略做变化

药 品 号	时间长度/h				$T_{i\bullet}$
1	8	6	4	2	20
2	6	6	4	4	20
3	8	10	10	10	50
4	12	4	4	2	10
$T_{\bullet\bullet}$					100

设 $\mu_i (i=1,2,3,4)$ 表示第 i 号药品的平均延缓疼痛的延续时间，则该问题为在显著性水平 $\alpha=0.05$ 下，检验假设

$H_0: \mu_1=\mu_2=\mu_3=\mu_4$　$H_1: \mu_1,\mu_2,\cdots,\mu_k$ 不全相等。

又因为 $n_1=n_2=4$，$n_3=5$，$n_4=4$，$n=10$，$T_{i\bullet}$、$T_{\bullet\bullet}$ 见表 9-4。

经过计算，有

$$\text{SST}=\sum_{i=1}^{k}\sum_{j=1}^{n_i}X_{ij}^2-\frac{T_{\bullet\bullet}^2}{n}=143,\quad \text{SSA}=\sum_{i=1}^{k}\frac{T_{i\bullet}^2}{n_i}-\frac{T_{\bullet\bullet}^2}{n}=108.33,\quad \text{SSE}=\text{SST}-\text{SSA}=34.67$$

且它们的自由度依次为 15、3、12。从而得方差分析表，如表 9.5 所示。

表 9.5　方差分析表

方 差 源	平 方 和	自 由 度	均　　方	F
因子	108.33	3	36.11	
误差	34.67	12	2.89	$\dfrac{(n-k)\text{SSA}}{(k-1)\text{SSE}}=12.49$
总和	143	15		

又因 $F_{0.05}(3,12)=3.49$，故 $F=12.49>F_{0.05}(3,12)=3.49$。所以，拒绝原假设，认为药品的效果有显著差异。

9.2　一元线性回归分析

9.2.1　一元线性回归模型

现实世界中，一些有联系的变量之间的关系有确定性关系与非确定性关系之分。若变量之间有确定性关系，即函数关系。有些变量虽有关系但它们之间并不是确定性的关系，例如，身高和体重之间，大体来说可以认为身高越高体重越重，但由于身高无法完全决定体重，这种关系称为相关关系。回归分析是研究相关关系的有力工具。

考虑两个变量的情形。把其中一个变量标记为 Y，称为因变量，把另一个变量标记为 X，称为自变量。假设它们之间存在着相关关系，即由给定的 X 可以在一定程度上决定 Y，但由 X 的值不能准确地确定 Y 的值。为了研究它们的这种关系，对 (X,Y) 进行了一系列观测，得到

$$(x_1,y_1),(x_2,y_2),\cdots,(x_n,y_n) \tag{9.16}$$

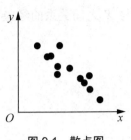

图 9.1 散点图

每对 (x_1, y_1) 在直角坐标系中对应一个点，把它们标在平面直角坐标系中，所得到的图称为散点图。如果图中的点如图 9.1 所示那样呈现直线状，则表明 Y 与 X 之间有线性相关关系。这时可以用一个线性方程

$$Y = \beta_0 + \beta_1 x + \varepsilon, \varepsilon \sim N(0, \sigma^2) \tag{9.17}$$

来描述它们之间的关系。因为由 X 不能严格地确定 Y，增加了一个误差项 ε，它表示 Y 的不能由 X 所确定的那一部分。式(9.17)称为理论回归直线(或称理论回归方程)，其中 β_0、β_1 需要通过(X,Y)的观测数据来估计，将式(9.16)中的数据代入(9.2)，得

$$\begin{cases} y_1 = \beta_0 + \beta_1 x_1 + \varepsilon_1 \\ y_2 = \beta_0 + \beta_2 x_2 + \varepsilon_2 \\ \vdots \\ y_n = \beta_0 + \beta_1 x_n + \varepsilon_n \end{cases} \tag{9.18}$$

式中 $\varepsilon_i \sim N(0, \sigma^2)(i = 1, 2, \cdots, n)$，且相互独立。$\beta_0$、$\beta_1$、$\sigma^2$ 未知。

通常称式(9.17)或式(9.18)为一元线性回归模型。

9.2.2 β_0、β_1 最小二乘估计

现在来估计 β_0 和 β_1。用使误差 $\varepsilon_i = y_i - \beta_0 - \beta_1 x$ 的平方和

$$Q(\beta_0, \beta_1) = \sum_{i=1}^{n} \varepsilon_i^2 = \sum_{i=1}^{n} (y_i - \beta_0 - \beta_1 x)^2 \tag{9.19}$$

达到最小 $\hat{\beta}_0$ 和 $\hat{\beta}_1$ 作为 β_0 和 β_1 的估计，这种估计未知参数的方法称为最小二乘估计法，所得的估计称为最小二乘估计。在数学上这归结为求二元函数 $Q(\beta_0, \beta_1)$ 的极值问题。对 $Q(\beta_0, \beta_1)$ 分别求关于 β_0、β_1 偏导数并令它们等于零，得到方程组

$$\begin{cases} \sum_{i=1}^{n} (y_i - \beta_0 - \beta_1 x_i) = 0 \\ \sum_{i=1}^{n} (y_i - \beta_0 - \beta_1 x_i) x_i = 0 \end{cases} \tag{9.20}$$

解之，得

$$\begin{cases} \hat{\beta}_1 = \dfrac{\sum_{i=1}^{n} (x_i - \bar{x})(y_i - \bar{y})}{\sum_{i=1}^{n} (x_i - \bar{x})^2} \\ \hat{\beta}_0 = \bar{y} - \hat{\beta}_1 \bar{x} \end{cases} \tag{9.21}$$

式中

$$\bar{x} = \sum_{i=1}^{n} x_i, \quad \bar{y} = \sum_{i=1}^{n} y_i$$

它们就是所要求的最小二乘估计。将它们代入式(9.2)，并略去误差项 ε，得到

$$\hat{Y} = \hat{\beta}_0 + \hat{\beta}_1 X \tag{9.22}$$

称为经验回归直线(或经验回归方程)，表示利用数据得到的变量 Y 与 X 之间关系的经验结果。

为了计算方便，以下引入记号

$$
\left.
\begin{aligned}
S_{xx} &= \sum_{i=1}^{n}(x_i - \overline{x}) = \sum_{i=1}^{n} x_i^2 - \frac{1}{n}\left(\sum_{i=1}^{n} x_i\right)^2 \\
S_{yy} &= \sum_{i=1}^{n}(y_i - \overline{y}) = \sum_{i=1}^{n} y_i^2 - \frac{1}{n}\left(\sum_{i=1}^{n} y_i\right)^2 \\
S_{xy} &= \sum_{i=1}^{n}(x_i - \overline{x})(y_i - \overline{y}) \\
&= \sum_{i=1}^{n} x_i y_i - \frac{1}{n}\left(\sum_{i=1}^{n} x_i\right)\left(\sum_{i=1}^{n} y_i\right)
\end{aligned}
\right\}
\tag{9.23}
$$

这样，估计值 $\hat{\beta}_0$ 和 $\hat{\beta}_1$ 就可以写成

$$
\begin{cases}
\hat{\beta}_1 = S_{xy}/S_{xx} \\
\hat{\beta}_0 = \overline{y} - \hat{\beta}_1\overline{x}
\end{cases}
\tag{9.24}
$$

例 9.2   在钢材碳含量对于电阻的效应的研究中，得到如表 9.6 所示的数据。

表 9.6   例 9.2 用表

碳含量/%	0.10	0.30	0.40	0.55	0.70	0.80	0.90
20℃电阻/μΩ	15	18	19	21	22.6	23.8	26

(1) 画出散点图。

(2) 求出一元线性回归方程。

解   设含碳量为 x，电阻值为 y。

(1) 散点图如图 9.2 所示，由该图可知，y 和 x 存在线性相关关系。

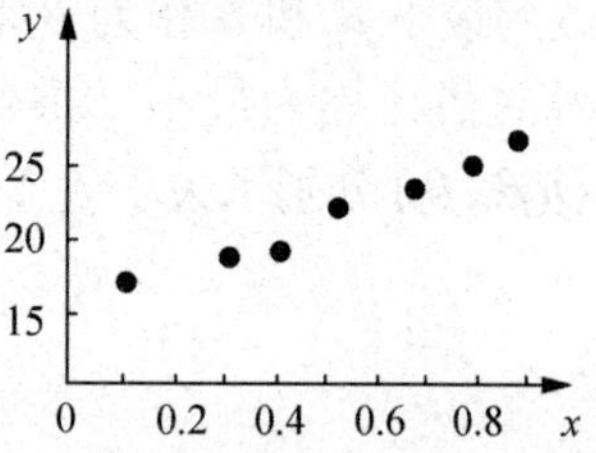

(2) 由已知 $n = 7$，求线性回归方程所需计算列于表 9.7 中。

图 9.2   散点图

表 9.7   例 9.2 用表

x	y	x^2	y^2	xy
0.10	15	0.01	225	1.5
0.30	18	0.09	324	5.4
0.40	19	0.16	361	7.6
0.55	21	0.3025	441	11.55
0.70	22.6	0.49	51.76	15.82
0.80	23.8	0.64	566.44	19.04
0.95	26	0.9025	676	24.7
$\sum$	3.80	145.4	2.595	3104.2	85.61

由表 9.7 可得，$\sum\limits_{i=1}^{7} x_i = 3.8$，$\sum\limits_{i=1}^{7} y_i = 145.4$，$\sum\limits_{i=1}^{7} x_i^2 = 2.595$，

$$\sum_{i=1}^{7} y_i^2 = 3104.2，\quad \sum_{i=1}^{7} x_i y_i = 85.61$$

$$S_{xx} = \sum_{i=1}^{7} x_i^2 - \frac{1}{7}\left(\sum_{1-1}^{7} x_i\right)^2 = 0.532143$$

$$S_{yy} = \sum_{i=1}^{7} y_i^2 - \frac{1}{7}\left(\sum_{1-1}^{7} y_i\right)^2 = 84.034286$$

$$S_{xy} = \sum_{i=1}^{7} x_i y_i - \frac{1}{7}\left(\sum_{i=1}^{7} x_i\right)\left(\sum_{1-1}^{7} y_i\right) = 6.678571$$

$$\hat{\beta}_1 = \frac{S_{xy}}{S_{xx}} = 12.5503$$

$$\hat{\beta}_0 = \overline{y} - \hat{\beta}\,\overline{x} = 13.9854$$

所以回归方程为

$$\hat{y} = 13.9854 + 12.5503x$$

最小二乘估计具有许多优良性质。下面的定理概括了一元线性回归中参数最小二乘估计 $\hat{\beta}_0$ 和 $\hat{\beta}_1$ 的一些重要性质。

定理 9.1　在一元线性回归模型式(9.2)中，有

(1) $\hat{\beta}_1 \sim N(\beta_1, \sigma^2/S_{xx})$。

(2) $\hat{\beta}_0 \sim N\left(\beta_0, \left(\dfrac{1}{n} + \dfrac{\overline{x}}{S_{xx}}\right)\right)$。

证明从略。

在一元线性回归模型式(9.3)中，误差 ε 的方差 σ^2，也是一个重要的参数，当有了最小二乘估计 $\hat{\beta}_0$ 和 $\hat{\beta}_1$ 之后，就可以构造 σ^2 的估计。

因为 $\varepsilon_i = (y_i - \beta_0 - \beta_1 x)^2$，用 $\hat{\beta}_0$ 和 $\hat{\beta}_1$ 代替其中的 β_0 和 β_1 就得到 ε_i 的一个估计，即

$$\hat{\varepsilon}_i = (y_i - \hat{\beta}_0 - \hat{\beta}_1 x)^2 \quad (i = 1, 2, \cdots, n)$$

称为残差。σ^2 的常用估计为

$$\hat{\sigma}^2 = \frac{1}{n-2}\sum_{i=1}^{n} \hat{\varepsilon}_i^2 = \frac{1}{n-2}(S_{yy} - \hat{\beta}_1 S_{xy}) \tag{9.25}$$

不加证明地叙述以下事实。

定理 9.2

(1) $\hat{\sigma}^2$ 是 σ^2 的无偏估计。

(2) $(n-2)\hat{\sigma}^2/\sigma^2 \sim \chi^2(n-2)$，并 σ^2 与 $\hat{\beta}_0$、$\hat{\beta}_1$ 相互独立。

这两定理的结论为下面的显著性检验和新观察值的预测奠定了理论基础。

9.2.3 回归方程的显著性检验

对任何两个变量 X 和 Y，不管它们之间是否有相关关系，只要对它们进行了 n 次观测，得到数据 (x_i, y_i) 之后，经过计算经验回归方程 $\hat{Y} = \hat{\beta}_0 + \hat{\beta}_1 X$，它真正描述了 X 和 Y 之间的客观存在关系吗？这个问题首先要从所研究问题的实际背景来考察这个经验回归方程所描述的变量之间关系的合理性。也可以用统计方法来回答这个问题，实际上 $Y = \beta_0 + \beta_1 X$ 往往是一个假定，当 $\beta_1 = 0$ 这个假定就不成立。因此，用样本来检验假设

$$H_0: \beta_1 = 0, H_1: \beta_1 \neq 0$$

把这个检验称为一元线性回归方程的显著性检验。

当原假设成立时，理论回归直线式(9.2)的斜率等于零，这表明因变量 Y 与自变量 X 之间并无线性相关关系可言。

由定理 9.1 和定理 9.2 知

$$\hat{\beta}_1 \sim N(\beta_1, \sigma^2/S_{xx}), \quad (n-2\hat{\sigma}^2)/\sigma^2 \sim \chi^2(n-2)$$

且两者相互独立。于是当原假设成立时，有

$$t = \frac{\hat{\beta}_1}{\hat{\sigma}/\sqrt{S_{xx}}} \sim t(n-2)$$

对给定的显著性水平 α，如果

$$|t| \geq t_\alpha(n-2) \tag{9.26}$$

则拒绝原假设，而接受 $H_1: \beta_1 \neq 0$；就认为回归效果是显著的；否则就接受原假设 $H_0: \beta_1 = 0$，则认为 X 和 Y 不存在线性关系，此时不宜使用线性回归模型，要另行研究。

实际应用中，往往用以下的 F 检验来检验假设，即

$$H_0: \beta_1 = 0, H_1: \beta_1 \neq 0$$

事实上，$S_{yy} = \sum\limits_{i=1}^{n}(y_i - \overline{y})^2$ 反映了观察值的分散程度，称为总变差。而 $\sum\limits_{i=1}^{n}(\hat{y}_i - \overline{y})^2$ 反映了回归值 $\hat{y}_i$ 的分散程度，称为回归方差，记为 $S_{回}$，而 $\sum\limits_{i=1}^{n}(y_i - \hat{y}_i)^2$ 体现了随机因素对 y 的影响，称为误差平方和，记为 $S_{误}$。可以证明

$$F = \frac{S_{回}}{S_{误}/(n-2)} \sim F(1, n-2) \tag{9.27}$$

检验假设 $H_0: \beta_1 = 0$ 的拒绝域为 $F \geq F_\alpha(1, n-2)$。

检验统计量往往用式(9.27)计算，有

$$F = \frac{S_{回}}{S_{误}/(n-2)} = (n-2)\frac{S_{xy}^2}{S_{xx}S_{yy} - S_{xy}} \tag{9.28}$$

9.2.4 预测问题

当经过回归方程的显著性检验以及从问题的实际分析，认为经验回归方程确实能够刻画它们之间的相关关系之后，就可以对给定的自变量值 x_0 所对应的因变量 Y 的新观察值或

未来值 Y_0 进行预测。

按式(9.17)的假定，$x = x_0$ 处新观察值 Y_0，应满足

$$Y = \beta_0 + \beta_1 + \varepsilon, \varepsilon \sim N(0, \sigma^2) \tag{9.29}$$

这里 $\varepsilon \sim N(0, \sigma^2)$ 表示对应的误差，其均值为 0，故可用常数 0 作为它的估计值。因为可用

$$\hat{Y} = \hat{\beta}_0 + \hat{\beta}_1 x_0 \tag{9.30}$$

作为 Y_0 的预测值，$\hat{Y} = \hat{\beta}_0 + \hat{\beta}_1 x_0$ 称为 Y_0 的点预测。

根据有关随机变量的分布，还可以得到 Y_0 在置信水平为 $1 - \alpha$ 下的置信区间为

$$\left\{ \hat{\beta}_0 + \hat{\beta}_1 x_0 \pm t_{\alpha/2}(n-2)\hat{\sigma}\sqrt{1 + \frac{1}{n} + \frac{(\bar{x} - x_0)^2}{S_{xx}}} \right\} \tag{9.31}$$

这个区间称为 Y_0 的预测区间。

例 9.3　(1) 检验例 9.2 的回归效果是否显著，取 $\alpha = 0.05$。

(2) 若回归效果显著，求出在 $x_0 = 0.5$ 的点预测和置信水平为 0.95 的预测区间。

解　(1) 检验假设 $H_0: \beta_1 = 0, H_1: \beta_1 \neq 0$

检验统计量为 $F = (n-2)\dfrac{S_{xy}^2}{S_{xx}S_{yy} - S_{xy}}$。

拒绝域为 $F \geqslant F_{\alpha}(1, n-2)$。

有 F 的观察值 $F = (7-2)\dfrac{S_{xy}^2}{S_{xx}S_{yy} - S_{xy}} = 5.8623$。

$$F_{\alpha}(1, n-2) = F_{0.05}(1,5) = 5.05 < F$$

所以拒绝原假设，即回归效果是显著的。

(2) 因回归方程为　$\hat{y} = 13.9854 + 12.5503x$，所以在 $x_0 = 0.5$ 的点预测为

$$\hat{y}_0 = 13.9854 + 12.5503 \times 0.5 = 20.234$$

由于 $\hat{\sigma}^2 = \dfrac{1}{n-2}(S_{yy} - \hat{\beta}_1 S_{xy})$，经过计算可得 $\hat{\sigma}^2 = 0.043194$。

又因置信水平为 0.95，故 $\alpha = 0.05$，$t_{\alpha/2}(n-2) = t_{0.025}(5) = 0.2044$，故

$$t_{\alpha/2(n-2)}\hat{\sigma}\sqrt{1 + \frac{1}{n} + \frac{(x_0 - \bar{x})}{S_{xx}}} = 0.572$$

所以预测区间为 $(\hat{y}_0 \pm 0.572) = (19.66, 20.81)$。

习　题　9

9.1　某灯泡厂采用 4 种不同配方制成的灯丝，分别生产了一批灯泡。在每批灯泡中随机抽取若干灯泡测其寿命(单位：h)，结果如表 9.8 所示。取显著性水平 $\alpha = 0.05$，试问使用 4 种不同灯丝生产的灯泡寿命有无差异？

表 9.8　习题 9.1 用表

灯 丝	灯泡的寿命/h						
1	1610 1600 1650 1780 1680 1700 1700						
2	1700 1500 1750 1640 1400						
3	1550 1620 1600 1800 1640 1740 1600 1640						
4	1570 1600 1530 1510 1640 1520						

9.2　一种新的清洁剂放在超市内部 3 个不同的位置销售展示，用来测试市场销售情况。在超市内部各个位置售出的数量(瓶)如表 9.9 所示。

表 9.9　习题 9.2 用表

位　置	销售量/瓶			
1	37	38	41	39
2	33	37	31	34
3	46	47	49	51

试取水平 $\alpha = 0.01$，检验各个位置的平均销售瓶数有无显著差异。

9.3　设有 5 种治疗荨麻疹的药物，要比较它们的疗效。按照一定规则选定 30 名患者并随机分为 5 组，每组 6 人，每组患者指定其中一种治疗药物，记录从治疗开始到痊愈所需要的天数，得到如表 9.10 所示数据。

表 9.10　习题 9.3 用表

药　物	治疗所需天数/d					
1	5	8	7	8	9	8
2	4	6	5	4	6	5
3	7	4	6	6	5	3
4	4	4	5	6	3	4
5	5	4	8	6	7	7

试取水平 $\alpha = 0.05$，检验各个位置的平均销售瓶数有无显著差异。

9.4　随机抽取了 10 个家庭，调查了它们的家庭月收入为 X(单位：百元)和月支出 Y(单位：百元)，记录于表 9.11 中。

表 9.11　习题 9.4 用表

X	20	25	15	20	20	16	18	19	16	22
Y	18	20	14	17	19	14	17	18	13	20

(1) 在直角坐标系下作 X 与 Y 的散点图，判断 Y 与 X 是否存在线性相关关系。

(2) 试求 Y 与 X 的一元线性回归方程。

(3) 对所得的方程做显著性检验，$\alpha = 0.05$。

(4) 对家庭月收入 $x_0 = 17$，求对应 y_0 的点预测和置信水平为 0.95 的区间预测。

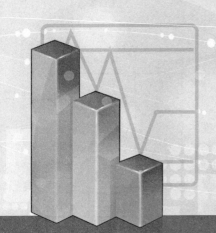

附录 1　重要分布表

附表 1　标准正态分布表

$$\Phi(x) = \int_{-\infty}^{x} \frac{1}{\sqrt{2\pi}} e^{-\frac{u^2}{2}} du$$

x	0	1	2	3	4	5	6	7	8	9
0.0	0.0500	0.5040	0.5080	0.5120	0.5160	0.5199	0.5239	0.5279	0.5319	0.5359
0.1	0.5398	0.5438	0.5478	0.5517	0.5557	0.5596	0.5636	0.5675	0.5714	0.5753
0.2	0.5793	0.5832	0.5871	0.5910	0.5948	0.5987	0.6026	0.6064	0.6103	0.6141
0.3	0.6179	0.6217	0.6255	0.6293	0.6331	0.6368	0.6406	0.6443	0.6480	0.6517
0.4	0.6554	0.6591	0.6628	0.6664	0.6700	0.6736	0.6772	0.6808	0.6844	0.6879
0.5	0.6915	0.6950	0.6985	0.7019	0.7054	0.7088	0.7123	0.7157	0.7190	0.7224
0.6	0.7257	0.7291	0.7324	0.7357	0.7389	0.7422	0.7454	0.7486	0.7517	0.7549
0.7	0.7580	0.7611	0.7642	0.7673	0.7703	0.7734	0.7764	0.7794	0.7823	0.7852
0.8	0.7881	0.7910	0.7939	0.7967	0.7995	0.8023	0.8051	0.8078	0.8106	0.8133
0.9	0.8159	0.8186	0.8212	0.8238	0.8264	0.8289	0.8315	0.8340	0.8365	0.8389
1.0	0.8413	0.8438	0.8461	0.8485	0.8508	0.8531	0.8554	0.8577	0.8599	0.8621
1.1	0.8643	0.8665	0.8686	0.8708	0.8729	0.8749	0.8770	0.8790	0.8810	0.8830
1.2	0.8849	0.8869	0.8888	0.8907	0.8925	0.8944	0.8962	0.8980	0.8997	0.9015
1.3	0.9032	0.9049	0.9066	0.9082	0.9099	0.9115	0.9131	0.9147	0.9162	0.9177
1.4	0.9192	0.9207	0.9222	0.9236	0.9251	0.9265	0.9278	0.9292	0.9306	0.9319
1.5	0.9332	0.9345	0.9357	0.9370	0.9382	0.9394	0.9406	0.9418	0.9430	0.9441
1.6	0.9452	0.9463	0.9474	0.9484	0.9495	0.9505	0.9515	0.9525	0.9535	0.9545
1.7	0.9554	0.9564	0.9573	0.9582	0.9591	0.9599	0.9608	0.9616	0.9625	0.9633
1.8	0.9641	0.9648	0.9656	0.9664	0.9671	0.9678	0.9686	0.9693	0.9700	0.9706
1.9	0.9713	0.9719	0.9726	0.9732	0.9738	0.9744	0.9750	0.9756	0.9762	0.9767
2.0	0.9772	0.9778	0.9783	0.9788	0.9793	0.9798	0.9803	0.9808	0.9812	0.9817
2.1	0.9821	0.9826	0.9830	0.9834	0.9838	0.9842	0.9846	0.9850	0.9854	0.9857
2.2	0.9861	0.9864	0.9868	0.9871	0.9874	0.9878	0.9881	0.9884	0.9887	0.9890
2.3	0.9893	0.9896	0.9898	0.9901	0.9904	0.9906	0.9909	0.9911	0.9913	0.9916
2.4	0.9918	0.9920	0.9922	0.9925	0.9927	0.9929	0.9931	0.9932	0.9934	0.9936

x	0	1	2	3	4	5	6	7	8	9
2.5	0.9938	0.9940	0.9941	0.9943	0.9945	0.9946	0.9948	0.9949	0.9951	0.9952
2.6	0.9953	0.9955	0.9956	0.9957	0.9959	0.9960	0.9961	0.9962	0.9963	0.9964
2.7	0.9965	0.9966	0.9967	0.9968	0.9969	0.9970	0.9971	0.9972	0.9973	0.9974
2.8	0.9974	0.9975	0.9976	0.9977	0.9977	0.9978	0.9979	0.9979	0.9980	0.9981
2.9	0.9981	0.9982	0.9982	0.9983	0.9984	0.9984	0.9985	0.9985	0.9986	0.9986
3.0	0.9987	0.9990	0.9993	0.9995	0.9997	0.9998	0.9998	0.9999	0.9999	1.0000

附表 2　泊松分布表

$$P\{X \geqslant x\} = \sum_{k=x}^{\infty} \frac{e^{-\lambda}\lambda^k}{k!}$$

x	$\lambda=0.2$	$\lambda=0.3$	$\lambda=0.4$	$\lambda=0.5$	$\lambda=0.6$
0	1.0000000	1.0000000	1.0000000	1.0000000	1.0000000
1	0.1812692	0.2591818	0.3296800	0.393469	0.451188
2	0.0175231	0.0369363	0.0615519	0.090204	0.121901
3	0.0011485	0.0035995	0.0079263	0.014388	0.023115
4	0.0000568	0.0002658	0.0007763	0.001752	0.003358
5	0.0000023	0.0000158	0.0000612	0.000172	0.000394
6	0.0000001	0.0000008	0.0000040	0.000014	0.000039
7			0.0000002	0.000001	0.000003

x	$\lambda=0.7$	$\lambda=0.8$	$\lambda=0.9$	$\lambda=1.0$	$\lambda=1.2$
0	1.000000	1.000000	1.000000	1.000000	1.000000
1	0.503415	0.550671	0.593430	0.632121	0.698806
2	0.155805	0.191208	0.227518	0.264241	0.337373
3	0.034142	0.047423	0.062857	0.080301	0.120513
4	0.005753	0.009080	0.013459	0.018988	0.033769
5	0.000786	0.001411	0.002344	0.003660	0.007746
6	0.000090	0.000184	0.000343	0.000594	0.001500
7	0.000009	0.000021	0.000043	0.000083	0.000251
8	0.000001	0.000002	0.000005	0.000010	0.000037
9				0.000001	0.000005
10					0.000001

x	$\lambda=1.4$	$\lambda=1.6$	$\lambda=1.8$	$\lambda=2.0$	$\lambda=2.2$
0	1.000000	1.000000	1.000000	1.000000	1.000000
1	0.753403	0.798103	0.834701	0.864665	0.889197

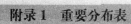

续表

x	$\lambda=1.4$	$\lambda=1.6$	$\lambda=1.8$	$\lambda=2.0$	$\lambda=2.2$
2	0.408167	0.475069	0.537163	0.593994	0.645430
3	0.166502	0.216642	0.269379	0.323324	0.377286
4	0.053725	0.078313	0.108708	0.142877	0.180648
5	0.014253	0.023682	0.036407	0.052653	0.072496
6	0.003201	0.006040	0.010378	0.016564	0.024910
7	0.000622	0.001336	0.002569	0.004534	0.007461
8	0.000107	0.000260	0.000562	0.001097	0.001978
9	0.000016	0.000045	0.000110	0.000237	0.000470
10	0.000002	0.000007	0.000019	0.000046	0.000101
11		0.000001	0.000003	0.000008	0.000020

x	$\lambda=2.5$	$\lambda=3$	$\lambda=3.5$	$\lambda=4.0$	$\lambda=4.5$	$\lambda=5.0$
0	1.000000	1.000000	1.000000	1.000000	1.000000	1.000000
1	0.917915	0.950213	0.969803	0.981684	0.988891	0.993262
2	0.712703	0.800852	0.864112	0.908422	0.938901	0.959572
3	0.456187	0.576810	0.679153	0.761897	0.826422	0.875348
4	0.242424	0.352768	0.463367	0.566530	0.657704	0.734974
5	0.108822	0.184737	0.274555	0.371163	0.467896	0.559507
6	0.042021	0.083918	0.142386	0.214870	0.297070	0.384039
7	0.014187	0.033509	0.065288	0.110674	0.168949	0.237817
8	0.004247	0.011905	0.026739	0.051134	0.086586	0.133372
9	0.001140	0.003803	0.009874	0.021363	0.040257	0.068094
10	0.000277	0.001102	0.003315	0.008132	0.017093	0.031828
11	0.000062	0.000292	0.001019	0.002840	0.006669	0.013695
12	0.000013	0.000071	0.000289	0.000915	0.002404	0.005453
13	0.000002	0.000016	0.000076	0.000274	0.000805	0.002019
14		0.000003	0.000019	0.000076	0.000252	0.000698
15		0.000001	0.000004	0.000020	0.000074	0.000226
16			0.000001	0.000005	0.000020	0.000069
17				0.000001	0.000005	0.000020
18					0.000001	0.000005
19						0.000001

附表3 χ^2分布表

$$P\{\chi_n^2 > \chi_n^2(\alpha)\} = \alpha$$

n \ α	0.995	0.99	0.975	0.95	0.90	0.75
1	——	——	0.001	0.004	0.016	0.102
2	0.010	0.020	0.051	0.103	0.211	0.575
3	0.072	0.115	0.216	0.352	0.584	1.213
4	0.207	0.297	0.484	0.711	1.064	1.923
5	0.412	0.554	0.831	1.145	1.610	2.675
6	0.676	0.872	1.237	1.635	2.204	3.455
7	0.989	1.239	1.690	2.167	2.833	4.255
8	1.344	1.646	2.180	2.733	3.490	5.071
9	1.735	2.088	2.700	3.325	4.168	5.899
10	2.156	2.558	3.247	3.940	4.865	6.737
11	2.603	3.053	3.816	4.575	5.578	7.584
12	3.074	3.571	4.404	5.226	6.304	8.438
13	3.565	4.107	5.009	5.892	7.042	9.299
14	4.705	4.660	5.629	6.571	7.790	10.165
15	4.601	5.229	6.262	7.261	8.547	11.037
16	5.142	5.812	6.908	7.962	9.312	11.912
17	5.697	6.408	7.564	8.672	10.085	12.792
18	6.265	7.015	8.231	9.390	10.865	13.675
19	6.884	7.633	8.907	10.117	11.651	14.562
20	7.434	8.260	9.591	10.851	12.443	15.452

n \ α	0.995	0.99	0.975	0.95	0.90	0.75
21	8.034	8.897	10.283	11.591	13.240	16.344
22	8.643	9.542	10.982	12.338	14.042	17.240
23	9.260	10.196	11.689	13.091	14.848	18.137
24	9.886	10.856	12.401	13.848	15.659	19.037
25	10.520	11.524	13.120	14.611	16.473	19.939
26	11.160	12.198	13.844	15.379	17.292	20.843
27	11.808	12.879	14.573	16.151	18.114	21.749
28	12.461	13.565	15.308	16.928	18.939	22.657
29	13.121	14.257	16.047	17.708	19.768	23.567
30	13.787	14.954	16.791	18.493	20.599	24.478
31	14.458	15.655	17.539	19.281	21.434	25.390
32	15.134	16.362	18.291	20.072	22.271	26.304
33	15.815	17.074	19.047	20.867	23.110	27.219
34	16.501	17.789	19.806	21.664	23.952	27.136
35	17.192	18.509	20.569	22.465	24.797	29.054
36	17.887	19.233	21.336	23.269	25.643	29.973
37	18.586	19.960	22.106	24.075	26.492	30.893
38	19.289	20.691	22.878	24.884	27.343	31.815
39	19.996	21.426	23.654	25.695	28.196	32.737
40	20.707	22.164	24.433	26.509	29.051	33.660
41	21.421	22.906	25.215	27.326	29.907	34.585
42	22.138	23.650	25.999	28.144	30.765	35.510
43	22.859	24.398	26.785	28.965	31.625	36.436
44	23.584	25.148	27.575	29.787	32.487	37.363
45	24.311	25.901	28.366	30.612	33.350	38.291

续表

n \ α	0.25	0.10	0.05	0.025	0.01	0.005
1	1.323	2.706	3.841	5.024	6.635	7.879
2	2.773	4.605	5.991	7.378	9.210	10.597
3	4.108	6.251	7.815	9.348	11.345	12.838
4	5.385	7.779	9.488	11.143	13.277	14.860
5	6.626	9.236	11.071	12.833	15.086	16.750
6	7.841	10.645	12.592	14.449	16.812	18.548
7	9.037	12.017	14.067	16.013	18.475	20.278
8	10.219	13.362	15.507	17.535	20.090	21.995
9	11.389	14.684	16.919	19.023	21.666	23.589
10	12.549	15.987	18.307	20.483	23.209	25.188
11	13.701	17.275	19.675	21.920	24.725	26.757
12	14.845	18.549	21.026	23.337	26.217	28.299
13	15.984	19.812	22.362	24.736	27.688	29.819
14	17.117	21.064	23.685	26.119	29.141	31.319
15	18.245	22.307	24.996	27.488	30.578	32.801
16	19.369	23.542	26.296	28.845	32.000	34.267
17	20.489	24.769	27.587	30.191	33.409	35.718
18	21.605	25.989	28.869	31.526	34.805	37.156
19	22.718	27.204	30.144	32.852	36.191	38.582
20	23.828	28.412	31.410	34.170	37.566	39.997
21	24.935	29.615	32.671	35.479	38.932	41.401
22	26.039	30.813	33.924	36.781	40.289	42.796
23	27.141	32.007	35.172	38.076	41.638	44.181
24	28.241	33.196	36.415	39.364	42.980	45.559
25	29.339	34.382	37.652	40.646	44.314	46.928

续表

n \ α	0.25	0.10	0.05	0.025	0.01	0.005
26	30.435	35.563	38.885	41.923	45.642	48.290
27	31.528	36.741	40.113	43.194	46.963	49.645
28	32.620	37.916	41.337	44.461	48.273	50.993
29	33.711	39.087	42.557	45.722	49.588	52.336
30	34.800	40.256	43.773	46.979	50.892	53.672
31	35.887	41.422	44.985	48.232	52.191	55.003
32	36.973	42.585	46.194	49.480	53.486	56.328
33	38.058	43.745	47.400	50.725	54.776	57.648
34	39.141	44.903	48.602	51.966	56.061	58.964
35	40.223	46.059	49.802	53.203	57.342	60.275
36	41.304	47.212	50.998	54.437	58.619	61.581
37	42.383	48.363	52.192	55.668	59.892	62.883
38	43.462	49.513	53.384	56.896	61.162	64.181
39	44.539	50.660	54.572	58.120	62.428	65.476
40	45.616	51.805	55.758	59.342	63.691	66.766
41	46.692	52.949	56.942	60.561	64.950	68.053
42	47.766	54.090	58.124	61.777	66.206	69.336
43	48.840	55.230	59.304	62.990	67.459	70.616
44	49.913	56.369	60.481	64.201	68.710	71.393
45	50.985	57.505	61.656	65.410	69.957	73.166

附表4 t分布表

$$P\{t_n > t_n(\alpha)\} = \alpha$$

n \ α	0.25	0.10	0.05	0.025	0.01	0.005
1	1.0000	3.0777	6.3138	12.7062	31.8207	63.6574
2	0.8165	1.8856	2.9200	4.3027	6.9646	9.9248
3	0.7649	1.6377	2.3534	3.1824	4.5407	5.8409
4	0.7407	1.5332	2.1318	2.7764	3.7469	4.6041
5	0.7267	1.4759	2.0150	2.5706	3.3649	4.0322
6	0.7176	1.4398	1.9432	2.4469	3.1427	3.7074
7	0.7111	1.4149	1.8946	2.3646	2.9980	3.4995
8	0.7064	1.3968	1.8595	2.3060	2.8965	3.3554
9	0.7027	1.3830	1.8331	2.2622	2.8214	3.2498
10	0.6998	1.3722	1.8125	2.2281	2.7638	3.1693
11	0.6974	1.3634	1.7959	2.2010	2.7181	3.1058
12	0.6955	1.3562	1.7823	2.1788	2.6810	3.0545
13	0.6938	1.3502	1.7709	2.1604	2.6503	3.0123
14	0.6924	1.3450	1.7613	2.1448	2.6245	2.9768
15	0.6912	1.3406	1.7531	2.1315	2.6025	2.9467
16	0.6901	1.3368	1.7459	2.1199	2.5835	2.9208
17	0.6892	1.3334	1.7396	2.1098	2.5669	2.8982
18	0.6884	1.3304	1.7341	2.1009	2.5524	2.8784
19	0.6876	1.3277	1.7291	2.0930	2.5395	2.8609
20	0.6870	1.3253	1.7247	2.0860	2.5280	2.8453

n \ α	0.25	0.10	0.05	0.025	0.01	0.005
21	0.6864	1.3232	1.7207	2.0796	2.5177	2.8314
22	0.6858	1.3212	1.7171	2.0739	2.5083	2.8188
23	0.6853	1.3195	1.7139	2.0687	2.4999	2.8073
24	0.6848	1.3178	1.7109	2.0639	2.4922	2.7969
25	0.6844	1.3163	1.7081	2.0595	2.4851	2.7874
26	0.6840	1.3150	1.7056	2.0555	2.4786	2.7787
27	0.6837	1.3137	1.7033	2.0518	2.4727	2.7707
28	0.6834	1.3125	1.7011	2.0484	2.4671	2.7633
29	0.6830	1.3114	1.6991	2.0452	2.4620	2.7564
30	0.6828	1.3104	1.6973	2.0423	2.4573	2.7500
31	0.6825	1.3095	1.6955	2.0395	2.4528	2.7440
32	0.6822	1.3086	1.6939	2.0369	2.4487	2.7385
33	0.6820	1.3077	1.6924	2.0345	2.4448	2.7333
34	0.6818	1.3070	1.6909	2.0322	2.4411	2.7284
35	0.6816	1.3062	1.6896	2.0301	2.4377	2.7238
36	0.6814	1.3055	1.6883	2.0281	2.4345	2.7195
37	0.6812	1.3049	1.6871	2.0262	2.4314	2.7154
38	0.6810	1.3042	1.6860	2.0244	2.4286	2.7116
39	0.6808	1.3036	1.6849	2.0227	2.4258	2.7079
40	0.6807	1.3031	1.6839	2.0211	2.4233	2.7045
41	0.6805	1.3025	1.6829	2.0195	2.4208	2.7012
42	1.6804	1.3020	1.6820	2.0181	2.4185	2.6981
43	1.6802	1.3016	1.6811	2.0167	2.4163	2.6951
44	1.6801	1.3011	1.6802	2.0154	2.4141	2.6923
45	0.6800	1.3006	1.6794	2.0141	2.4121	2.6896

附表 5   F 分布表

$$\{F_{n1,n2} > F_{n1,n2}(\alpha)\} = \alpha$$
$$\alpha = 0.10$$

n_2 \ n_1	1	2	3	4	5	6	7	8	9
1	39.86	49.50	53.59	55.83	57.24	58.20	58.91	59.44	59.86
2	8.53	9.00	9.16	9.24	9.29	9.33	9.35	9.37	9.38
3	5.54	5.46	5.39	5.34	5.31	5.28	5.27	5.25	5.24
4	4.54	4.32	4.19	4.11	4.05	4.01	3.98	3.95	3.94
5	4.06	3.78	3.62	3.52	3.45	3.40	3.37	3.34	3.32
6	3.78	3.46	3.29	3.18	3.11	3.05	3.01	2.98	2.96
7	3.59	3.26	3.07	2.96	2.88	2.83	2.78	2.75	2.72
8	3.46	3.11	2.92	2.81	2.73	2.67	2.62	2.59	2.56
9	3.36	3.01	2.81	2.69	2.61	2.55	2.51	2.47	2.44
10	3.29	2.92	2.73	2.61	2.52	2.46	2.41	2.38	2.35
11	3.23	2.86	2.66	2.54	2.45	2.39	2.34	2.30	2.27
12	3.18	2.81	2.61	2.48	2.39	2.33	2.28	2.24	2.21
13	3.14	2.76	2.56	2.43	2.35	2.28	2.23	2.20	2.16
14	3.10	2.73	2.52	2.39	2.31	2.24	2.19	2.15	2.12
15	3.07	2.70	2.49	2.36	2.27	2.21	2.16	2.12	2.09
16	3.05	2.67	2.46	2.33	2.24	2.18	2.13	2.09	2.06
17	3.03	2.64	2.44	2.31	2.22	2.15	2.10	2.06	2.03
18	3.01	2.62	2.42	2.29	2.20	2.13	2.08	2.04	2.00
19	2.99	2.61	2.40	2.27	2.18	2.11	2.06	2.02	1.98
20	2.97	2.50	2.38	2.25	2.16	2.09	2.04	2.00	1.96
21	2.96	9.57	2.36	2.23	2.14	2.08	2.02	1.98	1.95
22	2.95	2.56	2.35	2.22	2.13	2.06	2.01	1.97	1.93
23	2.94	2.55	2.34	2.21	2.11	2.05	1.99	1.95	1.92
24	2.93	2.54	2.33	2.19	2.10	2.04	1.98	1.94	1.91
25	2.92	2.53	2.32	2.18	2.09	2.02	1.97	1.93	1.89
26	2.91	2.52	2.31	2.17	2.08	2.01	1.96	1.92	1.88
27	2.90	2.51	2.30	2.17	2.07	2.00	1.95	1.91	1.87
28	2.89	2.50	2.29	2.16	2.06	2.00	1.94	1.90	1.87
29	2.89	2.50	2.28	2.15	2.06	1.99	1.93	1.89	1.86
30	2.88	2.49	2.28	2.14	2.05	1.98	1.93	1.88	1.85
40	2.84	2.44	2.23	2.09	2.00	1.93	1.87	1.83	1.79
60	2.79	2.39	2.18	2.04	1.95	1.87	1.82	1.77	1.74
120	2.75	2.35	2.13	1.99	1.90	1.82	1.77	1.72	1.68
∞	2.71	2.30	2.08	1.94	1.85	1.77	1.72	1.67	1.63

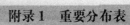

$\alpha = 0.10$ 续表

n_1 / n_2	10	12	15	20	24	30	40	60	120	∞
1	60.19	60.71	61.22	61.74	62.00	62.26	62.53	62.79	63.06	63.33
2	9.39	9.41	9.42	9.44	9.45	9.46	9.47	9.47	9.48	9.49
3	5.23	5.22	5.20	5.18	5.18	5.17	5.16	5.15	5.14	5.13
4	3.92	3.90	3.87	3.84	3.83	3.82	3.80	3.79	3.78	4.76
5	3.30	3.27	3.24	3.21	3.19	3.17	3.16	3.14	3.12	3.10
6	2.94	2.90	2.87	2.84	2.82	2.80	2.78	2.76	2.74	2.72
7	2.70	2.67	2.63	2.59	2.58	2.56	2.54	2.51	2.49	2.47
8	2.54	2.50	2.46	2.42	2.40	2.38	2.36	2.34	2.32	2.29
9	2.42	2.38	2.34	2.30	2.28	2.25	2.23	2.21	2.18	2.16
10	2.32	2.28	2.24	2.20	2.18	2.16	2.13	2.11	2.08	2.06
11	2.25	2.21	2.17	2.12	2.10	2.08	2.05	2.03	2.00	1.97
12	2.19	2.15	2.10	2.06	2.04	2.01	1.99	1.96	1.93	1.90
13	2.14	2.10	2.05	2.01	1.98	1.96	1.93	1.90	1.88	1.85
14	2.10	2.05	2.01	1.96	1.94	1.91	1.89	1.86	1.83	1.80
15	2.06	2.02	1.97	1.92	1.90	1.87	1.85	1.82	1.79	1.76
16	2.03	1.99	1.94	1.89	1.87	1.84	1.81	1.78	1.75	1.72
17	2.00	1.96	1.91	1.86	1.84	1.81	1.78	1.75	1.72	1.69
18	1.98	1.93	1.89	1.84	1.81	1.78	1.75	1.72	1.69	1.66
19	1.96	1.91	1.86	1.81	1.79	1.76	1.73	1.70	1.67	1.63
20	1.94	1.89	1.84	1.79	1.77	1.74	1.71	1.68	1.64	1.61
21	1.92	1.87	1.83	1.78	1.75	1.72	1.69	1.66	1.62	1.59
22	1.90	1.86	1.81	1.76	1.73	1.70	1.67	1.64	1.60	1.57
23	1.89	1.84	1.80	1.74	1.72	1.69	1.66	1.62	1.59	1.55
24	1.88	1.83	1.78	1.73	1.70	1.67	1.64	1.61	1.57	1.53
25	1.87	1.82	1.77	1.72	1.69	1.66	1.63	1.59	1.56	1.52
26	1.86	1.81	1.76	1.71	1.68	1.65	1.61	1.58	1.54	1.50
27	1.85	1.80	1.75	1.70	1.67	1.64	1.60	1.57	1.53	1.49
28	1.84	1.79	1.74	1.69	1.66	1.63	1.59	1.56	1.52	1.48
29	1.83	1.78	1.73	1.68	1.65	1.62	1.58	1.55	1.51	1.47
30	1.82	1.77	1.72	1.67	1.64	1.61	1.57	1.54	1.50	1.46
40	1.76	1.71	1.66	1.61	1.57	1.54	1.51	1.47	1.42	1.38
60	1.71	1.66	1.60	1.54	1.51	1.48	1.44	1.40	1.35	1.29
120	1.65	1.60	1.55	1.48	1.45	1.41	1.37	1.32	1.26	1.19
∞	1.60	1.55	1.49	1.42	1.38	1.34	1.30	1.24	1.17	1.00

$\alpha = 0.05$ 续表

n_2 \ n_1	1	2	3	4	5	6	7	8	9
1	161.4	199.5	215.7	224.6	230.2	234.0	236.8	238.9	240.5
2	18.51	19.00	19.16	19.25	19.30	19.33	19.35	19.37	19.38
3	10.13	9.55	9.28	9.12	9.90	8.94	8.89	8.85	8.81
4	7.71	6.94	6.59	6.39	6.26	6.16	6.09	6.04	6.00
5	6.61	5.79	5.41	5.19	5.05	4.95	4.88	4.82	4.77
6	5.99	5.14	4.76	4.53	4.39	4.28	4.21	4.15	4.10
7	5.59	4.74	4.35	4.12	3.97	3.87	3.79	3.73	3.68
8	5.32	4.46	4.07	3.84	3.69	3.58	3.50	3.44	3.69
9	5.12	4.26	3.86	3.63	3.48	3.37	3.29	3.23	3.18
10	4.96	4.10	3.71	3.48	3.33	3.22	3.14	3.07	3.02
11	4.84	3.98	3.59	3.36	3.20	3.09	3.01	2.95	2.90
12	4.75	3.89	3.49	3.26	3.11	3.00	2.91	2.85	2.80
13	4.67	3.81	3.41	3.18	3.03	2.92	2.83	2.77	2.71
14	4.60	3.74	3.34	3.11	2.96	2.85	2.76	2.70	2.65
15	4.54	3.68	3.29	3.06	2.90	2.79	2.71	2.64	2.59
16	4.49	3.63	3.24	3.01	2.85	2.74	2.66	2.59	2.54
17	4.45	3.59	3.20	2.96	2.81	2.70	2.61	2.55	2.49
18	4.41	3.55	3.16	2.93	2.77	2.66	2.58	2.51	2.46
19	4.38	3.52	3.13	2.90	2.74	2.63	2.54	2.48	2.42
20	4.35	3.49	3.10	2.87	2.71	2.60	2.51	2.45	2.39
21	4.32	3.47	3.07	2.84	2.68	2.57	2.49	2.42	2.37
22	4.30	3.44	3.05	2.82	2.66	2.55	2.46	2.40	2.34
23	4.28	3.42	3.03	2.80	2.64	2.53	2.44	2.37	2.32
24	4.26	3.40	3.01	2.78	2.62	2.51	2.42	2.36	2.30
25	4.24	3.39	2.99	2.76	2.60	2.49	2.40	2.34	2.28
26	4.23	3.37	2.98	2.74	2.59	2.47	2.39	2.32	2.27
27	4.21	3.35	2.96	2.73	2.57	2.46	2.37	2.31	2.25
28	4.20	3.34	2.95	2.71	2.56	2.45	2.36	2.29	2.24
29	4.18	3.33	2.93	2.70	2.55	2.43	2.35	2.28	2.22
30	4.17	3.32	2.92	2.69	2.83	2.42	2.33	2.27	2.21
40	4.08	3.23	2.84	2.61	2.45	2.34	2.25	2.18	2.12
60	4.00	3.15	2.76	2.53	2.37	2.25	2.17	2.10	2.04
120	3.92	3.07	2.68	2.45	2.29	2.17	2.09	2.02	1.96
∞	3.84	3.00	2.60	2.37	2.21	2.10	2.01	1.94	1.88

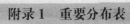

$\alpha = 0.05$　　　　　　　　　　　　　　　　　　　续表

n_2 \ n_1	10	12	15	20	24	30	40	60	120	∞
1	241.9	243.9	245.9	248.0	249.1	250.1	251.1	252.2	253.3	254.3
2	19.40	19.41	19.43	19.45	19.45	19.46	19.47	19.48	19.49	19.50
3	8.79	8.74	8.70	8.66	8.64	8.62	8.59	8.57	8.55	8.53
4	5.96	5.91	5.86	5.80	5.77	5.75	5.72	5.69	5.66	5.63
5	4.74	4.68	4.62	4.56	4.53	4.50	4.46	4.43	4.40	4.36
6	4.06	4.00	3.94	3.87	3.84	3.81	3.77	3.74	3.70	3.67
7	3.64	3.57	3.51	3.44	3.41	3.38	3.34	3.30	3.27	3.23
8	3.35	3.28	3.22	3.15	3.12	3.08	3.04	3.01	2.97	2.93
9	3.14	3.07	3.01	2.94	2.90	2.86	2.83	2.79	2.75	2.71
10	2.98	2.91	2.85	2.77	2.74	2.70	2.66	2.62	2.58	2.54
11	2.85	2.79	2.72	2.65	2.61	2.57	2.53	2.49	2.45	2.40
12	2.75	2.69	2.62	2.54	2.51	2.47	2.43	2.38	2.34	2.30
13	2.67	2.60	2.53	2.46	2.42	2.38	2.34	2.30	2.25	2.21
14	2.60	2.53	2.46	2.39	2.35	2.31	2.27	2.22	2.18	2.13
15	2.54	2.48	2.40	2.33	2.29	2.25	2.20	2.16	2.11	2.07
16	2.49	2.42	2.35	2.28	2.24	2.19	2.15	2.11	2.06	2.01
17	2.45	2.38	2.31	2.23	2.19	2.15	2.10	2.06	2.01	1.96
18	2.41	2.34	2.27	2.19	2.15	2.11	2.06	2.02	1.97	1.92
19	2.38	2.31	2.23	2.16	2.11	2.07	2.03	1.98	1.93	1.88
20	2.35	2.28	2.20	2.12	2.08	2.04	1.99	1.95	1.90	1.84
21	2.32	2.25	2.18	2.10	2.05	2.01	1.96	1.92	1.87	1.81
22	2.30	2.23	2.15	2.07	2.03	1.98	1.94	1.89	1.84	1.78
23	2.27	2.20	2.13	2.05	2.01	1.96	1.91	1.86	1.81	1.76
24	2.25	2.18	2.11	2.03	1.98	1.94	1.89	1.84	1.79	1.73
25	2.24	2.16	2.09	2.01	1.96	1.92	1.87	1.82	1.77	1.71
26	2.22	2.15	2.07	1.99	1.95	1.90	1.85	1.80	1.75	1.69
27	2.20	2.13	2.06	1.97	1.93	1.88	1.84	1.79	1.73	1.67
28	2.19	2.12	2.04	1.96	1.91	1.87	1.82	1.77	1.71	1.65
29	2.18	2.10	2.03	1.94	1.90	1.85	1.81	1.75	1.70	1.64
30	2.16	2.09	2.01	1.93	1.89	1.84	1.79	1.74	1.68	1.62
40	2.08	2.00	1.92	1.84	1.79	1.74	1.69	1.64	1.58	1.51
60	1.99	1.92	1.84	1.75	1.70	1.65	1.59	1.53	1.47	1.39
120	1.91	1.83	1.75	1.66	1.61	1.55	1.50	1.43	1.35	1.25
∞	1.83	1.75	1.67	1.57	1.52	1.46	1.39	1.32	1.22	1.00

$\alpha = 0.025$ 续表

n_2 \ n_1	1	2	3	4	5	6	7	8	9
1	647.8	799.5	864.2	899.6	921.8	937.1	948.2	956.7	963.3
2	38.51	39.00	39.17	39.25	139.30	39.33	39.36	39.37	39.39
3	17.44	16.04	15.44	15.10	14.88	14.73	14.62	14.54	14.47
4	12.22	10.65	9.98	9.60	9.36	9.20	9.07	8.98	8.90
5	10.01	8.43	7.76	7.39	7.15	6.98	6.85	6.76	6.68
6	8.81	7.26	6.60	6.23	5.99	5.82	5.70	5.60	5.52
7	8.07	6.54	5.89	5.52	5.29	5.12	4.99	4.90	4.82
8	7.57	6.06	5.42	5.05	4.82	4.65	4.53	4.43	4.36
9	7.21	5.71	5.08	4.72	4.48	4.32	4.20	4.10	4.03
10	6.94	5.46	4.83	4.47	4.24	4.07	3.95	3.85	3.78
11	6.72	5.26	4.63	4.28	4.04	3.88	3.76	3.66	3.59
12	6.55	5.10	4.47	4.12	3.89	3.73	3.61	3.51	3.44
13	6.41	4.97	4.35	4.00	3.77	3.60	3.48	3.39	3.31
14	6.30	4.86	4.24	3.89	3.66	3.50	3.38	3.29	3.21
15	6.20	4.77	4.15	3.80	3.58	3.41	3.29	3.30	3.12
16	6.12	4.69	4.08	3.73	3.50	3.34	3.22	3.12	3.05
17	6.04	4.62	4.01	3.66	3.44	3.28	3.16	3.06	2.98
18	5.98	4.56	3.95	3.61	3.38	3.22	3.10	3.01	2.93
19	5.92	4.51	3.90	3.56	3.33	3.17	3.05	2.96	2.88
20	5.87	4.46	3.86	3.51	3.29	3.13	3.01	2.91	2.84
21	5.83	4.42	3.82	3.48	3.25	3.09	2.97	2.87	2.80
22	5.79	4.38	3.78	3.44	3.22	3.05	2.93	2.84	2.76
23	5.75	4.35	3.75	3.41	3.18	3.02	2.90	2.81	2.73
24	5.72	4.32	3.72	3.38	3.15	2.99	2.87	2.78	2.70
25	5.69	4.29	3.69	3.35	3.13	2.97	2.85	2.75	2.68
26	5.66	4.27	3.67	3.33	3.10	2.94	2.82	2.73	2.65
27	5.63	4.24	3.65	3.31	3.08	2.92	2.80	2.71	2.63
28	5.61	4.22	3.63	3.29	3.06	2.90	2.78	2.69	2.61
29	5.59	4.20	3.61	3.27	3.04	2.88	2.76	2.67	2.59
30	5.57	4.18	3.59	3.25	3.03	2.87	2.75	2.65	2.57
40	5.42	4.05	3.46	3.13	2.90	2.74	2.62	2.53	2.45
60	5.29	3.93	3.34	3.01	2.79	2.63	2.51	2.41	2.33
120	5.15	3.80	3.23	2.89	2.67	2.52	2.39	2.30	2.22
∞	5.02	3.69	3.12	2.79	2.57	2.41	2.29	2.19	2.11

$$\alpha = 0.025 \qquad \text{续表}$$

n_1 \ n_2	10	12	15	20	24	30	40	60	120	∞
1	968.6	976.7	984.9	993.1	997.2	1001	1006	1010	1014	1018
2	39.40	39.41	39.43	39.45	39.46	39.46	39.47	39.48	39.49	39.50
3	14.42	14.34	14.25	14.17	14.12	14.08	14.04	13.99	13.95	13.90
4	8.84	8.75	8.66	8.56	8.51	8.46	8.41	8.36	8.31	8.26
5	6.62	6.52	6.43	6.33	6.28	6.23	6.18	6.12	6.07	6.02
6	5.46	5.37	5.27	5.17	5.12	5.07	5.01	4.96	4.90	4.85
7	4.76	4.67	4.57	4.47	4.42	4.36	4.31	4.25	4.20	4.14
8	4.30	4.20	4.10	4.00	3.95	3.89	3.84	3.78	3.73	3.67
9	3.96	3.87	3.77	3.67	3.61	3.56	3.51	3.45	3.39	3.33
10	3.72	3.62	3.52	3.42	3.37	3.31	3.26	3.20	3.14	3.08
11	3.53	3.43	3.33	3.23	3.17	3.12	3.06	3.00	2.94	2.88
12	3.37	3.28	3.18	3.07	3.02	2.96	2.91	2.85	2.79	2.72
13	3.25	3.15	3.05	2.95	2.89	2.84	2.78	2.72	2.66	2.60
14	3.15	3.05	2.95	2.84	2.79	2.73	2.67	2.61	2.55	2.49
15	3.06	2.96	2.86	2.76	2.70	2.64	2.59	2.52	2.46	2.40
16	2.99	2.89	2.79	2.68	2.63	2.57	2.51	2.45	2.38	2.32
17	2.92	2.82	2.72	2.62	2.56	2.50	2.44	2.38	2.32	2.25
18	2.87	2.77	2.67	2.56	2.50	2.44	2.38	2.32	2.26	2.19
19	2.82	2.72	2.62	2.51	2.45	2.39	2.35	2.27	2.20	2.13
20	2.77	2.68	2.57	2.46	2.41	2.35	2.29	2.22	2.16	2.09
21	2.73	2.64	2.53	2.42	2.37	2.31	2.25	2.18	2.11	2.04
22	2.70	2.60	2.50	2.39	2.33	2.27	2.21	2.14	2.08	2.00
23	2.67	2.57	2.47	2.36	2.30	2.24	2.18	2.11	2.04	1.97
24	2.64	2.54	2.44	2.33	2.27	2.21	2.15	2.08	2.01	1.94
25	2.61	2.51	2.41	2.30	2.24	2.18	2.12	2.05	1.98	1.91
26	2.59	2.49	2.39	2.28	2.22	2.16	2.09	2.03	1.95	1.88
27	2.57	2.47	2.36	2.25	2.19	2.13	2.07	2.00	1.93	1.85
28	2.55	2.45	2.34	2.23	2.17	2.11	2.05	1.98	1.91	1.83
29	2.53	2.43	2.32	2.21	2.15	2.09	2.03	1.96	1.89	1.81
30	2.51	2.41	2.31	2.20	2.14	2.07	2.01	1.94	1.87	1.79
40	2.39	2.29	2.18	2.07	2.01	1.94	1.88	1.80	1.72	1.64
60	2.27	2.17	2.06	1.94	1.88	1.82	1.74	1.67	1.58	1.48
120	2.16	2.05	1.94	1.82	1.76	1.69	1.61	1.53	1.43	1.31
∞	2.05	1.94	1.83	1.71	1.64	1.57	1.48	1.39	1.27	1.00

$\alpha = 0.01$ 续表

n_2 \ n_1	1	2	3	4	5	6	7	8	9
1	4052	4999.5	5403	5625	5764	5859	5928	5982	6062
2	98.50	99.00	99.17	99.25	99.30	99.33	99.36	99.37	99.39
3	34.12	30.82	29.46	28.71	28.24	27.91	27.67	27.49	27.35
4	21.20	18.00	16.69	15.98	15.52	15.21	14.98	14.80	14.66
5	16.26	13.27	12.06	11.39	10.97	10.67	10.46	10.29	10.16
6	13.75	10.92	9.78	9.15	8.75	8.47	8.46	8.10	7.98
7	12.25	9.55	8.45	7.85	7.46	7.19	6.99	6.84	6.72
8	11.26	8.65	7.59	7.01	6.63	6.37	6.18	6.03	5.91
9	10.56	8.02	6.99	6.42	6.06	5.80	5.61	5.47	5.35
10	10.04	7.56	6.55	5.99	5.64	5.39	5.20	5.06	4.94
11	9.65	7.21	6.22	5.67	5.32	5.07	4.89	4.74	4.63
12	9.33	6.93	5.95	5.41	5.06	4.82	4.64	4.50	4.39
13	9.07	6.70	5.74	5.21	4.86	4.62	4.44	4.30	4.19
14	8.86	6.51	5.56	5.04	4.69	4.46	4.28	4.14	4.03
15	8.68	6.36	5.42	4.89	4.56	4.32	4.14	4.00	3.89
16	8.53	6.23	5.29	4.77	4.44	4.20	4.03	3.89	3.78
17	8.40	6.11	5.18	4.67	4.34	4.10	3.93	3.79	3.68
18	8.29	6.01	5.09	4.58	4.25	4.01	3.84	3.71	3.60
19	8.18	5.93	5.01	4.50	4.17	3.94	3.77	3.63	3.52
20	8.10	5.85	4.94	4.43	4.10	3.87	3.70	3.56	3.46
21	8.02	5.78	4.87	4.37	4.04	3.81	3.64	3.51	3.40
22	7.95	5.72	4.82	4.31	3.99	3.76	3.59	3.45	3.35
23	7.88	5.66	4.76	4.26	3.94	3.71	3.54	3.41	3.30
24	7.82	5.61	4.72	4.22	3.90	3.67	3.50	3.36	3.26
25	7.77	5.57	4.68	4.18	3.85	3.63	3.46	3.32	3.22
26	7.72	5.53	4.64	4.14	3.82	3.59	3.42	3.29	3.18
27	7.68	5.49	4.60	4.11	3.78	3.56	3.39	3.26	3.15
28	7.64	5.45	4.57	4.07	3.75	3.53	3.36	3.23	3.12
29	7.60	5.42	4.54	4.04	3.73	3.50	3.33	3.20	3.09
30	7.56	5.39	4.51	4.02	3.70	3.47	3.20	3.17	3.07
40	7.31	5.18	4.31	3.83	3.51	3.29	3.12	2.99	2.89
60	7.08	4.98	4.13	3.65	3.34	3.12	2.95	2.82	2.72
120	6.85	4.79	3.95	3.48	3.17	2.96	2.79	2.66	2.56
∞	6.63	4.61	3.78	3.32	3.02	2.80	2.64	2.51	2.41

$$\alpha = 0.01$$ 续表

n_1 / n_2	10	12	15	20	24	30	40	60	120	∞
1	6056	6106	6157	6209	6235	6261	6287	6313	6339	6366
2	99.40	99.42	99.43	99.45	99.46	99.47	99.47	99.48	99.49	99.50
3	27.23	27.05	26.87	26.69	26.60	26.50	26.41	26.32	26.22	26.13
4	14.55	14.37	14.20	14.02	13.93	13.84	13.75	13.65	13.56	13.46
5	10.05	9.29	9.72	9.55	9.47	9.38	9.29	9.20	9.11	9.02
6	7.87	7.72	7.56	7.40	7.31	7.23	7.14	7.06	6.97	6.88
7	6.62	6.47	6.31	6.16	6.07	5.99	5.91	5.82	5.74	5.65
8	5.81	5.67	5.52	5.36	5.28	5.20	5.12	5.03	4.95	4.86
9	5.26	5.11	4.96	4.81	4.73	4.65	4.57	4.48	4.40	4.31
10	4.85	4.71	4.56	4.41	4.33	4.25	4.17	4.08	4.00	3.91
11	4.54	4.40	4.25	4.10	4.02	3.94	3.86	3.78	3.69	3.60
12	4.30	4.16	4.01	3.86	3.78	3.70	3.62	3.54	3.45	3.36
13	4.10	3.96	3.82	3.66	3.59	3.51	3.43	3.34	3.25	3.17
14	3.94	3.80	3.66	3.51	3.43	3.35	3.27	3.18	3.09	3.00
15	3.80	3.67	3.52	3.37	3.29	3.21	3.13	3.05	2.96	2.87
16	3.69	3.55	3.41	3.26	3.18	3.10	3.02	2.93	2.84	2.75
17	3.59	3.46	3.31	3.16	3.08	3.00	2.92	2.83	2.75	2.65
18	3.51	3.37	3.23	3.08	3.00	2.92	2.84	2.75	2.66	2.57
19	3.43	3.30	3.15	3.00	2.92	2.84	2.76	2.67	2.58	2.49
20	3.37	3.23	3.09	2.94	2.86	2.78	2.69	2.61	2.52	2.42
21	3.31	3.17	3.03	2.88	2.80	2.72	2.64	2.55	2.46	2.36
22	3.26	3.12	2.98	2.83	2.75	2.67	2.58	2.50	2.40	2.31
23	3.21	3.07	2.93	2.78	2.70	2.62	2.54	2.45	2.35	2.26
24	3.17	3.03	2.89	2.74	2.66	2.58	2.49	2.40	2.31	2.21
25	3.13	2.99	2.85	2.70	2.62	2.54	2.45	2.36	2.27	2.17
26	3.09	2.96	2.81	2.66	2.58	2.50	2.42	2.33	2.23	2.13
27	3.06	2.93	2.78	2.63	2.55	2.47	2.38	2.29	2.20	2.10
28	3.03	2.90	2.75	2.60	2.52	2.44	2.35	2.26	2.17	2.06
29	3.00	2.87	2.73	2.57	2.49	2.41	2.33	2.23	2.14	2.03
30	2.98	2.84	2.70	2.55	2.47	2.39	2.30	2.21	2.11	2.01
40	2.80	2.66	2.52	2.37	2.29	2.20	2.11	2.02	1.92	1.80
60	2.63	2.50	2.35	2.20	2.12	2.03	1.94	1.84	1.73	1.60
120	2.47	2.34	2.19	2.03	1.95	1.86	1.76	1.66	1.53	1.38
∞	2.32	2.18	2.04	1.88	1.79	1.70	1.59	1.47	1.32	1.00

$\alpha = 0.005$ 续表

n_1 / n_2	1	2	3	4	5	6	7	8	9
1	16211	20000	21615	22500	23056	23437	23715	23925	24091
2	198.5	199.0	199.2	199.2	199.3	199.3	199.4	199.4	199.4
3	55.55	49.80	47.47	46.19	45.39	44.84	44.43	44.13	43.88
4	31.33	26.28	24.26	23.15	22.46	21.97	21.62	21.35	21.14
5	22.78	18.31	16.53	15.56	14.94	14.51	14.20	13.96	13.77
6	18.63	14.54	12.92	12.03	11.46	11.07	10.79	10.57	10.39
7	16.24	12.40	10.88	10.05	9.52	9.16	8.89	8.68	8.51
8	14.69	11.04	9.60	8.81	8.30	7.95	7.69	7.50	7.34
9	13.61	10.11	8.72	7.96	7.47	7.13	6.88	6.69	6.54
10	12.83	9.43	8.08	7.34	6.87	6.54	6.30	6.12	5.97
11	12.23	8.91	7.60	6.88	6.42	6.10	5.86	5.68	5.54
12	11.75	8.51	7.23	6.52	6.07	5.76	4.52	5.35	5.20
13	11.37	8.19	6.93	6.23	5.79	5.48	5.25	5.08	4.94
14	11.06	7.92	6.68	6.00	5.86	5.26	5.03	4.86	4.72
15	10.80	7.70	6.48	5.80	5.37	5.07	4.85	4.67	4.54
16	10.58	7.51	6.30	5.64	5.21	4.91	4.96	4.52	4.38
17	10.38	7.35	6.16	5.50	5.07	4.78	4.56	4.39	4.25
18	10.22	7.21	6.03	5.37	4.96	4.66	4.44	4.28	4.14
19	10.07	7.09	5.92	5.27	4.85	4.56	4.34	4.18	4.04
20	9.94	6.99	5.82	5.17	4.76	4.47	4.26	4.09	3.96
21	9.83	6.89	5.73	5.09	4.68	4.39	4.18	4.01	3.88
22	9.73	6.81	5.65	5.02	4.61	4.32	4.11	3.94	3.81
23	9.63	6.73	5.58	4.95	4.54	4.26	4.05	3.88	3.75
24	9.55	6.66	5.52	4.89	4.49	4.20	3.99	3.83	3.69
25	9.48	6.60	5.46	4.84	4.43	4.15	3.94	3.78	3.64
26	9.41	6.54	5.41	4.79	4.38	4.10	3.89	3.73	3.60
27	9.34	6.49	5.36	4.47	4.34	4.06	3.85	3.69	3.56
28	9.28	6.44	5.32	4.70	4.30	4.02	3.81	3.65	3.52
29	9.23	6.40	5.28	4.66	4.26	3.98	3.77	3.61	3.48
30	9.18	6.35	5.24	4.62	4.23	3.95	3.74	3.58	3.45
40	8.83	6.07	4.98	4.37	3.99	3.71	3.51	3.35	3.22
60	8.49	5.79	4.73	4.14	3.76	3.49	3.29	3.13	3.01
120	8.18	5.54	4.50	3.92	3.55	3.28	3.09	2.93	2.81
∞	7.88	5.30	4.28	3.72	3.35	3.09	2.90	2.74	2.62

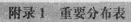

$\alpha = 0.005$　　　　　　　　　　　　续表

n_2 \ n_1	10	12	15	20	24	30	40	60	120	∞
1	24224	24426	24630	24836	24940	25044	25148	25253	25359	25465
2	199.4	199.4	199.4	199.4	199.5	199.5	199.5	199.5	199.5	199.5
3	43.69	43.39	43.08	42.78	42.62	42.47	42.31	42.15	41.99	41.83
4	20.97	20.70	20.44	20.17	20.03	19.89	19.75	19.61	19.47	19.32
5	13.62	13.38	13.15	12.90	12.78	12.66	12.53	12.40	12.72	12.14
6	10.25	10.03	9.81	9.59	9.47	9.36	9.24	9.12	9.00	8.88
7	8.38	8.18	7.97	7.75	7.65	7.53	7.42	7.31	7.19	7.08
8	7.21	7.01	6.81	6.61	6.50	6.40	6.29	6.18	6.06	5.95
9	6.42	6.23	6.03	5.83	5.73	5.62	5.52	5.41	5.30	5.19
10	5.85	5.66	5.47	5.27	5.17	5.07	4.97	4.86	4.75	4.64
11	5.42	5.24	5.05	4.86	4.76	4.65	4.55	4.44	4.34	4.23
12	5.09	4.91	4.72	4.53	4.43	4.33	4.23	4.12	4.01	3.90
13	4.82	4.64	4.46	4.27	4.17	4.07	3.97	3.87	3.76	3.65
14	4.60	4.43	4.25	4.06	3.96	3.86	3.76	3.66	3.55	3.44
15	4.42	4.25	4.07	3.88	3.79	3.69	3.52	3.48	3.37	3.26
16	4.27	4.10	3.92	3.73	3.64	3.54	3.44	3.33	3.22	3.11
17	4.14	3.97	3.79	3.61	3.51	3.41	3.31	3.21	3.10	2.98
18	4.03	3.86	3.68	3.50	3.40	3.30	3.20	3.10	2.99	2.87
19	3.93	3.76	3.59	3.40	3.31	3.21	3.11	3.00	2.89	2.78
20	3.85	3.68	3.50	3.32	3.22	3.12	3.02	2.92	2.81	2.69
21	3.77	3.60	3.43	3.24	3.15	3.05	2.95	2.84	2.73	2.61
22	3.70	3.54	3.36	3.18	3.08	2.98	2.88	2.77	2.66	2.55
23	3.64	3.47	3.30	3.12	3.02	2.92	2.82	2.71	2.60	2.48
24	3.59	3.42	3.25	3.06	2.97	2.87	2.77	2.66	2.55	2.43
25	3.64	3.37	3.20	3.01	2.92	2.82	2.72	2.61	2.50	2.38
26	3.49	3.33	3.15	2.97	2.87	2.77	2.67	2.56	2.45	2.33
27	3.45	3.28	3.11	2.93	2.83	2.73	2.63	2.52	2.41	2.29
28	3.41	3.25	3.07	2.89	2.79	2.69	2.59	2.48	2.37	2.25
29	3.38	3.21	3.04	2.86	2.76	2.66	2.56	2.45	2.33	2.21
30	3.34	3.18	3.01	2.82	2.73	2.63	2.52	2.42	2.30	2.18
40	3.12	2.95	2.78	2.60	2.50	2.40	2.30	2.18	2.06	1.93
60	2.90	2.74	2.57	2.39	2.29	2.19	2.08	1.96	1.83	1.69
120	2.75	2.54	2.37	2.19	2.09	1.98	1.87	1.75	1.61	1.43
∞	2.52	2.36	2.19	2.00	1.90	1.79	1.67	1.53	1.36	1.00

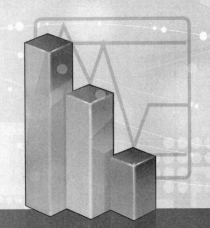

附录2　各章习题参考答案

习 题 1

1.1　(1) $\Omega=\left\{\dfrac{i}{n}\mid i=0,1,2,\cdots,100n\right\}$，其中 n 为班级人数。

(2) $\Omega=\{3,4,\cdots,18\}$。

(3) $\Omega=\{10,11,\cdots\}$。

(4) $\Omega=\{00,100,0100,0101,0110,1100,1010,1011,0111,1101,0111,1111\}$，其中 0 表示次品，1 表示正品。

(5) $\Omega=\{(x,y)\mid 0<x<1,0<y<1\}$。

(6) $\Omega=\{t\mid t\geqslant 0\}$。

1.2　(1) $A\bar{B}\bar{C}$；(2) $AB\bar{C}$；(3) $A+B+C$；(4) ABC；(5) $\overline{ABC}$；

(6) $\bar{A}\bar{B}+\bar{A}\bar{C}+\bar{B}\bar{C}$ 或 $AB\bar{C}+\bar{A}B\bar{C}+\bar{A}\bar{B}C+\bar{A}\bar{B}\bar{C}$；

(7) $\bar{A}+\bar{B}+\bar{C}$；

(8) $AB+AC+BC$ 或 $AB\bar{C}\cup A\bar{B}C\cup \bar{A}BC\cup ABC$。

1.3　(1) 成立，因为 $A\bar{B}\cup B=(A\cup B)(\bar{B}\cup B)=A\cup B$。

(2) 不成立，因为 $\overline{AB}=\bar{A}+\bar{B}\neq\bar{A}\bar{B}$。

(3) 成立，因为 $B\subset A$,所以 $B\subset AB$,又因为 $AB\subset B$,所以 $B=AB$。

(4) 成立。

(5) 不成立，因左边包含事件 C，右边不包含事件 C，所以不成立。

(6) 成立。因为若 $BC\neq\varnothing$，则 $C\subset A$，必有 $BC\subset AB$，所以 $AB\neq\varnothing$ 与已知矛盾，所以成立。

图略。

1.4　(1) $(A+B)(B+C)=B+AC$。

(2) $(A+B)(A+\bar{B})=A$。

(3) $(A+B)(A+\bar{B})(\bar{A}+B)=AB$。

1.5　$P(A \cup B \cup C) = \dfrac{5}{8}$。

1.6　(1) 0.6；(2) 0.2；(3) 0.4；(4) 0.55。

1.7　$\dfrac{C_{10}^4 C_4^3 C_3^2}{C_{17}^9} = \dfrac{252}{2431}$。

1.8　(1) $\dfrac{C_{500}^{90} \cdot C_{1200}^{110}}{C_{1700}^{200}}$；

(2) $1 - \dfrac{C_{500}^1 \cdot C_{1200}^{199} + C_{1200}^{200}}{C_{1700}^{200}}$。

1.9　0.067。

1.10　0.619。

1.11　$\dfrac{12}{25}; \dfrac{12}{25}; \dfrac{1}{25}$。

1.12　0.25。

1.13　0.879。

1.14　$\dfrac{1}{6}; \dfrac{1}{3}$。

1.15　(1) $\dfrac{28}{45}$；(2) $\dfrac{1}{45}$；(3) $\dfrac{16}{45}$；(4) $\dfrac{9}{45}$。

1.16　这组钢筋不能用于做构件。

1.17　$\dfrac{3}{10}; \dfrac{3}{5}$。

1.18　$P_i = \dfrac{1}{4} (i = 1, 2, \cdots, 8)$。

1.19　$\dfrac{1}{5}$。

1.20　$\dfrac{1}{3}$。

1.21　(1) 0.045; (2) 0.605。

1.22　$\dfrac{mN + n(N+1)}{(N+M+1)(n+m)}$。

1.23　2.625%。

1.24　$\dfrac{196}{197}$。

1.25　$\dfrac{7}{11}$。

1.26　(1) 0.4; (2) 0.4856。

1.27　(略)。

1.28　0.9984；至少需用 3 只开关才能使系统的可靠性至少为 0.9999。

1.29　0.458。

1.30　0.3364。

1.31　0.104。

1.32　(1) 0.2684; (2) 即至少要 21 年才能以 99%以上的概率保证至少有一年发生洪水。

1.33　(1) 0.018；(2) 0.0082。

1.34　证明略；$\dfrac{p(2-p)^2}{4}$。

习　题　2

2.1

X	2	3	4	5	6	7	8	9	10	11	12
P	1/36	1/18	1/12	1/9	5/36	1/6	5/36	1/9	1/12	1/18	1/36

2.2　$a=\dfrac{2}{3}$。

2.3　(1) 0.3124; (2) 0.5628。

2.4　(1) $\dfrac{2}{5}$; (2) $\dfrac{1}{5}$。

2.5　(1) $\dfrac{1}{3}$; (2) $\dfrac{1}{4}$。

2.6　(1) 0.1792; (2) 0.31744。

2.7　(1) 0.2240; (2) 0.4232; (3) 0.8008。

2.8　若按 $\lambda=4.5$ 的泊松分布做结果为 0.9389；若按二项分布做结果应为 0.9402。

2.9　至少配备 6 名设备维修人员。

2.10　0.329。

2.11　分布律为

X	0	1	2
p	$\dfrac{60}{95}$	$\dfrac{32}{95}$	$\dfrac{3}{95}$

分布函数为 $F(x)=\begin{cases}0, & x<0,\\ \dfrac{60}{95}, & 0\leqslant x<1,\\ \dfrac{92}{95}, & 1\leqslant x<2,\\ 1, & 2\leqslant x。\end{cases}$

2.12　(1)

X	-1	1	2
p_k	$\dfrac{1}{6}$	$\dfrac{1}{3}$	$\dfrac{1}{2}$

(2)　$F(x) = \begin{cases} 0, & x < -1, \\ \dfrac{1}{6}, & -1 \leqslant x < 1, \\ \dfrac{1}{2}, & 1 \leqslant x < 2, \\ 1, & x \geqslant 2。 \end{cases}$

(3)　$\dfrac{1}{6}$;　0;　$\dfrac{1}{3}$。

2.13　(1)　$P\{X < 2\} = F(2) = \ln 2$。

$P\{0 < X < 3\} = F(3) - F(0) = 1 - 0 = 1$。

$P\{2 < X \leqslant 2.5\} = F(2.5) - F(2) = \ln 2.5 - \ln 2 = \ln 1.25$。

(2)　$f(x) = F'(x) = \begin{cases} x^{-1}, & 1 \leqslant x < e。 \\ 0, & 其他。 \end{cases}$

2.14　(1)　$k = \dfrac{3}{8}$;　(2)　$\dfrac{1}{2}$;　(3)　$\dfrac{1}{2}$。

2.15　(1) 0.0272;　(2) 0.0037。

2.16　$\dfrac{1}{3}$。

2.17　(1)　$1 - e^{-\frac{1}{2}}$;　(2) $e^{-\frac{3}{2}}$;　(3) $1 - e^{-\frac{1}{2}}\left(e^{-\frac{1}{2}} - e^{-\frac{3}{2}}\right)$。

2.18　0.56625。

2.19　(1) 0.3372;　(2) 0.5934。

2.20　车门的最低高度应为 184cm。

2.21　(1)

$X+2$	0	$\dfrac{3}{2}$	2	4	6
p_k	$\dfrac{1}{8}$	$\dfrac{1}{4}$	$\dfrac{1}{8}$	$\dfrac{1}{6}$	$\dfrac{1}{3}$

(2)

$-X+1$	-3	-1	1	$\dfrac{3}{2}$	3
p_k	$\dfrac{1}{3}$	$\dfrac{1}{6}$	$\dfrac{1}{8}$	$\dfrac{1}{4}$	$\dfrac{1}{8}$

(3)

X^2	0	$\dfrac{1}{4}$	4	16
p_k	$\dfrac{1}{8}$	$\dfrac{1}{4}$	$\dfrac{7}{24}$	$\dfrac{1}{3}$

2.22　(1)　$f_Y(y) = \begin{cases} \dfrac{y}{2}, & 0 < y < 2, \\ 0, & 其他。 \end{cases}$

(2) $f_Y(y) = \begin{cases} 2(1-y), & 0 < y < 1, \\ 0, & \text{其他}。 \end{cases}$

(3) $f_Y(y) = \begin{cases} 1, & 0 < y < 1, \\ 0, & \text{其他}。 \end{cases}$

2.23 因为 $X \sim N(0,1)$，所以 $f_X(x) = \dfrac{1}{\sqrt{2\pi}} e^{-\frac{x^2}{2}}$。

(1) 概率密度函数 $f_Y(y) = \dfrac{1}{\sqrt{2\pi}} e^{-\frac{\left(\frac{y+1}{2}\right)^2}{2}} \left(\dfrac{y+1}{2}\right)' = \dfrac{1}{2\sqrt{2\pi}} e^{-\frac{(y+1)^2}{8}}$ $y \in (-\infty, \infty)$。

(2) 概率密度函数 $f_Y(y) = \begin{cases} \dfrac{1}{\sqrt{2\pi}y} e^{-\frac{(\ln y)^2}{2}}, & y > 0, \\ 0, & y \leqslant 0。 \end{cases}$

(3) 概率密度函数 $f_Y(y) = \begin{cases} \dfrac{1}{\sqrt{2\pi y}} e^{-\frac{y}{2}}, & y > 0, \\ 0, & y \leqslant 0。 \end{cases}$

2.24 $f_X(x) = \begin{cases} \dfrac{1}{\pi}, & 0 < x < \pi, \\ 0, & \text{其他}。 \end{cases}$

(1) $f_Y(y) = \begin{cases} \dfrac{1}{2\pi} e^{\frac{y}{2}}, & -\infty < y < 2\ln\pi, \\ 0, & 2\ln\pi < y < \infty。 \end{cases}$

(2) $f_Y(y) = \begin{cases} \dfrac{1}{\pi\sqrt{1-y^2}}, & -1 < y < 1, \\ 0, & \text{其他}。 \end{cases}$

(3) $f_Y(y) = \begin{cases} \dfrac{2}{\pi\sqrt{1-y^2}}, & 0 < y < 1, \\ 0, & \text{其他}。 \end{cases}$

习 题 3

3.1 $f(x,y) = \begin{cases} 4, & \text{当}(x,y) \in D \\ 0, & \text{其他} \end{cases}$ $P\left\{X < -\dfrac{1}{8}, Y < \dfrac{1}{2}\right\} = \dfrac{1}{2}$。

3.2 (1) $k = 12$；(2) $P\{0 < X < 1, \ 0 < Y < 2\} = \left(1 - \dfrac{1}{e^3}\right)\left(1 - \dfrac{1}{e^8}\right)$；

(3) $P\{3X + 4Y < 3\} = 1 - \dfrac{4}{e^3}$。

3.3 $k = \dfrac{3}{8\pi}, \ \dfrac{1}{4}$。

附录 2　各章习题参考答案

3.4

X \ Y	1	2
2	0	$\frac{3}{5}$
3	$\frac{2}{5}$	0

3.5

X \ Y	1	3
0	0	$\frac{1}{8}$
1	$\frac{3}{8}$	0
1	$\frac{3}{8}$	0
1	0	$\frac{1}{8}$

3.6　(1) $A = \frac{1}{3}$;　(2) $\frac{7}{72}$。

3.7　(1) $f_X(x) = \begin{cases} 2.4x^2(2-x), & 0 \leqslant x \leqslant 1, \\ 0, & \text{其他}。 \end{cases}$

$f_Y(y) = \begin{cases} 2.4y(3-4y+y^2), & 0 \leqslant y \leqslant 1, \\ 0, & \text{其他}。 \end{cases}$

(2) X 和 Y 不相互独立。

3.8　(1) $c = \frac{1}{\pi^2}$;　(2) $\frac{1}{16}$;　(3) X 和 Y 相互独立。

3.9　(1) $F(x,y) = \begin{cases} (1-\mathrm{e}^{-2x})(1-\mathrm{e}^{-y}), & x > 0, y > 0, \\ 0, & \text{其他}。 \end{cases}$

(2) $\frac{1}{3}$。

3.10　$f_X(x) = \begin{cases} \mathrm{e}^{-x}, & x > 0, \\ 0, & \text{其他}; \end{cases}$　　$f_Y(y) = \begin{cases} y\mathrm{e}^{-y}, & y > 0, \\ 0, & \text{其他}。 \end{cases}$

3.11　(1) $c = \frac{21}{4}$;　(2) $f_X(x) = \begin{cases} \frac{21}{8}x^2(1-x^4), & -1 \leqslant x \leqslant 1, \\ 0, & \text{其他}。 \end{cases}$

3.12

X	1	3
P	0.75	0.25

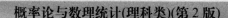
Y	0	2	5
P	0.20	0.43	0.37

3.13 $P(X=1 \mid Y=0)=0.75$, $P(X=3 \mid Y=0)=0.25$,

        $P(X=1 \mid Y=2)=0.581$, $P(X=3 \mid Y=2)=0.419$,

        $P(X=1 \mid Y=5)=0.946$, $P(X=3 \mid Y=5)=0.054$,

        $P(Y=0 \mid X=1)=0.2$, $P(Y=2 \mid X=1)=0.333$,

        $P(Y=5 \mid X=1)=0.467$, $P(Y=0 \mid X=3)=0.2$,

        $P(Y=2 \mid X=3)=0.72$, $P(Y=5 \mid X=3)=0.08$。

3.14 $f_Z(z)=\begin{cases} 1-\mathrm{e}^{-z}, & 0 \leqslant z < 1, \\ (\mathrm{e}-1)\mathrm{e}^{-z}, & z \geqslant 1, \\ 0, & \text{其他}. \end{cases}$

3.15 $f_Z(z)=\begin{cases} \dfrac{z^3}{6}\mathrm{e}^{-z}, & z > 0, \\ 0, & z \leqslant 0。 \end{cases}$

3.16 $f_Y(y)=-\ln(1-y) \quad (0 < y < 1)$。

3.17   (1) $f_{X|Y}(x \mid y)=\dfrac{6x^2+2xy}{2+y}, f_{Y|X}(y \mid x)=\dfrac{3x+y}{6x+2}, \quad 0 \leqslant x \leqslant 1, 0 \leqslant y \leqslant 2$。

(2) $P\left\{Y < \dfrac{1}{2} \mid X = \dfrac{1}{2}\right\} = \dfrac{7}{40}$。

3.18   不相互独立。

3.19 $a=\dfrac{2}{9}, \quad b=\dfrac{1}{9}$。

3.20   相互独立。

3.21   (1) $f(x,y)=\begin{cases} \dfrac{1}{2}\mathrm{e}^{-y/2}, & 0 < x < 1, y > 0, \\ 0, & \text{其他}. \end{cases}$

(2)   0.1445。

3.22 $f_Z(z)=\begin{cases} z, & 0 \leqslant z < 1, \\ 2-z, & 1 \leqslant z < 2, \\ 0, & \text{其他}. \end{cases}$

3.23 $f_Z(z)=\begin{cases} 1-\mathrm{e}^{-z}, & 0 \leqslant z < 1, \\ (\mathrm{e}-1)\mathrm{e}^{-z}, & z \geqslant 1, \\ 0, & \text{其他}. \end{cases}$

3.24   (1) $b=\dfrac{1}{1-\mathrm{e}^{-1}}$,   (2) $f_X(x)=\begin{cases} \dfrac{\mathrm{e}^{-x}}{1-\mathrm{e}^{-1}}, & 0 < x < 1, \\ 0, & \text{其他}, \end{cases}$ $f_Y(y)=\begin{cases} \mathrm{e}^{-y}, & y > 0, \\ 0, & \text{其他}, \end{cases}$

$$(3)\ F_Z(z) = \begin{cases} 0, & z > 0, \\ \dfrac{(1-e^{-z})^2}{1-e^{-1}}, & 0 \leqslant z < 1, \\ 1-e^{-z}, & z \geqslant 1. \end{cases}$$

3.25　(1) $e^{-7.2}$；(2) $(1-e^{-4.5})^6$。

习　题　4

4.1　(1) $\lambda, \dfrac{1}{n}\lambda$；(2) $\sigma^2 + \mu^2$。

4.2　(1) C；(2) C；(3) A。

4.3　$\dfrac{61}{25}$。

4.4　乙机床。

4.5　2。

4.6　-0.2；2.8；13.4。

4.7　$a = \dfrac{1}{4}, b = -\dfrac{1}{4}, c = 1$。

4.8　$\dfrac{61\pi}{12}$。

4.9　积分 $\displaystyle\int_{-\infty}^{+\infty} |x| f(x)\mathrm{d}x = \dfrac{2}{\pi}\int_0^{+\infty} \dfrac{x}{1+x^2}\mathrm{d}x$ 发散，不符合数学期望的定义，所以 $E(X)$ 不存在。

4.10　2, 14。

4.11　2, $\dfrac{1}{3}$。

4.12　$\dfrac{4}{5}, \dfrac{3}{5}, \dfrac{1}{2}, \dfrac{16}{15}$。

4.13　2e。

4.14　$10\left[1-\left(\dfrac{9}{10}\right)^{20}\right] = 8.784$。

4.15　$\pi(\mu^2 + \sigma^2)$;　$2\pi\mu$;　$4\pi^2\sigma^2$。

4.16　3.25。

4.17　$\dfrac{1}{25}$。

4.18　$\dfrac{2}{3}$。

4.19　$\dfrac{6}{5}, \dfrac{18}{25}$。

4.20　1。

4.21　(1) 1200,1225;　(2) 1282kg。

4.22　1600；3570。

4.23　$\lambda^2 - \lambda$。

4.24　$D(X) = D(Y) = \dfrac{1}{8}$。

4.25　$\dfrac{16}{3}$，28。

4.26　-0.08；$-\dfrac{2}{3}$。

4.27　$U = 2X + Y$。

4.28　$\text{Cov}(X, Y) = \rho_{XY} = 0$。

4.29　85,37。

4.30　0.775。

4.31　0。

4.32　$\dfrac{3}{5}$。

习　题　5

5.1　$\dfrac{1}{9}$。

5.2　0.33。

5.3　0.0793。

5.4　$P\{9.2 < X < 11\}$ 不会小于0.9375。

5.5　所求 $= 1 - P\left\{\dfrac{X - 20000}{100\sqrt{2}} \leqslant \dfrac{500}{100\sqrt{2}}\right\} \approx 1 - \Phi(3.54) = 0.0002$。

5.6　所求 $= 2\Phi\left(\dfrac{200}{45.83}\right) - 1 = 2\Phi(4.36) - 1 = 0.99999 \approx 1$。

习　题　6

6.1　$P\{50.8 < \bar{X} < 53.8\} = \Phi\left(\dfrac{12}{7}\right) - \Phi\left(\dfrac{-8}{7}\right) = 0.8293$。

6.2　(1) 0.2628；(2) 0.2923；(3) 0.5785。

6.3　$\bar{x} = 1259(℃)$；$S^2 = 142.5\,(℃)^2$；

$D(\bar{X}) = \dfrac{D(X)}{n}\dfrac{\lambda}{n}$；$E(S^2) = D(X) = \lambda$。

6.4　$E(\bar{X}) = \lambda$，$D(\bar{X}) = \dfrac{\lambda}{n}$，$E(S^2) = \lambda$。

6.5　0.1。

6.6　(1) $P\{X_1 = i_1, X_2 = i_2, \cdots, X_n = in\} = P^{\sum\limits_{k=1}^{n} i_k}(1 - P)^{n - \sum\limits_{i=1}^{n} i_k}$，$i_k = 0$或$1, k = 1, \cdots, n$。

(2) $\sum_{i=1}^{n} X_i \sim b(n,p)$。

(3) $E(\bar{X}) = E(X) = P$,

$$D(\bar{X}) = \frac{D(X)}{n} = \frac{P}{n},$$

$$E(S^2) = D(X) = P(1-P)。$$

6.7　(1)　$f(x_1,\cdots,x_{10}) = (2\pi)^{-\frac{n}{2}} \sigma^n \mathrm{e}^{-\frac{\sum\limits_{i=1}^{n}(x_i-\mu)^2}{2\sigma^2}}$。

(2)　$f_{\bar{X}}(z) = \dfrac{1}{\sqrt{2\pi}\cdot\dfrac{\sigma}{\sqrt{n}}} \mathrm{e}^{-\frac{n(z-\mu)^2}{2\sigma^2}}$。

6.8　$P(0 < \bar{x} < 6,\ 57.7 < S^2 < 151.73) = 0.8664 \times 0.90 \approx 0.78$。

习　题　7

7.1　$\hat{\mu} = \bar{X} = 74.002$, $\hat{\sigma}^2 = 6\times10^{-6}$, $S^2 = 6.86\times10^{-6}$。

7.2　(1)　$\theta = \dfrac{\bar{X}}{\bar{X}-c}$；(2)　$\theta = \left(\dfrac{\bar{X}}{1-\bar{X}}\right)^2$；(3)　$\hat{p} = \dfrac{\bar{X}}{m}$。

7.3　(1)　$\hat{\theta} = \dfrac{n}{\sum\limits_{i=1}^{n}\ln x_i - n\ln c}$, (解唯一)故为极大似然估计量。

(2)　$\hat{\theta} = \left(n\Big/\sum\limits_{i=1}^{n}\ln x_i\right)^2$, (解唯一)故为极大似然估计量。

(3)　$p = \dfrac{\sum\limits_{i=2}^{n}x_i}{mn} = \dfrac{\bar{X}}{m}$, (解唯一)故为极大似然估计量。

7.4　(1)　矩估计　$\hat{\lambda} = \bar{X}$ 为矩估计量。

(2)　极大似然估计　$\hat{\lambda} = \bar{X}$ 为极大似然估计量。

7.5　$\hat{\lambda} = \bar{X} = 0.499$。

7.6　(1)　$\hat{\theta} = \dfrac{5}{6}$；(2)　$\hat{\theta} = \dfrac{5}{6}$。

7.7　当 $c = \dfrac{1}{2(n-1)}$ 时，$c\sum\limits_{i=1}^{n-1}(X_{i+1}-X_i)^2$ 为 σ^2 的无偏估计。

7.8　(1)　T_1、T_2 是 θ 的无偏估计量；

(2)　$D(T_1) = \dfrac{1}{36}\Big[D(X_1)+D(X_2)\Big] + \dfrac{1}{9}\Big[D(X_3)+D(X_4)\Big] = \dfrac{5}{18}\theta^2$

$\qquad D(T_2) = \dfrac{1}{16}[D(X_1)+D(X_2)+D(X_3)+D(X_4)] = \dfrac{1}{4}\theta^2$

$\qquad D(T_1) > D(T_2)$。

所以 T_2 较为有效。

7.9 (1) μ 的置信度为 0.95 的置信区间为 $\left(\bar{X} \pm \dfrac{\sigma}{\sqrt{n}} z_{\frac{\alpha}{2}}\right)$=(5.608,6.392)。

(2) μ 的置信度为 0.95 的置信区间为 $\left(\bar{X} \pm \dfrac{S}{\sqrt{n}} t_{\frac{\alpha}{2}}(n-1)\right)$=(5.558,6.442)。

7.10 σ 的置信度为 0.95 的置信区间为(7.4，21.1)。

习 题 8

8.1 是。

8.2 不合格。

8.3 未能使装配时间缩短。

8.4 有，并且甲厂高于乙厂。

8.5 无显著差异。

8.6 不符合要求。

8.7 无差异。

8.8 是。

习 题 9

9.1 无显著差异。

9.2 有显著差异。

9.3 有显著差异。

9.4 (1) 图形略，Y 和 X 是线性相关关系。

(2) $\hat{Y} = 2.484 + 0.76X$。

(3) 回归效果是显著的。

(4) 15.404，12.618，18.190。

参 考 文 献

[1] 盛骤，谢式千，潘承毅. 概率论与数理统计[M]. 北京：高等教育出版社，2007.

[2] 王松桂，张忠占，程维虎. 概率论与数理统计[M]. 北京：科学出版社，2011.

[3] 刘建亚，吕同. 概率论与数理统计[M]. 北京：高等教育出版社，2003.

[4] 杨鹏飞. 概率论与数理统计[M]. 北京：北京大学出版社，2016.

[5] 何书元. 概率论[M]. 北京：北京大学出版社，2014.

[6] 褚宝增，王翠香. 概率统计[M]. 北京：北京大学出版社，2014.

[7] 陈家鼎，郑忠国. 概率与统计[M]. 北京：北京大学出版社，2013.

[8] 耿素云，张立昂. 概率统计[M]. 北京：北京大学出版社，2007.

[9] 肖筱南. 新编概率论与数理统计[M]. 北京：北京大学出版社，2016.